服 务 计 算

贾志淳　赵苗苗　商荣华　著

科学出版社
北 京

内 容 简 介

　　针对国内外服务计算研究及其教学应用的热点问题,作者在服务计算、Web 服务学科领域基础理论方面从事多年深入研究,借鉴国内外已有资料和前人成果,经过分析论证,收集大量专家和学者近年来有关服务计算前沿问题的著作和报告等,围绕 Web 服务、面向服务的体系结构、服务质量和质量预测、服务选择和服务推荐、服务组合、云计算和教育云等六个方面的基本概念、研究现状、主要研究问题、待解决问题及未来发展趋势等展开研究,以形成支持新一代服务计算应用的一些新思路。其目的是增进社会各界对服务计算、Web 服务等新一代技术发展情况和应用前景的体验和认识,进而推进服务计算技术的发展和完善。

　　本书可作为服务计算技术学术研究人员、工程研究人员、技术应用人员和网络管理人员,以及高等院校相关专业师生等的参考书。

图书在版编目(CIP)数据

服务计算/贾志淳,赵苗苗,商荣华著. —北京:科学出版社,2022.9
ISBN 978-7-03-068620-6

Ⅰ. ①服… Ⅱ. ①贾… ②赵… ③商… Ⅲ. ①互联网络-网络服务器
Ⅳ. ①TP368.5

中国版本图书馆 CIP 数据核字(2021)第 068401 号

责任编辑:杨慎欣　张培静 / 责任校对:任苗苗
责任印制:赵　博 / 封面设计:无极书装

科 学 出 版 社 出版
北京东黄城根北街 16 号
邮政编码:100717
http://www.sciencep.com

北京华宇信诺印刷有限公司印刷
科学出版社发行　各地新华书店经销
*
2022 年 9 月第 一 版　开本:720×1000　1/16
2025 年 1 月第三次印刷　印张:14 3/4
字数:297 000

定价:99.00 元
(如有印装质量问题,我社负责调换)

作 者 简 介

贾志淳，博士，副教授，硕士研究生导师，1982 年生，天津市人。多年来一直从事计算机应用学科的教学与科研工作，主要集中在云计算技术、Web 服务组合、机器学习等方向，取得多项科研成果。在多种学术刊物和国际学术交流会上发表论文 40 余篇，主持和参与国家级及省部级科研项目 10 余项。

赵苗苗，硕士，讲师，1981 年生，辽宁省锦州市人。多年来一直从事信息化教育和智能化教学资源的教学与科研工作，在数字化教学方式、智慧教育系统研发和数字媒体技术开发等方面取得了丰富的科研成果。先后在国内外学术刊物上发表论文 20 余篇，主持和参与国家级及省部级科研项目 10 余项。

商荣华，教授，硕士研究生导师，1963 年生，辽宁省大连市人。多年来一直从事企业管理与市场营销的教学与科研工作，主要集中在连锁经营方向，取得多项科研成果。在多种学术刊物上发表论文 30 余篇，主持和参与国家级及省部级科研项目 10 余项。

前　言

随着世界经济经历重大的结构变化，数字战略和创新必须为行业提供工具，以创造竞争优势，并为其服务以创造更多的价值。服务计算在当今社会经济环境中无处不在，如医疗保健、财务管理、人力资源、旅游规划等。区分服务计算和其他计算范式的是它们在竞争环境中工作的能力，而在竞争环境中区分类似服务的关键参数是它们的质量。服务计算技术的进步正在将互联网转变为一个全球工作场所、一个社会论坛、一种管理个人事务和促进协作的手段以及一个提供服务的商业平台。此外，企业在竞争中不得不向其在线服务提供服务接口，允许第三方开发人员编写辅助应用程序，为原始服务添加新用途，丰富其功能和可访问性，并提高其灵活性。

近年来，服务计算、Web 服务、云计算等概念及其应用在信息产业内发展得如火如荼，再次掀起了信息技术浪潮。几个概念的不断融合，推动新一代服务计算技术广泛运用在人们的日常生活和工作之中。新一代服务计算技术产业的创新和发展仍将是经济社会发展的重要引擎，也将对节能减排、创造就业、科技民生带来积极的推动作用。目前，美国、日本、韩国等国家都非常重视服务计算技术的发展，投入巨大的财力和人力深入探索该技术的发展。我国也将服务计算作为未来重点发展的对象，服务计算技术正在被重点推进。但是，关于这方面的著作，特别是适合高等院校科研和教学的著作比较缺乏。作者在广泛调研和充分论证的基础上，结合当前应用最为广泛的服务技术，以专题展开研究，完成这本满足社会广泛需求、适合高等教育改革和发展特点的专著。

本书相关研究得到国家自然科学基金项目（项目编号：62172057）、辽宁省教育厅科学研究经费项目（项目编号：LQ2019016）和辽宁省自然科学基金项目（项目编号：2019-ZD-0505）的资助。

感谢韩秋阳、习月梅、叶翔、刁飞翔、王睿妍同学的积极参与和他们提出的宝贵意见，感谢他们在协助整理书稿时的认真负责、不辞辛苦。

由于作者水平有限，书中不当之处在所难免，诚恳期待广大读者提出宝贵意见。

作　者

2022 年 2 月 1 日

目　　录

第1章

概　　述

■ 1.1　什么是服务计算

　　服务是一方为另一方提供的一种经济活动，买方以金钱等形式换取卖方的劳务、专业技能或者物品、设备、网络与系统等的使用，并且通常买方并不一定拥有这些实体。服务是一种服务消费者参与的随时间消逝的无形体验。服务为对另一方实施对其有用的特殊能力的行为和过程。服务的特点是具有无形性，在被购买之前，是看不见、摸不到、听不到、闻不到的。因此，服务提供者的任务是提供"管理证据，化无形为有形"。一般来说服务的产生和消费是同时进行的。这与有形的产品情况不同，后者是被制造出来的，先投入存储，随后销售，最后消费。如果服务是由人提供的，那么人就是服务的一部分。因为当服务在产生时顾客也在场，服务提供者和顾客的相互作用是服务的一个特征。提供服务的人和顾客两者对服务的结果都会产生影响。服务还具备很大的可变性。服务不能存储，有着易消失性。服务也有着差异性，主要表现在提供物的差别和交付的差别。提供物的差别就是指硬件方面的差别；交付的差别指服务提供过程中的差别。服务行业在竞争中取胜的主要法宝就是创造服务的差别。服务业是除第一产业、第二产业外的第三产业，而积极发展第三产业又是促进市场经济发展、优化社会资源（包括自然资源、资金和劳动力）配置、提高国民经济整体效益和效率的重要途径。第三产业包括交通运输，仓储和邮政业，信息传输、计算机服务和软件业，批发和零售业，住宿和餐饮业，金融业，房地产业，租赁和商务服务业，科学研究，技术服务和地质勘查业，水利环境和公共设施管理业，居民服务和其他服务业，教育，卫生、社会保障和社会福利业，文化、体育和娱乐业等。服务业是指农业、工业和建筑业以外的其他各行业，即国际通行的产业划分标准的第三产业，其发展水平是衡量生产社会化和经济市场化程度的重要标志。服务业按服务对象一般可分类为：一是生产性服务业，指交通运输、批发、信息传输、金融、租赁和商务服务、科研等，具有较高的人力资本和技术知识含量；二是生活（消费）性服务业，属劳动密集型，与居民生活相关的零售、住宿餐饮、房地产、文体娱乐、居民服务等；三是公益性服务业，主要是卫生、教育、水利和公共管理组织等。

随着计算机和网络技术的发展，现代化企业正步入企业形态不断变化、企业外延不断扩展、企业环境不断变迁、企业业务不断调整的时代。传统的以一次开发、持续使用为特征的软件开发理念和开发方法日益落伍。如何解决应用系统"随机应变"的问题是当今软件产业的焦点问题，也是软件产业能否再次腾飞的关键所在，服务计算正是为解决这一问题而提出的一种新的计算方式。服务计算为大规模互联网服务系统的建设、运行和管理提供了技术支持，代表了软件工程和分布式计算的前沿发展方向。因此，它一直是一个研究热点，越来越受到业界和学术界的关注[1]。

服务计算是一门连接商业服务和信息技术服务的跨学科的新兴科学技术，目标是设计新的计算技术使信息服务及通信技术服务能够更加有效地支持商业服务，涵盖了商业服务的整个生命周期，例如建模、创建、组合、搜索和治理等方面内容。

1.1.1　服务计算的起源

从 20 世纪 90 年代开始，互联网技术的快速发展为传统服务业带来了巨大的改变，并逐步形成了以知识经济为主体的现代化服务业。同第一产业的农业和第二产业的工业一样，服务业的快速发展也需要相应的理论体系和工程技术加以支持。2002 年，IBM 首次提出了服务科学（service science）的概念。2004 年12 月，IBM CEO Samuel Palmisano 在"创新美国"的报告中正式提出了服务科学的概念，指出服务科学是对服务系统的研究，通过整合不同学科的知识，来实现服务的创新。2005 年 7 月，IBM 结合服务科学研究的内容与方法，将服务科学正式改名为"SSME"，即服务科学、管理与工程（service sciences, management and engineering, SSME），试图将传统的服务相关学科的知识整合起来形成一个称为"服务科学"的独立学科，吸引学术界、教育界和工业界共同关注"服务"的研究与实践，进而提高服务产业的水平。目前，通过全球各国的研究与实践，SSME的知识框架正在逐渐形成。

服务计算产生的背景是信息通信技术在现代服务中的应用。现代服务业是指那些依托信息通信技术和现代管理理念而发展起来的知识与技术相对密集的服务部门，现代服务业典型案例有电子商务领域以及金融领域。服务计算产生的技术背景是基础设施的发展和网络应用模式的发展。前者体现在计算设备出现小型化、移动化、智能化及规模化的特点，网络设施从最初的 Internet（互联网）发展为现在的物联网、云计算；后者体现在移动互联网、传感网、自主计算以及信息物理系统（cyber-physical systems，CPS）等相关技术的发展。

服务科学是以现代服务业的发展为背景的，融合了计算机科学、运筹学、经济学、产业工程、商务战略、管理科学、社会和认知科学以及法学等诸多学科知识，研究以信息技术应用为标志的、以服务为主导的经济活动所需的理论和技术的一门新兴科学。服务科学是研究商业和技术融合的工业创新方法，通过代理商和供应商的共同合作创造价值和共享价值；研究商业和治理方法，达到改进价值获取；研究技术工具，实现反求各种过程；研究组织文化实践，达到激励和凝聚员工，强化他们对服务绩效的集体作用。服务科学作为诸多学科进行整合研究的新兴跨学科领域，重点对服务系统进行研究，通过综合社会科学、商业管理和工程技术等学科来解决复杂的现实问题。因此，服务科学本质上是研究如何运用科学的方法和原则，管理服务的组织过程和资源，以达到服务的效果和效率的学问。它需要工程方法创新、集成技术创新、商业模式创新以及服务模式创新，从而实现服务行业业态的创新和服务经济的增长。

在现代服务业领域，服务科学作为一门新兴的基础学科，更迫切的任务是通过关注基础科学模型、理论及其应用来推动服务过程中创新、竞争和质量等问题的解决，从而推动服务系统创新的开展和服务效率的提高，并研究如何通过有效地预测服务交付效率、质量、绩效，开发并重复利用知识来不断优化服务。

服务计算从概念被首次提出，到不断吸引研究者和业界巨头公司的关注并视其为分布式计算的最新发展方向，再到被确立为一门独立的计算学科前后仅仅经历了短短三年时间。服务计算的概念最早可追溯到 2002 年 6 月的国际互联网计算会议（International Conference on Internet Computing）。此次会议的 Web 服务计算（web service computing）专题讨论首次将服务与计算结合起来，强调 Web 服务在分布式计算和动态业务集成中的重要作用。这得到了与会专家和学者的广泛认同，为之后服务计算的推广奠定了基础。2003 年 11 月电气和电子工程师学会（Institute of Electrical and Electronics Engineers，IEEE）批准成立服务计算技术社区（Technical Community for Services Computing），并于 2004 年 5 月改名为服务计算技术指导委员会（Technical Steering Committee for Services Computing），致力于推动服务计算学科发展和相关标准的制定，这标志着服务计算正式成为一门独立的计算学科。2004 年 9 月，服务计算技术指导委员会在上海召开第一届服务计算专题国际会议（IEEE International Conference on Services Computing），吸引了大批专家和学者的参与，涌现出一大批研究成果。这次会议极大地推动了服务计算学科的发展，服务计算得到了学术界和工业界的广泛关注。

服务计算之所以能在短短三年时间内迅速成长并发展起来是计算环境不断演变的结果。计算环境包含一组计算机、软件平台、协议和相互连通的网络。在该环境中，计算机之间、软件平台之间可通过网络协议实现数据交换和信息处理。

计算环境从早期的集中式到当前的分布式，历经了主机计算环境、客户/服务器（client/server，C/S）计算环境、多层分布式计算环境和服务计算环境四个阶段。

20 世纪 60 年代的主机计算环境是一个典型的集中式计算环境。在该环境中，绝大多数的计算设备和计算资源均集中于昂贵的且体积庞大的大型机之上，用户只能通过仅含显示器和键盘的哑终端来使用主机。20 世纪 80 年代初期，小巧的个人计算机开始进入千家万户，计算设备和计算资源从主机时代的中心机房开始分布到平常百姓家，但此时的计算环境仍然局限于单机环境。20 世纪 80 年代中后期，随着个人计算机的不断普及和计算机网络的发展，计算环境开始步入分布式时代。人们在分布但互联的计算环境中实现互通与共享，在这期间出现了 C/S 计算环境。在该计算环境中，存在客户机与服务器之分，前者多为个人计算机或工作站，后者则是大型机、小型机、个人计算机或工作站，向客户机提供大规模数据存储、文件共享、打印、关键业务处理等服务。

为了提供更好的性能、灵活性和可扩展性，20 世纪 90 年代，C/S 计算环境派生出多层分布式计算环境，实现了表现层、业务层和数据层等的分离。但是，此时的计算环境还是建立在相对封闭的协议基础上，缺乏普遍的标准化支持。随着互联网的进一步开放，特别是可扩展的标记语言（extensible markup language，XML）和 Web 服务技术的不断应用与发展，计算环境演变成为面向整个互联网的基于开放标准和协议的服务计算环境。在服务计算环境中，计算设备和软件资源呈现出服务化、标准化和透明化趋势。这一新的计算环境需要一种新的计算技术来支撑，它为服务计算的产生奠定了最好的环境基础。

服务计算环境的形成对软件体系结构和软件开发方法带来了新的要求。软件体系结构是指构成软件系统的软件元素、软件元素外部可见的属性及这些软件元素之间的关系。计算环境的不断变迁使得早期主机计算时代的集中式的整体软件体系结构逐步发展成为服务计算时代的面向服务的体系结构。服务计算环境中，各种计算设备和软件资源高度分布和自治，变化成为该环境与生俱来的本质特征，软件系统面临由动态、多变和复杂带来的前所未有的新挑战。而面向服务的体系结构正是为适应以动态、分布、自治、透明为特点的服务计算环境而形成的一种松散、灵活、易扩展的分布式软件架构模式。面向服务的体系结构的产生，为服务计算学科的形成奠定了最为重要的技术基础。

伴随着服务计算环境和软件体系结构的变化，面向服务的软件系统设计和开发的理念、原则和方法应运而生。如果说面向构件的软件开发技术的诞生揭开了传统的作坊式软件生产方式向工业化生产转变的序幕，那么面向服务的软件系统设计与开发方法则是进一步推进这一转变的真正原动力，是最终完成这一变革的关键。因此，伴随面向服务的体系结构而不断发展和完善起来的一套面向服务的软件系统设计与开发的理念、原则和方法为服务计算学科奠定了最为重要的方法基础。

综上所述，我们不难看出，服务计算的产生是计算环境、软件体系结构和软件开发方法不断演变的产物，是进一步提高和加速软件产业发展的必然结果。

1.1.2　服务计算的定义

根据 IBM 关于服务科学的定义，SSME 是一个包含服务科学、管理和工程的新兴跨学科研究领域，是多学科的交叉与融合。因此，SSME 的研究不仅利用了自然科学、管理科学、工程学以及信息技术等方法和技术，而且更加突出了人的因素。服务科学是一种对服务系统进行重点研究的学科，通过综合社会科学、商业管理和工程技术等学科来解决复杂的现实问题，是应用一种研究、设计和实施服务系统的跨学科方法，这种服务系统通过对人员、技术的特定安排来为客户提供有价值的复杂系统，是由人员、技术、内外部其他服务系统以及信息（如语言、过程、标准等）共享所组成的价值创造体。

相比服务科学这门多学科整合研究的交叉学科，研究者将服务计算定位为计算机学科。而面向服务的软件工程则是运用服务计算相应的方法论、技术、体系结构和基础设施来支持服务生命周期中的分析、设计、建模、实施和运行管理等过程。

在服务计算研究中，一些研究者认为服务计算是从面向对象和面向构件的计算演化而来的一种分布式计算模式；也有一些研究者认为服务计算是涵盖服务概念、服务体系结构、服务技术和服务基础设施的用于指导如何使用服务的技术集合；还有一些研究者认为服务计算是一门跨越计算机与信息技术，商业管理域咨询服务的基础学科，其目标在于利用服务科学和服务技术消除商业服务和信息技术服务之间的鸿沟；另外一些研究者认为服务计算是面向动态、多变、复杂的互联网环境而提出的一门以 Web 服务、面向服务的体系结构为基础支撑技术，以服务组合为主要软件开发方法，以面向服务的软件分析与设计原则为基本理念的新的计算学科。服务计算环境中，各种计算设备和软件资源高度分布和自治，服务系统面临由动态多变和复杂的网络环境带来的新挑战。面向服务的体系结构以及服务工程正是为动态、分布、自治为特征的服务计算及服务网络环境而形成的一种新架构模式和工程方法[2]。

Internet 的发展与普及为软件技术带来了新的思路与挑战，继推动人与人之间、人与应用之间交互模式的革新后，日益成为软件实体间互连互通的重要媒介。Internet 动态多变的计算环境、开放灵活的系统范围和分布、自治的资源需要与之相适应的支撑软件技术。并且，社会发展的全球化、专业化趋势使企业面临快速变化的市场、不同的政策法规以及灵活的协同关系，这一切都要求企业应用能够快速响应变化，以集成和重组的方式适应新的业务模式和需求变更，这些对软件工程的发展起到了有力的推动作用。软件工程的发展以及 Internet 技术的革新带来了软件商业模式的变化，传统软件商业模式，即出售软件使用权（license）已经难以满足未来用户的需求。以产品为中心向以互联网客户为中心模式转变，下一代软件商业模式不断发展，即按需服务的模式。按需服务的理念使应用程序需要根据业务的需求变得更加灵活，以适应不断变化的环境[3]。

尽管服务计算已经发展了很长一段时间，但它并没有一个统一的概念。并且，服务计算也在不断地发展，其定义和内涵也在不断变化。不同的专家和学者从不同角度出发，对服务计算有着不同的理解，下面列举几个有代表性的定义。

IEEE 从学科的角度将服务计算定义为"一门跨计算机、信息技术、商业管理和咨询服务的基础学科"。它的目标是利用服务科学和服务技术消除商业服务和信息技术服务之间的差距。

Papazoglou 等从软件系统设计与开发的角度出发，认为"服务计算是一种以服务为基本元素进行应用系统开发的方式"[4]。

Singh 等从服务技术的应用角度出发，认为"服务计算是集服务概念、服务体系结构、服务技术和服务基础设施于一体，指导如何使用服务的技术集合"[5]。

Orlowska 等从分布式计算的角度出发，认为"服务计算是从面向对象和面向构件的计算演化而来的一种分布式计算模式，它使得分布在企业内部或跨越企业边界的不同商业应用系统能实现快捷、灵活的无缝集成与相互协作"[6]。

以上定义是在不同的服务计算发展时期，从不同的角度总结形成的，侧重点各不相同，但并无冲突。综合上述观点之后，我们认为，服务计算是面向动态、多变、复杂的互联网环境而提出的一门以 Web 服务、面向服务的体系结构为基础支撑技术，以服务组合为主要软件开发方法，以面向服务的软件分析与设计原则为基本理念的新的计算学科。在服务计算的技术体系中，服务是最重要的核心概念。特别要强调的就是这里所说的服务是指基于网络环境的具有自适应、自描述、模块化和良好互操作能力等特点的软件实体，而 Web 服务是符合这一要求的一种具体表现形式和功能载体。

■ 1.2 服务计算的技术框架

服务计算作为一门独立的计算学科，涉及一系列关键技术和研究问题，我们称其为服务计算技术体系。该技术体系为服务计算解决动态、多变、复杂的互联网环境下的系统设计、软件开发、应用整合、业务集成等问题提供了相应的解决方案。服务计算技术体系涵盖了服务模型、服务语言、服务开发、服务运行、服务集成、服务发现、服务组合、服务协作、服务流程、服务监控、企业服务总线（enterprise service bus，ESB）等技术，这些技术分为如图 1.1 所示的自底向上的四个层次：服务资源层、服务汇聚层、服务应用层和服务系统层。

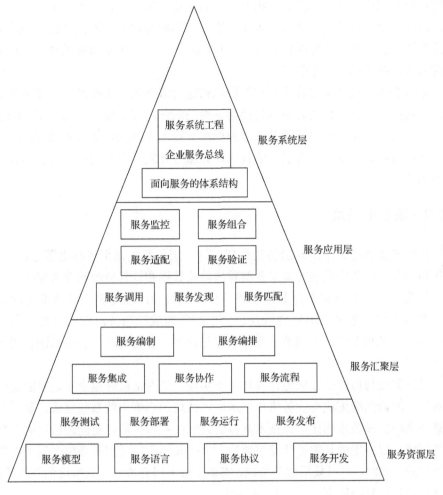

图 1.1 服务计算技术体系

1.2.1 服务资源层

服务资源层作为服务计算技术体系的底层，它主要为数据资源和软件资源的服务化过程提供基础标准技术和方法支持。该层主要解决以下两大问题：

（1）服务模型包含哪些方面，应用何种语言进行服务描述，服务具有哪些基本特征。

（2）服务的实现问题，即如何开发、封装、测试、部署、运行和发布服务等。

随着 Web 服务技术及其相关标准的逐步成熟和完善，工业界对服务本质的认识基本达成共识，Web 服务也已经成为工业界服务实现的技术标准，而与之对应的服务开发、测试、部署、运行和发布的软件和系统也层出不穷，这为数据资源和软件资源的服务化过程提供了很好的工具支撑。但是，在学术界关于服务本质和内涵的讨论一直没有停止过，为了使服务能够被机器和智能代理自动理解从而实现服务的自动调用、发现和组合，学术界提出了语义 Web 服务的概念，它成为当前服务计算研究的一个热点[7]。

服务资源层提供了将数据和软件资源构建为服务的基本技术。通过服务资源层，异构的数据和软件资源可以转换为标准的服务，保证服务调用方便、快速、透明。服务资源层主要包括服务所需的标准、技术和方法，如服务模型、服务语言、服务协议等，以及服务实现的技术，如服务开发、服务测试、服务部署、服务发布等。

1.2.2　服务汇聚层

在服务资源层之上的是服务汇聚层，这一层的目的是促进标准服务的集成、合作和组合。服务资源层实现了各类异质异构数据和软件资源的服务标准化，而服务汇聚层是在服务资源层基础上进一步实现细粒度服务到大粒度服务的标准化，即为不同服务之间的协同以及由多个服务构成的服务流程的管理提供一系列标准、技术和方法。它涵盖了服务集成与协作、服务编排与服务编制、服务流程等。

服务集成与协作是在服务计算环境下实现企业内部或跨越企业边界的遗留业务系统之间的无缝集成与业务协作技术。与传统的点到点的系统集成、基于消息代理的系统集成技术相比，该技术具备的灵活性和可扩展性更能适应动态多变的业务环境。服务集成是服务计算领域的一个研究热点。特别是当单个服务不能满足用户的请求时，可以采用服务集成，将多个服务组合成一个大粒度的集成服务，以满足用户的复杂请求。

服务编排与服务编制是两种不同的服务协同技术，服务编排需要一个总控制中心来控制各参与协同的服务，并协调服务的执行，所涉及的服务并不知道它们是整个协同过程的一部分，只有中央的总控中心知道它们是如何进行协同工作的。与此相反，服务编制并不依赖中央的总控中心，它所涉及的每个服务都知道何时执行自己的操作以及和谁进行交互。

服务流程是根据业务过程将若干服务通过消息交换和逻辑组装形成的流程。它是工作流技术结合了服务技术之后的一种新的表现形式。服务流程的管理与传统工作流的管理相似，也分为建模阶段的管理与执行阶段的管理。前者主要实现服务流程的理论建模与形式化定义；后者主要管理服务流程的运行、监控、优化和分析等过程。

1.2.3　服务应用层

经过服务资源层和服务汇聚层，各类异质异构数据和软件资源或资源集合被整合成了不同粒度的标准化服务，这为方便、快捷、透明地应用服务提供了可能。服务应用层主要为服务在使用过程中提供基本的技术和方法支持，具体包含服务调用、服务发现、服务匹配、服务组合、服务验证、服务适配、服务监控等技术。这些技术是当前服务计算研究与开发中最活跃的部分。我们对其中几个关键技术进行简要说明。

服务发现是使用服务的重要前提，它是指使用一个注册中心来记录分布式系统中的全部服务的信息，以便其他服务都能够快速地找到这些已注册的服务。根据用户对目标服务在功能和非功能上的需求以及约束条件，通过服务发现算法从服务注册中心（或服务注册库）查找到满足用户需求和约束条件的服务集合。在传统的系统部署中，服务运行在一个固定的已知的互联网协议（internet protocol，IP）和端口上，如果一个服务需要调用另外一个服务，可以通过地址直接调用。但是，在虚拟化的环境中，服务实例的启动和销毁是很频繁的，服务地址在动态地变化，如果需要将请求发送到动态变化的服务实例上，至少需要两个步骤：

（1）服务注册。存储服务的主机和端口信息。

（2）服务发现。允许其他用户发现服务注册阶段存储的信息。服务发现的主要优点是无须了解架构的部署拓扑环境，只通过服务的名字就能够使用服务，提供了一种服务发布与查找的协调机制。服务发现除了提供服务注册、目录和查找三大关键特性，还需要能够提供健康监控、多种查询、实时更新和高可用性等。

服务发现的主要好处是"零配置"：不必使用硬编码的网络地址，只需服务的名字（有时甚至连名字都不用）就能使用服务。在现代的体系结构中，单个服务实例的启动和销毁很常见，所以应该做到：无须了解整个架构的部署拓扑，就能找到这个实例。

服务匹配与服务发现紧密相关，后者往往建立在前者的基础上，即服务发现通过将用户需求规格说明与服务注册中心（或服务注册库）中的服务描述说明进行匹配，从而选出被匹配的服务。因此，可以将服务匹配视为服务发现的一个重要环节。

服务组合是服务应用的一个重要方式，它是指当单个服务无法满足用户需求时，合成若干服务，以形成大粒度的具有内部流程逻辑的组合服务。在服务组合过程中需要调用多个系统的服务，组合后完成新的功能。服务组合不仅是服务增值的重要途径，也是服务计算环境下软件开发的基本方法。

服务验证是指服务在被使用之前，检验其语义、功能和行为等是否与用户、智能代理、系统所要求的一致，从而减少服务被误用的可能性。此外，服务验证也包括在服务组合过程中检验各成员服务之间组合的正确性。

服务适配是指服务无法完全满足用户需求时，在目标服务与用户服务、智能代理、系统之间针对接口失配、参数失配或行为失配建立相应的适配器，解决服务无法使用的问题。

服务应用层为服务调用提供基本的技术和方法支持。这一层涉及的技术是当前服务计算研究和开发中最流行的技术。当有多个可用的候选服务时，服务选择用于为服务请求选择最合适的服务，服务推荐的目的是预测用户的偏好。

1.2.4 服务系统层

服务系统层是业务计算框架的顶层。服务系统层是在服务应用层技术的基础上，在面向服务的计算环境下指导面向服务软件系统的设计、开发、运行和管理的一套标准、技术和方法，包含了面向服务的体系结构（service-oriented architecture，SOA）。这一层的问题包括 SOA、企业服务总线以及服务系统工程等。这些技术已经被研究了十几年，目前已经比较成熟。

SOA 是一种以松耦合为特征的，用以指导面向服务的软件系统设计的架构思想，它结束了整体软件体系结构长达 40 年的统治地位而成为当下时髦和流行的分布式体系结构，并得到业界巨头企业的追捧，一系列相关的参考实现标准、工具和平台软件层出不穷。也正因 SOA 的不断成熟才使得服务计算作为一门计算学科而逐步被认同。

企业服务总线是支持和实现 SOA 的一种重要消息传递技术，是传统中间件技术与 XML、Web 服务等技术相互结合的产物，它支持异构环境中的服务、消息以及基于事件的交互，可用于实现企业应用和服务之间不同消息和信息的准确、高效和安全传递，从而在企业级信息系统整合中起到主干枢纽作用。在服务系统发展过程中，企业服务总线是服务计算技术体系中备受业界各大巨头企业关注的技术，它们纷纷推出了自己的实现标准和软件平台，如 Sun 公司的 Java 业务集成（Java business integration，JBI）规范提供了一种基于 Java 技术的 ESB 实现参考方案，IBM 的 WebSphere Enterprise Service Bus 是一个运行于 Java EE 环境下的 ESB 产品[8]。

服务系统工程是一套指导面向服务的软件系统规划、设计、开发、实施、部署、运行和管理的方法，涵盖了需求分析、理论建模、系统设计、开发测试、运行管理、实施维护等服务系统的全生命周期过程。目前针对服务系统工程的研究和实践工作处于起步阶段，相关理论和方法正在不断发展和完善。

■ 1.3　服务计算发展现状

　　服务计算的快速发展是工业界和学术界共同努力的结果。工业界主要致力于制定服务计算相关技术标准、开发各种支撑性工具软件和系统平台；学术界致力于服务计算学科建设、理论创新和方法研究。

　　服务计算作为一门独立的计算学科，已经得到国内外学术界的高度关注。近年来，各大学术组织和研究机构陆续创办了多个以服务计算和技术为主题的学术期刊，如 IEEE *Transactions on Services Computing*、*International Journal of Web Services Research*、*Service Oriented Computing and Applications* 和 *International Journal of Web Service Practices*。与此同时，也形成了一批重要的专题国际会议，如面向服务计算国际会议（International Conference on Service-Oriented Computing，ICSOC）、Web 服务国际会议（International Conference on Web Services，ICWS）和国际服务计算大会（International Conference on Services Computing，SCC）等。在国内，《计算机学报》和《软件学报》两大计算机权威期刊多次出版了服务计算研究方向的专刊。在上述国内外期刊和会议上，涌现出了一大批研究成果，涵盖服务模型、服务语言、服务技术、服务方法、服务工程等方面的理论、方法和技术，极大地推动了服务计算学科的发展。下面简要介绍在服务计算研究中较为活跃的国内外学术机构和研究团体。

　　荷兰大学的信息实验室是较早倡导服务计算的研究组织之一，以 Papazoglou 为代表的研究人员扩展了标准的 SOA 并提出了 SOA 体系[9]，以此为基础提出了服务计算研究路线图，明确了服务计算的研究范畴、研究内容和研究方向。该研究路线图得到了众多研究者的认同，是服务计算的研究成果中引用率较高的。

　　美国卡内基梅隆大学的智能软件 Agent 实验室（Intelligent Software Agents Lab）将语义 Web 技术引入服务计算技术中，提出了语义 Web 服务（semantic web service）的概念，是制定第一个语义 Web 服务描述语言 DAML-S（DARPA agent markup language，美国国防高级设计研究组使用的一种语言）的主要力量。

　　美国佐治亚大学的大规模分布式信息系统实验室（Large Scale Distributed Information Systems）在其研究的 METEOR-S 项目中致力于将语义技术应用于服务标注、服务质量（quality of service，QoS）描述、服务发现、服务组合和服务流程管理中，提出了语义 Web 流程（semantic web process）的概念，实现了基于语义的服务发现基础构架和服务组合框架。此外，该实验室联合 IBM 推出的基于 Web 服务的描述语言（web service description language，WSDL）的轻量级语义

Web 服务描述语言 WSDL-S，对语义 Web 服务的发展和应用起到了较大的推动作用。

澳大利亚新南威尔士大学的服务计算研究小组（service-oriented computing group）在其早期的 Self-Serv 项目中致力于研究服务的快速组合与执行，以 B. Benatallah 为代表的研究人员提出了基于 Peer-Peer 的服务流程执行方式。之后，该研究小组在服务及服务组合的 QoS 协同适配、服务计算中的信任管理以及移动环境中的服务计算等方面做了诸多较有影响力的研究工作，成为当前服务计算领域的重要研究团队之一。

网格与服务计算研究中心隶属于中国科学院计算技术研究所，是国内最早开展网格和服务计算研究的科研团队之一。该中心研制的一种可视化和个性化的业务级合成语言（a visual and personalized business-level composition language，VINCA）服务网格平台，支持按需、即时的服务集成和业务系统构造，并已应用于电子政务、企业信息化管理领域。该平台提出了一个支持服务资源动态整合、业务应用按需构造的聚合方法体系信息系统演化的收敛方法（convergent approach for information system evolution，CAFISE），并提供相应开发工具集，以及面向服务计算的开放环境下的业务端编程语言 VINCA，可使业务用户快速构造业务应用。

浙江大学中间件技术工程研究中心隶属浙江大学计算科学与技术学院，致力于基础技术研究。该中心研制的钱塘中间件平台为服务计算技术的应用和实施提供了一系列方法和工具支持。基础方法包括基于语义的服务发现方法、基于回溯树的服务自动组合方法、基于演算的服务验证方法等；基础工具包括服务构件开发环境、可视化服务社区、分布式企业服务总线等。这些方法和工具有助于用户快速设计、开发、运行、维护和管理大型分布式服务系统。

工业界是推动服务计算产生和发展的原动力。工业界对"随需应变"的软件系统的强烈需求催生了 Web 服务技术、面向服务的体系结构等服务计算技术体系最为重要的支撑技术。我们可以从标准化组织和巨头企业两个方面来考察服务计算在工业界的发展现状。

在标准化组织方面，万维网联盟（World Wide Web Consortium，W3C）和结构化信息标准促进组织（Organization for the Advancement of Structured Information Standards，OASIS）在服务计算技术体系的规范和标准化建设方面较为活跃。

W3C 致力于创建 Web 相关技术标准并促进 Web 技术发展。该组织针对服务计算基础技术，特别是 Web 服务技术成立了多个工作组，涵盖 Web 服务描述、Web 服务架构、Web 服务策略、Web 服务编制、Web 服务语义标注等工作内容。这些工作组制定了多个重要的服务计算技术标准，如 WSDL、简单对象访问协议（simple object access protocol，SOAP）和 Web 服务编排描述语言（web services choreography description language，WS-CDL）等。

OASIS 致力于推进电子商务标准的发展、整合、推广和应用，制定了当前大部分服务计算技术标准。它为服务计算技术专门成立了多个技术委员会（technical committees，TC），涵盖了服务安全、可靠，服务质量、事务、信任以及服务流程等方面，制定了一系列重要标准，如 Web 服务统一描述、发现和集成（universal description discovery and integration，UDDI）标准、Web 服务业务流程执行语言（business process execution language，BPEL）标准、面向服务的体系结构的参考模型（reference model for service oriented architecture）、服务组件构架（service component architecture，SCA）标准和服务数据对象（service data object，SDO）标准等。

上述两大标准组织制定的一系列基础规范和标准，为服务计算相关技术的应用奠定了基础。但随着服务计算的进一步推广和应用，诸如服务协作、服务安全、服务事务、服务可信等方面的标准化要求愈显重要，标准化工作任重道远。

服务计算技术规范和标准的不断完善也迎来了业界巨头企业开发服务计算中间件的热潮。IBM、微软、BEA、SAP 等国外知名的软件巨头纷纷转向以 Web 服务技术、面向服务的体系结构为核心的服务计算技术，开发相应的支撑工具软件和系统平台，如 IBM 的 WebSphere、微软的 BizTalk、BEA 的 Aqua Logic、SAP 的 NetWeaver 等都较好地支持了服务计算技术的快速应用和实施，这些中间件产品成为各大软件巨头在未来抢夺用户与瓜分软件市场的重要利器。

与此同时，国内一些中间件厂商也逐步认识到服务计算技术对于未来软件产业的重要影响，开始投资于服务计算相关软件技术平台的开发，并且在电子政务、电信、烟草等行业开始应用和实施服务计算技术。其中，较有影响的技术平台和解决方案有上海普元信息技术股份有限公司的 SOA 应用平台 EOS 和 SOA 流程平台 BPS，金蝶公司集门户、企业服务总线、集成组件、开发工具等于一体的 Apusic SOA 解决方案，用友的面向服务的管理中间件产品 U9 等。

现代服务业是指在工业化比较发达的阶段产生的，主要依托信息技术和现代管理理念发展起来的、信息和知识相对密集的服务业，包括由传统服务业通过技术改造升级和经营模式更新而形成的服务业以及随着信息网络技术的高速发展而产生的新兴服务业。

进入 21 世纪以来，现代服务业在全球范围内快速发展，主要发达国家产业结构呈现出由"工业型经济"向"服务型经济"的迅猛转变，现代服务业正在成为国际产业竞争的制高点。目前，发达国家和地区服务业在 GDP 中的比重非常高，如美国已占到 74%，欧盟占到 2/3，吸引就业劳动力人数已超过第一、二产业吸收劳动力的总和。现代服务业在 GDP 中所占的比重也不断增大，其发展水平现已成为衡量一个国家经济与社会发展现代化程度的重要标志。

当前是我国现代服务业快速发展的重大战略机遇期，《国家中长期科学和技术发展规划纲要（2006—2020 年）》将现代服务业与信息产业并重，设立了信息产业与现代服务业领域。并明确指出：要大力发展现代服务业，要运用现代化方式和信息技术改善、提升传统服务业，提高服务业的比重和水平。大力发展现代服务业对促进我国经济结构战略性调整、解决就业压力，走新型工业化道路、实施国民经济可持续发展战略、建设和谐社会、增强国际竞争力具有重要战略意义[10]。

目前对"现代化服务业"的研究工作主要集中在现代化服务业服务标准制定、现代化服务业共性服务技术支撑体系研究以及现代服务业创新模式与新型服务业的研究方面。现代服务业共性服务技术支撑体系的研究，吸引了众多专家和学者的关注。他们一致认为，在我国推动现代化服务业的迅速发展迫切需要进行服务方式与技术平台的转变提升，呼唤共性技术体系的支撑。从技术发展趋势来看，软件平台化和服务化将成为主要趋势，国际上知名的软件企业都将面向服务计算环境的软件平台列入战略必争的企业平台计划。服务计算作为一门新的计算学科，包含了在动态、多变、复杂的互联网环境下、大型分布式系统设计、开发、运行、维护和管理所需的一系列理论、方法、技术和平台，它将为现代服务业实现大规模分布式的业务应用系统开发与集成提供有力的技术支持。

■ 1.4　本章小结

本章首先介绍了服务、服务计算基本概念以及特性，随后介绍了服务计算的起源以及服务计算的技术框架——服务资源层、服务汇聚层、服务应用层和服务系统层，最后介绍了服务计算发展现状。

第 2 章

Web 服务

万维网的发展已经有 30 多年的历史，1990 年 Tim Berners-Lee 发明了可通过互联网获取信息的万维网。最初万维网仅仅用于被动地发布数据，然后发展为交互地获取所需数据，如今则要求其能根据用户提出的需求进行智能检索获取信息。与此同时，万维网的数据表达方式也发生了巨大的变化，由早期仅用以表示数据显示布局的 HTML 语言，发展演化出将数据的内容与布局区分开来的 XML。XML 为语义更丰富、更自然的网上内容表达打开了新的局面。针对目前互联网在信息表达、检索等方面存在的缺陷，Tim Berners-Lee 进一步提出了语义网（semantic web）的概念，语义网是未来万维网的雏形，它所描述的信息具有明确的含义，从而使得计算机集成万维网上的信息并进行自动处理变得更为容易，目前该领域是国内外学术界的研究重点之一，Web 服务（web services）是语义网的一个关键应用研究领域[11]。近年来，随着 Internet 在各个领域应用的普及和深化，人们迫切需要能够方便地实现 Internet 上跨平台、语言独立、松耦合的异构应用的交互和继承，Web 作为一种新的技术应运而生，提供了面向服务的分布式计算模式。

Web 服务作为一种新型的分布式构件模型，已经在电子商务、企业应用集成等领域扮演了重要的角色，并不断影响现代企业应用的开发与部署，它的不断成熟和发展为服务计算技术的发展与应用提供了最佳支撑技术。本章对 Web 服务基本概念、技术标准和发展动态进行介绍。

■ 2.1 Web 服务简介

随着互联网的迅猛发展，Web 服务技术日益成熟，越来越多的网络资源已经通过 Web 服务实现了资源共享与应用集成。初期发布于互联网上的 Web 服务大多都是结构简单、功能单一的服务，无法满足实际业务的需求。为了能够有效地利用分布于网络中的单一服务，人们进一步提出了服务组合的概念。服务组合通过联合多个不同功能的 Web 服务，使服务之间进行有效的通信和协作，借以解决单个 Web 服务无法解决的复杂问题，实现服务间的无缝集成，形成功能强大的、可以满足实际业务需求的且具有增值功能的新的应用系统。现在 Web 服务已经越来越多地应用在创建内部和外部业务流程的过程中，通过 Web 服务组合动态生成新的复合服务，减少软件开发部署成本，满足人们日益增长的个性化需求。

简单地讲，Web 服务是封装成单个实体并发布到网络上以供其他程序使用的功能集合。Web 服务可用统一资源定位符（uniform resource locator，URL）定位，使用它的用户可以在不知道它如何被实现的情况下调用它以得到期望的功能。

Web 服务技术的主要目标是在现在各种异构平台的基础上构筑一个通用的与平台无关、语言无关的技术层，各种应用依靠这个技术层来实施彼此的连接和集成。为了达到这一目标，Web 服务完全基于可扩展标记语言、XML 模式等独立于平台、独立于软件供应商的标准，是创建可互操作的、分布式应用程序的新平台。

2.1.1　Web 服务基本概念

Web 服务作为一种崭新的分布式计算模型，被业界称为继个人计算机（personal computer，PC）和 Internet 之后，计算机互联网技术（internet technology，IT）的第三次革命，它完全基于用于描述的 WSDL、用于注册和发现的 UDDI、用于保障服务安全的 WS-Security（Web 服务安全）以及用于通信的 SOAP 以及其他相关的一系列开放的标准协议，是 Web 上数据和信息集成的有效机制。

Web 服务可以从多个角度来描述。从技术方面讲，一个 Web 服务是可以被统一资源标识符（uniform resource identifier，URI）识别的应用软件，其接口和绑定由 XML 描述和发现，并可与其他基于 XML 消息的应用程序交互；Web 服务是基于 XML 的、采用 SOAP 的一种软件互操作的基础设施。从功能角度讲，Web 服务是一种新型的 Web 应用程序，具有自包含、自描述以及模块化的特点，可以通过 Web 发布、查找和调用实现网络调用；Web 服务是基于传输控制协议/互联网协议（transmission control protocol/internet protocol，TCP/IP）、超文本传输协议（hyper text transfer protocol，HTTP）、XML 等规范而定义，具备如下功能：Web 上链接文档的浏览、事务的自动调用、服务的动态发现和发布。从应用的层面来说，Web 服务是用于集成应用的，将原有的面向对象、面向组件的软件系统改造为基于消息面向服务的松耦合系统或者构建新的松耦合系统的一种协作设施。从组成框架及实现目标的角度讲，Web 服务作为一种网络操作，能够利用标准的 Web 协议及接口进行应用间的交互。从网格计算的角度看，Web 服务能用于 Web 上的资源发现、数据管理及网格计算平台上异构系统的协同设计。

目前，不同的组织对Web服务的概念有着不同的理解及认识。

（1）W3C：Web服务是一个通过URL识别的软件应用程序，其界面及绑定能用XML文档来定义、描述和发现，使用基于Internet协议上的消息传递方式与其他应用程序进行直接交互[12]。

（2）微软：Web服务是为其他应用提供数据和服务的应用逻辑单元，应用程序通过标准的Web协议和数据格式获得Web服务，如HTTP、XML和SOAP等，每个Web服务的实现是完全独立的。Web服务具有基于组件的开发和Web开发两者的优点，是微软的.NET程序设计模式的核心[12]。

（3）IBM：Web服务是一种自包含、自解释、模块化的应用程序，能够被发布、定位，并且从Web上的任何位置进行调用。Web服务可以执行从简单的请求到错综复杂的商业处理过程的任何功能。理论上来讲，一旦对Web服务进行了部署，其他Web服务应用程序就可以发现并调用已部署的服务。

（4）市场研究公司Forrester以一种更加开放的方法将Web服务定义为人、系统和应用之间的自动连接，这种连接能够将业务功能元素转变为软件服务，并且创造新的业务价值。Web服务是基于网络的、分布式的模块化组件，它执行特定的任务，遵守具体的技术规范，这些规范使得Web服务能与其他兼容的组件进行互操作[13]。

（5）全球最具权威的IT研究与顾问咨询公司Gartner将Web服务定义为：松耦合的软件组件，这些组件动态地通过标准的网络技术与另一个组件进行交互[13]。

（6）UDDI规范中提到：所谓Web服务，它是指由企业发布的完成其特别商务需求的在线应用服务，其他公司或应用软件能够通过Internet来访问并使用这项应用服务[14]。

从这些观点我们也可以看出，这些定义各有侧重，但有几点是一致的。首先，它是由企业驱动和应用驱动而产生的；其次，它具有分布性、松耦合、可复用性、开放性以及可交互性等特性；最后，Web服务的最大优点是它基于开放的标准协议，可实现异构平台之间的互通。

2.1.2　Web 服务体系结构

Web 服务体系结构主要包括三个角色，即服务提供者（service provider）、服务请求者（service requester）和服务中介（service registry），如图 2.1 所示。Web服务应用中涉及两个部分：服务本身和对服务的描述。典型的 Web 服务应用过程是：服务提供者创建 Web 服务，并使用 UDDI 在服务中介上发布 Web 服务；服务中介使用服务描述协议 WSDL 对注册的 Web 服务进行描述；服务请求者使用

UDDI 在服务中介中查找并取得合适的 Web 服务，然后绑定 Web 服务，调用所选择的 Web 服务。

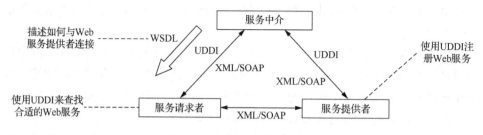

图 2.1　Web 服务的体系结构

Web 服务是描述一些操作（利用标准化的 XML 消息传递机制可以通过网络访问这些操作）的接口。Web 服务是用标准的、规范的 XML 概念描述的，称为 Web 服务的服务描述。这一描述囊括了与服务交互需要的全部细节，包括消息格式（详细描述操作）、传输协议和位置。Web 服务接口隐藏了实现服务的细节，允许独立于实现服务的硬件或软件平台和编写服务所用的编程语言来使用服务。这允许并支持基于 Web 服务的应用程序以松耦合形式，面向组件和跨技术实现。Web 服务可以履行一项特定的任务或一组任务，即可以单独或同其他 Web 服务一起用于实现复杂的聚集或商业交易。

1. 角色

Web 服务体系中的角色如下。

（1）服务提供者：创建该 Web 服务实体，它为其他服务和用户提供服务功能，服务提供者在实现服务之后可以发布服务，并且可以响应对其服务的调用请求。

（2）服务请求者：Web 服务功能的使用者，它可以利用 Web 服务注册中心查找所需的服务，并且向 Web 服务提供者发送请求。服务请求者角色可以由浏览器、窗体应用程序、后台程序等来担当。

（3）服务中介：这是可搜索的服务描述注册中心，服务提供者在此列出它们的 Web 服务清单。服务请求者可以从服务注册中心搜索 Web 服务。

服务提供者、服务请求者、服务中介这三个角色是根据逻辑关系划分的，在实际应用中，角色可能会出现交叉或者互换。组成 Web 服务完整体系的组件必须具有上述一种或多种角色。

2. 行为

对于使用 Web 服务的应用程序，必须发生以下三个行为：发布服务描述、查找服务描述以及根据服务描述绑定或调用服务。这些行为可以单次或反复出现。

（1）发布（publish）：为了使服务可访问，服务提供者需要通过发布操作向服务注册中心注册自己的功能和访问接口，以使服务请求者可以查找它。发布服务描述的位置可以根据应用程序的要求而变化。

（2）查找（find）：在查找操作中，服务请求者直接检索服务描述或在服务注册中心中查询所要求的服务类型。对于服务请求者，可能会在两个不同的生命周期涉及查找操作：在设计时，为了程序开发而检索服务的接口描述；在运行时，为了调用而检索服务的绑定和位置描述。

（3）绑定（bind）：最终的目的是要调用服务。在绑定操作中，服务请求者使用服务描述中的绑定细节来定位、联系和调用服务，从而在运行时调用或启动与服务的交互。

Web 服务是由服务描述所表达的接口，其实现即为服务。Web 服务体系结构没有对 Web 服务的粒度进行限制，因此一个 Web 服务既可以是一个组件（小粒度），该组件必须和其他组件结合才能进行完整的业务处理；也可以是一个应用程序（大粒度）。

3. 构件

（1）服务（service）：在这里，Web 服务是一个由服务描述来描述的接口，服务描述的实现就是该服务。服务是一个软件模块，它部署在由服务提供者提供的可以通过网络访问的平台上。服务存在就是要被服务请求者调用或者同服务请求者交互。当服务的实现中利用到其他的 Web 服务时，它也可以作为请求者。

（2）服务描述（service description）：服务描述包含服务的接口和实现的细节。其中包括服务的数据类型、操作、绑定信息和网络位置，还可能包括可以方便服务请求者发现和利用的分类及其他元数据。服务描述可以被发布给服务请求者或服务注册中心。Web 服务体系结构解释了如何实例化元素和如何以一种可以互操作的方式实现这些操作。

4. 周期

Web 服务开发生命周期包括了设计和部署以及在运行时对服务注册中心、服务提供者和服务请求者每一个角色的要求。每个角色对开发生命周期的每一元素都有特定要求。

开发生命周期有以下四个阶段。

（1）构建：生命周期的构建阶段包括开发和测试 Web 服务实现、定义服务接口描述和定义服务实现描述。可以通过创建新的 Web 服务、把现有的应用程序变成 Web 服务或由其他 Web 服务和应用程序组成新的 Web 服务等方式来提供 Web 服务的实现。

（2）部署：部署阶段包括向服务请求者或服务注册中心发布服务接口和服务

实现的定义，以及把 Web 服务的可执行文件部署到执行环境（典型情况下，Web 应用程序服务器）中。

（3）运行：在运行阶段，可以调用 Web 服务。在此，Web 服务被部署、可操作并且服务提供者可以通过网络访问服务，服务请求者可以进行查找和绑定操作。

（4）管理：管理阶段包括持续的管理和经营 Web 服务应用程序。安全性、可用性、性能、服务质量和业务流程问题都必须解决。

WSDL 提供了一种描述 Web 服务功能的 XML 格式协议。在一个 WSDL 结构（图 2.2）中，对 Web 服务的定义一般包含以下元素：绑定（Binding）、数据类型（DataType）、端口类型（PortType）、操作（Operation）、消息（Message）、端口（Port）。其中，绑定用来传送数据的实际数据结构；数据类型使用 XML 规范的数据来描述；端口类型是操作的逻辑组合；操作指定哪一个消息与哪些数据一起传送；消息是端口间来回传送的数据结构；端口是服务所在的 Web 地址。WSDL 的设计完全继承了以 XML 为基础的开放设计理念，它允许通过扩展使用其他的类型定义语言，允许使用多种传输协议和消息格式（SOAP/HTTP，HTTP-GET/POST 以及 MIME 等），同时也应用了软件复用概念，把抽象定义层和具体部署层分离开来，增加了抽象定义层的复用性。

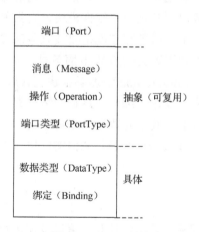

图 2.2   WSDL 结构

服务调用协议 SOAP 是一个基于 XML 的、在分布式的环境中交换信息的简单协议，它描述了数据类型的消息格式以及一整套规则，包括结构化类型和数组，另外它还描述了如何使用 HTTP 来传送消息。在 SOAP 的消息结构（图 2.3）中：Envelop 定义了 SOAP 消息的 XML 文档的根元素；Header 不仅支持指令的添加，而且还扩展了 SOAP 的功能，可添加用于事务处理和安全性的支持；Body 元素中包含了被传输的 XML 数据的元素。SOAP 是一种简单的、轻量级的基于 XML 的组件访问协议，用于在网络应用程序之间进行结构化数据交换。

图 2.3　SOAP 消息结构

UDDI 提供了一个注册中心，服务提供者可以在这里注册并且发布服务。UDDI 由白页、黄页和绿页构成（图 2.4），其中白页包含了特定企业的名字、地址、电话号码和其他联系信息，黄页包含基于现有（非电子）标准的企业分类，绿页包含与特定企业提供的 Web 服务有关的技术信息。UDDI 提供了一组基于标准的规范用于描述和发现服务，还提供了一组基于互联网的实现。UDDI 解决了企业遇到的大量问题。首先，它能帮助拓展企业到企业的电子商务模式（business-to-business，B2B）交互的范围并能简化交互的流程。其次，UDDI 还允许动态发现相关的 Web 服务并将其集成到聚合的业务流程中，并提供搜索有关企业服务的信息，在 UDDI 中发布企业服务信息使其他企业能访问到这些信息。

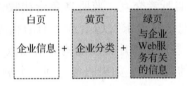

图 2.4　UDDI 的构成

虽然 SOAP、WSDL 和 UDDI 等提供了 Web 服务交互的基本框架，但对实际的应用程序搭建而言，事务、工作流、安全机制等都是非常重要的。因此，研究人员提出了一系列规范或草案，形成了较完整的协议栈，以满足应用程序的要求，如图 2.5 所示[12]。

通常，一个 Web 服务被分为四个逻辑层：数据层（data layer）、数据访问层（data access layer）、业务层（business layer）和监听者（listener）。离客户端最近的是监听者，离客户端最远的是数据层。业务层更进一步被分为两个子层：业务逻辑（business logic）和业务面（business facade）。Web 服务需要的任何物理数据都被保存在数据层。在数据层之上是数据访问层，数据访问层为业务层提供数据服务。数据访问层把业务逻辑从底层数据存储的改变中分离出来，这样就能保护

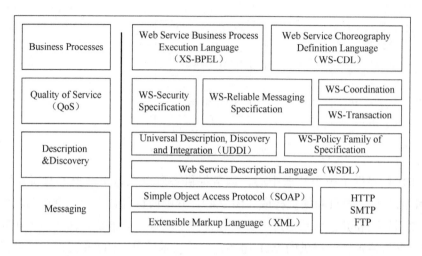

图 2.5　Web 服务协议栈

数据的完整性。业务面提供一个简单接口，直接映射到 Web 服务提供的过程。业务面模块被用来提供一个到底层业务对象的可靠的接口，把客户端从底层业务逻辑的改变中分离出来。业务逻辑层提供业务面使用的服务。所有的业务逻辑都可以通过业务面在一个直接与数据访问层交互的简单 Web 服务中实现。Web 服务客户应用程序与 Web 服务监听者交互，监听者负责接收带有请求服务的输入消息并解析这些消息，然后把这些请求发送给业务面的相应方法。这种体系结构与 Windows DNA 定义的 *n* 层应用程序体系结构非常相似。Web 服务监听者相当于 Windows DNA 应用程序的表现层。如果服务返回一个响应，那么监听者负责把来自业务面的响应封装到一条消息中，然后把它发回客户端。监听者还处理对 Web 服务协议和其他 Web 服务文档的请求。开发者可以添加一个 Web 服务监听者到表现层中，并且提供到现有业务面的访问权限，这样就能够很容易地把一个 Windows DNA 应用程序移植到 Web 服务中。虽然 Web 浏览器可以继续使用表现层，但是 Web 服务客户应用程序将与监听者交互。

2.1.3　Web 服务技术架构

Web 服务虽然是一种使用 Web 提供服务的技术，但其并不是独立的一种技术，而是多种不同技术的综合运用。在不同类型的系统、不同的平台间实现互操作，必须要有一套信息传输标准。对 Web 服务来说，同样也有一套这样的标准。这套标准中包含这样一些技术：XML、SOAP、WSDL、UDDI、远程过程调用（remote procedure call，RPC）与消息传递等。Web 服务应用程序使用这些技术执行客户端与服务器端的交互。

业界厂商在规划 Web 服务技术的发展及制定其标准的同时，也推出了各自的产品或项目计划支持 Web 服务技术的发展。在这当中形成了两条技术路线，一条是以微软服务器为中心的.NET 技术，而另一条则是 Sun 的 Java2 平台企业版（Java2 platform enterprise edition，J2EE）体系结构，由来自 Sun、IBM、Oracle、HP、BEA 等公司实现技术支持。虽然.NET 和 J2EE 经常互相比较，但它们的根本区别使它们直接比较很困难。微软的.NET 代表了与 Windows 平台协调的完整企业体系结构的实现；J2EE 是一种体系结构组件的规范，设计这些组件是为了使它们一起工作以定义一个完整的企业体系结构。图 2.6 和图 2.7 分别是微软的.NET 平台和 J2EE 的 Web 服务包[15]。

微软的.NET 技术从整体架构上看，分为界面显示层、业务逻辑层及数据访问层三层。对于三层间的通信，可直接基于接口来进行调用，也可以通过被调用层所暴露的 Service 来进行通信，应根据不同的情况来灵活确定。比如，对于界面显示层与业务逻辑层的通信，如果系统是 C/S 架构，用户的客户端只是做简单的数据显示，所有的业务逻辑全部放在服务器端的业务逻辑层来进行，则客户端的界

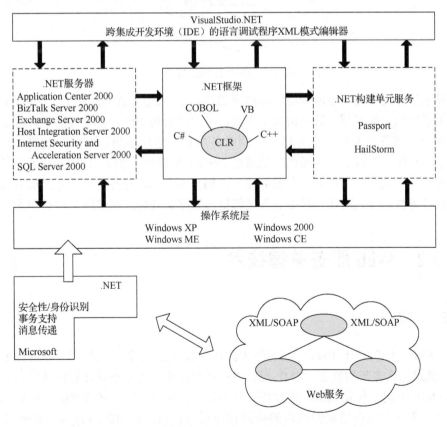

图 2.6　微软的.NET 平台

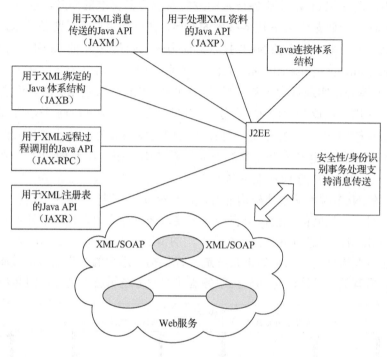

图 2.7   J2EE 的 Web 服务包

面显示层通过访问业务逻辑层所暴露出的 Service 来进行通信；对 B/S 架构来说，如果系统的业务复杂，数据访问量很大，考虑到负载均衡、备份等因素，可以将三层分别部署在不同的服务器上，同时各层也有不同的集群策略，此时，界面显示层与业务逻辑层间的通信也是通过 Service 来进行，相反，如果系统的业务规模较小，三层均部署在同一台服务器上，则界面显示层与业务逻辑层之间直接通过接口进行调用。同样，对于业务逻辑层与数据访问层之间的通信也是如此。

2.2   Web 服务关键技术

2.2.1   XML

XML 是 W3C 于 1998 年推荐使用的作为 Internet 上数据交换和表示的标准语言。经过这么多年的发展，XML 已经被广泛地接受为用于不同计算机系统的互操作性解决方案。尽管 XML 也存在一些不足，但是由于它良好的性能已经被广为接受，所以它现在是我们追求的处理软件互操作性的通用解决方案。Web 服务所提供的接口、对 Web 服务的请求、Web 服务的应答数据都是通过 XML 描述的，并且 Web 服务的所有协议都建立在 XML 基础之上。因此，XML 可以称为 Web 服务的基石，是 Web 服务中表示和封装数据的基本格式。

客户端和服务器能即时处理多种形式的信息，当客户端向服务器发出不同的请求时，服务器只需将数据封装进 XML 文件中，由用户根据自己的需求选择和制作不同的应用程序来处理数据。这不仅减轻了 Web 服务器的许多负担，也大大减少了网络流量。同时，XML 可以简化数据交换，支持智能代码和智能搜索，软件开发人员可以使用 XML 创建具有自我描述性的数据文档。除了上述特性之外，XML 主要还有与平台无关、与厂商无关的特点。

XML 是由 W3C 于 1998 年 2 月发布的一种标准。与超文本标记语言（hypertext markup language，HTML）一样，XML 基于标准通用标记语言（standard generalized markup language，SGML），是一种显示数据的标记语言，它能使数据通过网络无障碍地进行传输，并显示在用户的浏览器上。XML 是一套定义语义标记的规则，这些标记将文档分成许多部件并对这些部件加以标识。它也是元标记语言，即定义了用于定义其他与特定领域有关的、语义的、结构化的标记语言的句法语言，但 XML 克服了 HTML 的很多局限。

与 HTML 相比，XML 具有明显的特点：①使用有意义的标记（tag）。HTML 给浏览器读取，不能传达数据的语义，但 XML 具有语义，且数据的语义与显示方式分开。HTML 是决定数据显示方式的语言，XML 是描述数据内容的语言，本身并不决定数据该如何显示，数据的显示由可扩展样式表语言（extensible stylesheet language，XSL）决定。②可自定义的标记。HTML 标记由少数权威团体制定，种类有限且不能随意添加。XML 可由用户按需要增加标记，如数学标记语言 MATHML、财经标记语言 FPML、电子商务标记语言 EBXML 等。③严格的语法控制。HTML 语法规则多元化，具有较大灵活性，文件结构比较松散，不能很容易地转换为其他类型格式，比较难用程序来做大量而有效的处理，数据再利用的潜力大为降低。XML 对语法有严格的要求，所有 XML 的文件都必须经过严格的“验证”过程才算完成，文件格式容易转换。XML 最大的优势在于对各种数据的管理。任何系统都可以通过 XML 的解析器来读取 XML 数据，因此它的数据可以通行各处，而不用担心系统不支持的问题。④数据的检索。Internet 上主要的数据检索方式有分类检索和全文检索，检索效率低，也可能检索不到。XML 将语义标记作为搜索索引，在文件中截取关键部分，所有标记内的数据都可视为一个元素，而每一个元素都可以作为数据的索引。⑤数据的显示。XML 将数据保存的格式与数据显示的方式分开，使得 XML 文件可以轻易地更换数据显示的方式，仅需改变 XSL 的设置，用户就可以将同一数据制作成 HTML、PDF、WML、HDML 等不同格式，供不同的硬件显示。⑥数据的交换。XML 语法简单，可以被所有的机器解读，又可以在各种平台上使用，使得 XML 有潜力成为一个通行四海皆准的标记语言。

XML 标准 1.0 中，文档类型声明通过文档类型定义（document type definition，DTD）来描述，DTD 是一系列对元素类型、属性实体和注释的定义，它说明哪些在文档里是合法的，并且在什么位置才合法，一个 XML 文档可以在其中指定符合某个特定的 DTD，DTD 的一个缺点是采用的语法不直观，另外一个缺点是不能够让你规定不同元素的类型。XML 需要一种更具表达能力的解决方案，而不仅仅是 DTD。在这种需求下，W3C 推出了 XML Schema。XML Schema 对 DTD 功能做了很多的改进和增强，所以它最终必定会终结 DTD，作为 XML 的一个标准出现。

与 DTD 相比，XML Schema 相对于 DTD 的明显好处是 XML Schema 文档本身也是 XML 文档，而不是像 DTD 一样使用自成一体的语法。这就方便了用户和开发者，因为可以使用相同的工具来处理 XML Schema 和其他 XML 信息，而不必专门为 XML Schema 使用特殊工具。XML Schema 简单易懂，懂得 XML 语法、规则的人都可以立刻理解它。总之，XML Schema 具有一致性、扩展性、规范性、互换性等诸多优点。

2.2.2　SOAP

SOAP 是一个基于 XML 的、通过 HTTP 在松散分布式环境中交换结构化信息的轻量级协议，是一种信息发送的格式，用于应用程序之间的通信。它为在一个松散的、分布环境中使用 XML 对等地交换结构化的和类型化的信息提供了一个简单的轻量级机制。SOAP 本身并不定义任何应用语义，它只是定义了一种简单的机制，通过一个模块化的包装模型和对模块中特定格式编码的数据重编码机制来表示应用语义。SOAP 的这项能力使得它可以被很多类型的系统用于从消息系统到 RPC 的延伸。Web 服务使用 XML 格式的消息与客户通信，而 SOAP 标准的核心思想是使用一种标准化的 XML 格式对消息进行编码。SOAP 可以运行在任何传输协议上，如 HTTP、简单邮件传输协议（simple mail transfer protocol，SMTP）等。Web 服务希望实现不同的系统之间用软件对软件的方式进行对话，其打破了传统的软件应用、网站和各种不同设备间互不相容的状态，实现了基于 Web 的"无缝集成"的目标。

SOAP 主要由四部分组成：SOAP 信封（envelop）、SOAP 编码规则（encoding rules）、SOAP RPC 表示（RPC representation）和 SOAP 绑定（binding）。SOAP 信封构造定义了一个整体的 SOAP 消息表示框架，可用于表示消息中的内容是什么，是谁发送的，谁应该接受并处理它，以及这些处理操作是可选的还是必需的等。SOAP 编码规则是一个定义传输数据类型的通用数据类型系统，这个简单类型系统包括程序语言、数据库和半结构数据中不同类型系统的公共特性。它通过定义一个数据的编码机制来定义应用程序中需要使用的数据类型，并可用于交换由这些应用程序定义的数据类型所衍生的实例。SOAP RPC 表示定义了一个用于表示远端过程调用和响应的约定，例如如何使用 HTTP 或 SMTP 协议与 SOAP 绑定，如何传输过程调用，在具体传输协议的哪个部分传输过程响应。具体来说，在 RPC 中使用 SOAP 时需要绑定一种协议，可以使用各种网络协议，如 HTTP、SMTP 和文件传输协议（file transfer protocol，FTP）等来实现基于 SOAP 的 RPC，一般使用 HTTP 作为 SOAP 的协议绑定。SOAP 通过协议绑定来传送目标对象的 URI，在 HTTP 中请求的 URI 就是需要调用的目标 SOAP 节点的 URI。RPC 是一种协议，使用 RPC 的时候，客户端的运行方式是调用服务器上的远程过程，这里的"过程"相当于.NET 中的方法。在早些时候的编程语言中，没有"方法"这个概念，甚至还没有"函数"这个概念，所以称之为"过程"。RPC 倾向于使 Web 服务的位置透明化。服务器可提供远程对象的接口，客户端使用服务器中的远程方法就像在本地使用的这些 Web 服务对象的接口一样，这样就隐藏了 Web 服务的底层实现信息，客户端也不需要知道对象具体指向的是哪台主机。SOAP 绑定定义了一个使用底层传输协议来完成在节点间交换 SOAP 信封的约定。SOAP 中定义了与 HTTP 的绑定：利用 HTTP 来传送 SOAP 消息，主要是利用 HTTP 的请求/响应消息模型，将 SOAP 请求的参数放在 HTTP 请求里，将 SOAP 响应的参数放在 HTTP 响应里。上述描述是将 SOAP 的不同部分作为一个整体定义的，但它们在功能上是彼此独立的。尤其信封和编码规则是被定义在不同的 XML 命名空间中，这样有利于通过模块化获得定义和实现的简明性。

　　SOAP 的核心部分则是消息处理框架。SOAP 消息处理框架定义了一整套 XML 元素，用以"封装"任意 XML 消息以便在系统之间传输。该框架包括的核心 XML 元素：Envelope、Header、Body 和 Fault。Envelope 元素是 SOAP 消息的根元素，它指明 XML 文档是一个 SOAP 消息。SOAP 消息的其他部分作为 Envelope 元素的子元素，封装在 Envelope 元素之内。Header 元素是包含头部信息的 XML 标签，是 SOAP 消息中的可选元素。Body 元素是包含所有的调用和响应的主体信息的标签，是 SOAP 消息中的必需元素。Fault 元素是错误信息标签，它必须是 Body 元素的子元素，且在一条 SOAP 消息中，Fault 元素只能出现一次。

　　在 Web 服务中使用 SOAP 数据格式主要是由于 SOAP 的简洁性和通用性，此外 SOAP 还有很多优点，主要包括：

　　（1）跨平台支持。SOAP 是一段文本代码，所以可以很轻松地在各种不同的平台下使用它，当然也可以在任何一种传输协议中发送 SOAP 内容。

　　（2）支持标题和扩展名。使用 SOAP 数据时，还可以使用工具很轻松地添加追踪、加密和安全性等特性。

　　（3）灵活的数据类型。SOAP 允许在 XML 中对数据结构和 Data Set 编码，就像是编程语言中的简单数据类型（如数值型和字符型）一样。

2.2.3 WSDL

WSDL 是一个基于 XML 的用于描述 Web 服务以及如何访问 Web 服务的语言。简单地说，WSDL 就是一个 XML 文档，它将 Web 服务描述定义为一组服务访问端点，客户端可以通过这些服务访问端点对包含面向文档信息或面向过程调用的服务进行访问。WSDL 服务为分布式系统提供了可机器识别的软件开发工具包（software development kit，SDK）文档，并且可用于描述自动执行应用程序通信中所涉及的细节。WSDL 将 Web 服务定义为服务访问点或端口的集合，在 WSDL 中，由于服务访问点和消息的抽象定义已从具体的服务部署或数据格式绑定中分离出来，因此可以对抽象定义进行再次使用。这里，消息指对交换数据的抽象描述；端口类型指操作的抽象集合。用于特定端口类型的具体协议和数据格式规范构成了可以再次使用的绑定。将 Web 服务访问地址与可再次使用的绑定相关联，可以定义一个端口，而端口的集合则定义为服务。

一个完整的 WSDL 包括下面 7 个部分。

（1）Types 元素：Web 服务使用的数据类型，它是独立于机器和语言的类型定义，这些数据类型被＜message＞标签所使用。

（2）Message 元素：Web 服务使用的消息，对服务中所支持的操作的抽象描述，它定义了 Web 服务函数的参数。在 WSDL 中，输入参数和输出参数要分开定义，使用不同的＜message＞标签体标识，＜message＞标签定义的输出输入参数被＜portType＞标签使用。

（3）PortType 元素：Web 服务执行的操作，该标签引用＜message＞标签的定义来描述函数名（操作名、输入输出参数）。对于某个访问入口点类型所支持的操作的抽象集合，这些操作可以由一个或多个服务访问点来支持。

（4）Binding 元素：Web 服务使用的通信协议，特定端口类型的具体协议和数据格式规范的绑定。＜portType＞标签中定义的每一操作在此绑定实现。

（5）Service 元素：确定每一＜binding＞标签的端口地址。在上述的文档元素中，＜types＞、＜message＞、＜portType＞属于抽象定义层，＜binding＞、＜service＞属于具体定义层。所有的抽象元素可以单独存在于别的文件中，也可以从主文档中导入。

（6）Operation 元素：对服务中所支持的操作的抽象描述，一般单个 operation 描述了一个访问入口的请求/响应消息对。

（7）Port 元素：该元素被定义为协议/数据格式绑定与具体 Web 访问地址组合的单个服务访问点。

2.2.4 UDDI

UDDI 是一套基于 Web 的、分布式的、为 Web 服务提供信息注册中心的实现标准，同时也包含一组使企业能将自身提供的 Web 服务进行注册的标准，以使得别的企业能够发现服务访问协议。简单来说，UDDI 是一种目录服务，企业使用它可以对 Web 服务进行注册和搜索。为了使用 Web 服务，客户当然需要知道相应公司提供的 Web 站点地址或者发现文件的 URL。这个发现文件是非常有用的，它们可以将多个 Web 服务合并到一个单独的列表中，但是它们不允许客户在不了解这个公司的情况下搜索 Web 服务的信息。UDDI 提供了一个数据库来填补这个缺陷，企业可以在这个数据库中发布自己的企业信息，提供 Web 服务信息、第一个服务的类型，以及与这些服务有关的其他信息和规范的链接。不过即使用户在 UDDI 注册服务中找到了想要的 Web 服务，也只是能得到一个方法定义的集合，文档说明非常少，可以说相当于一个非常简单的应用程序接口（application program interface，API）。

UDDI 的目标是建立标准的注册中心来加速互联网环境下电子商务应用中企业应用系统之间的集成，它是一个面向基础架构的标准。UDDI 使用一个共享目录来存储企业用于彼此集成的系统界面及服务功能的描述，这些描述都是通过 XML 完成的。从概念上来说，UDDI 注册中心所提供的信息由三部分组成：白页包括地址、联系方法和企业标识；黄页包括基于标准分类法的行业类别；绿页包括该企业所提供的 Web 服务的技术信息，可能是一些指向文件或是 URL 指针，而这些文件或 URL 是为 Web 服务发现机制服务的。而在 UDDI 规范的 2.0 版中新增了对外部分类法的支持（用户可以定义使用的分类方法）以及描述企业与企业之间关联关系的机制（为集团企业的注册奠定了基础）。

UDDI 主要由 UDDI 概要（UDDI Schema）和 UDDI 应用程序接口（UDDI API）两部分构成。UDDI 概要构成了 Web 服务的注册入口，UDDI 应用程序接口描述了用于发布注册入口或查找注册入口所需的 SOAP 消息。UDDI 概要包含了五种 XML 数据结构，它们构成了一个 UDDI 注册入口：Business Entity 定义了提供服务的企业信息；Business Service 定义了提供的服务，一个 Web 服务可以提供多种服务；Binding Template 提供了 Web 服务的技术规范，主要是协议和数据的交换格式；Tmodel 提供了 Web 服务的存取位置地址，根据此地址可以找到相应的 Web 服务；Publisher Assertion 结构用来描述一个 Business Entity 与其他 Business Entity 之间的关系。UDDI 应用程序接口主要包含发布 API 和查询 API 两部分：发布 API 定义了一系列的消息，这些消息的执行生成了 UDDI 概要的数据；查询 API 包含两类消息，即查找 Web 服务的消息和一个注册入口的消息。

UDDI 是一种 Web 服务注册表的具体实现方式，它是一个广泛的且开放的行业标准。UDDI 提供了一个通过互联网描述、发现和集成服务的平台独立的方法。它使得 Web 服务的服务提供者和使用者能够彼此发现，定义它们怎样在 Internet 上互相作用，并在一个全球的注册体系架构中共享信息。在这样一种系统构架上，商业实体能够快速、方便地使用它们自身的企业应用来发现合适的商业对等实体，并与其实施电子化的商业贸易。UDDI 同时也是 Web 服务集成的一个体系框架，它包含了 Web 服务描述与发现的标准。UDDI 规范利用了 W3C 和国际互联网工程任务组（Internet Engineering Task Force，IETF）的很多标准作为其实现基础，比如 SOAP、XML、HTTP 和域名系统（domain name system，DNS）等技术或协议。

UDDI 规范的 1.0 版于 2000 年 9 月发布，它主要描述了标准的目标，定义了 UDDI 的基本概念、基础框架以及主要数据结构（如登录企业基本联系信息的目录结构等），该规范的发布标志着 UDDI 的诞生。但是该版本的规范非常笼统，并不是一个符合工业标准的可实现的规范。

UDDI 规范的 2.0 版于 2003 年 5 月发布，它对 1.0 版的数据结构做了完善，成为第一个可实现的 UDDI 规范。它对 1.0 版的完善包括：对复杂机构提供建模支持；更强大的客户机分类和标识符支持，增加了描述企业更多信息的指南；增强了查询功能，增添了查找特定商品和服务的目录；增加了对外部分类法的支持；国际化功能；基于对等的复制。

UDDI V3.0.2 对 UDDI 规范做了全面的完善和发展，强化了加入注册的能力。尽管从 UDDI 规范最初的版本开始，就包括了诸如在服务器和服务器之间的委托和分发的概念，但是早期的定义依赖于私有的交互方式。相反地，UDDI V3.0.2 提供了一个开放的标准途径，确保广泛的可相互操作的交流。UDDI V3.0.2 还提供了对数字签名的支持，它的扩展发现能力可以将以前的多个步骤的简单查询合并为单步的复杂查询，而且它提供一个查询中的子查询功能，使得客户可以更有效地缩小他们的查询范围。

下面主要介绍 UDDI V3.0.2 的数据结构以及它的特点。

（1）UDDI V3.0.2 的数据结构：UDDI 使用 XML 文档来描述提供 Web 服务的企业及其所提供的 Web 服务的相关信息，这些信息在逻辑上包括白页、黄页和绿页。

（2）白页（white page）：企业的一般信息，包括企业名称、地址、联系方式和已知的企业标识等信息，其中，"标识"是用来唯一标识该企业的。

（3）黄页（yellow page）：把企业分成不同产品与服务类别，包括基于标准分类法的企业行业类别、服务和产品索引、工业代码、地理索引等内容。这样，就可以通过类别来检索一类信息。

（4）绿页（green page）：包括关于该企业所提供的产品、服务和 Web 服务的技术信息，其内容有电子商务规则、服务描述、应用的调用方法、数据绑定等。客户可以通过它们与相应的 Web 服务建立通信，其发布形式可能是一些指向文件或 URL 的指针。

（5）所有的 Web 服务注册信息存储在 UDDI 注册表中，通过注册表各个企业可以将自身的描述、服务的描述以及服务访问方式的描述公开发布。

（6）数字签名的支持：它允许 UDDI 提供更高等级的数据完整性和真实性的服务。

（7）扩展发现特征：将以前的多步查询合并为一个单步的复合查询。

（8）在单一查询中嵌套子查询的能力：让客户端的查询效率更高。

（9）对 UDDI 注册表节点集群的支持：可以根据需要建立多个 UDDI 注册表，各个 UDDI 注册表之间可以共享信息，提高 UDDI 的整体性能和安全性。

■ 2.3　服务安全

传统的 Web 服务安全技术主要集中于对网络连接和传输层的保护，通常有安全套接层、IP 安全协议、防火墙规则以及虚拟专用网（virtual private network，VPN）等。然而，传统安全技术无法完全满足 Web 服务的端到端安全、选择性保护等新的安全需求。目前，Web 服务中采用的安全技术主要包括以下几种：在客户端建立用户信任机制，执行服务时将相应的认证信息导入服务器；在 SOAP 消息头中加入针对特定应用的安全标识，则可以从中提取认证、信任信息；在某个特定的应用领域内，对服务提供者的内部敏感数据进行加密，当其收到服务请求后直接在已加密的数据上进行相应的计算和处理，计算结果加密后返回给服务请求者；服务请求者需要提交必要的输入数据，并且每次仅提交一个输入数据块，返回的结果对应于该请求，经过多次服务请求后，由服务请求者进行各次服务执行结果的集成，从一定程度上保证了客户信息的安全。

由微软公司发布的 WSE 3.0（Web Services Enhancements 3.0）是针对 Web 服务推出的安全实现平台，包括为了实现安全认证和加密特定的类库。WSE 3.0 的很多安全实现方式与 Windows 通信开发平台（Windows communication foundation，WCF）框架下的程序开发方式类似。Web Services 2.0 支持 WS-I Basic Profile 1.1 和 SOAP 1.2。这意味着，它支持 XML 1.0、XML 架构定义、Web 服务描述语言、SOAP 1.1、SOAP 1.2 以及编译时的基本配置文件一致性验证。WSE 3.0 通过提供对某些更高级的 WS-Security 协议的支持，来补充 Web Services 2.0 的功能。因此客户通常可使用 WSE 3.0 来增强 Web 服务安全。由 IBM 推出的 DataPower 系列产品是 IBM 针对面向服务架构所推出的重要产品，改变传统用软件来实现 XML

解析和安全支持的方式，基于硬件处理的 DataPower 产品，在实现高性能的同时也保证安全。DataPower 系列产品是设计独特、易于部署的 SOA 专用设备（1U，可机架式安装），它通过以太网与外部系统进行连接，通过简单的配置（无须编写程序）即可无缝地连接到现有的 IT 基础架构中，为简化 XML 应用和 Web 服务部署、提高系统性能和增强 SOA 实施的安全性等都提供了强大的支持。IBM 有三款 DataPower 产品供用户选择。按照进入市场的先后次序，它们分别是 DataPower Accelerator XA35、DataPower Security Gateway XS40 和 DataPower Integration Appliance X150。由 SafeNet 公司推出的 Luna XML 可在不增加其原有系统复杂性的前提下为 SOA 提供加密服务。与 SafeNet 公司推出的其他硬件密码模块［分层存储管理（hierarchical storage management，HSM）］相比，SafeNet 公司的 Luna XML 更易于整合，因为它提供一个 XML 编程界面，使用者并不需要对加密的应用编程接口有什么了解。这样一来，安全部署的时间就从数个月缩短到几天之内。同时，它也不需要安装客户端或独立的基础平台，进一步降低了复杂性和开发限制。

目前，对于 Web 服务组合安全性问题的研究主要有两种实现方式，一种是基于语义，另一种是基于非语义。基于语义的 Web 服务组合安全性实现方式，主要侧重于定义适应于 Web 服务组合的语义安全策略，通过语义安全策略的包含性、可推理性、互操作性等特征，借助于语义推理器实现安全策略自动匹配和冲突检测。Carminati 等提出了一种对 Web 服务安全需求和安全能力进行建模的方法，并实现了一种安全服务组合代理框架，该框架下能实现满足指定安全需求的 Web 服务组合[16]。基于非语义实现方式的服务组合安全性的主要研究方法集中在如何将 WS-Policy 形式表述的 Web 服务参与者间的服务能力与服务需求之间进行匹配，同时将服务请求者的安全需求在流程组合过程中得以体现。Lee 等提出了一种可废止的服务策略组合概念，将 Web 服务安全策略以可废止逻辑的方法表述，将 Web 服务策略组合构建于非单调推论的基础上[17]。Satoh 等提出了一种基于此逻辑的安全服务组合实现方式[18]。它将 Web 服务组合安全策略问题分成三类来进行讨论：数据保护策略、访问控制策略和组合流程策略。

Web 服务具有的动态性、开放性、平台无关性和松耦合的特征给企业应用集成带来了极大的便利，但也使其自身面临许多安全问题。

目前 Web 服务面临的主要安全问题如下：

（1）传统的传输安全机制［如安全套接层（secure sockets layer，SSL）］只能提供对等的安全性，不能确保 Web 服务在消息级别的安全性，且依赖特定的消息传送机制。

（2）不同平台下 Web 服务标准繁多而复杂，如何使异构平台理解对方的安全需求成为难题。需要考虑如何将安全策略转换成双方都能理解的方式，其中首要问题就是通过什么方法进行安全策略的转换。

（3）集成业务过程中调用的 Web 服务可能属于不同的领域，而不同安全域的安全策略机制可能不一样，如何获得各方的安全需求信息以保证整个业务过程的安全性是具有挑战性的问题。

（4）调用 Web 服务势必要进行身份验证，而 SOA 异构环境下不同应用程序支持的身份认证技术存在差异，这就给身份认证管理带来了困难。

（5）传统的访问控制技术不能适应 Web 服务环境动态、开放和分布式的特征。

（6）传统的防火墙和入侵检测系统（intrusion detection systems，IDS）是基于 TCP/IP 过滤包技术的，而 SOA 系统在进行信息交换时使用的是由 XML 表示的 SOAP 消息，因此防火墙无法检查处于应用层的 SOAP 消息，这使得系统不仅会受到传统的网络攻击（基于 TCP/IP），还会受到基于 SOAP 消息的攻击（如 XML 注入攻击、强制解析攻击及过度嵌套加密攻击等）。

归纳可知，目前 Web 服务面临的安全问题主要有两个方面：一个是 SOA 应用平台的安全，另一个是 SOA 应用系统的业务安全需求。Web 服务安全问题已引起工业界和学术界的广泛重视。工业界主要关注 Web 服务安全框架和标准的制定，如 WS 系列安全规范。学术界则注重从各个侧面对 Web 服务安全中的核心问题进行深入探讨，研究解决方案，从理论与实际应用的角度提出了一系列新颖的方法和改进策略。

2.3.1 WS-Security

Web 服务的安全性主要在于应用层，如何保护 SOAP 消息的安全性是解决这一问题的关键。在保护 Web 服务的安全性规范中 WS-Security 规范是主要用于保护 SOAP 消息的。

WS-Security 规范由微软、IBM、VeriSign 公司提出，现已提交给国际标准组织 OASIS 了。该规范可以看作是 SOAP 消息的扩展，通过对 SOAP 消息应用消息完整性、消息机密性和令牌的安全传送来提供安全保护。这些基本机制可以通过各种方式联合，以构建使用多种加密技术的多种安全性模型。

WS-Security 规范详细描述了如何将安全性令牌附加到 SOAP 消息上以及如何与 XML 签名、加密规范相结合，起到保护 SOAP 消息的作用。但是在 WS-Security 规范中并没有规定所需要的安全性令牌的具体类型，这使得 WS-Security 具有一定的可扩展性，可以适应各种各样的认证和授权机制。

WS-Security 规范本身并没有定义新的安全协议，而是在已存在的安全标准和规范中强调安全性。它提供了一个可扩展的框架用来在 SOAP 消息中嵌入安全性机制，包含数字签名、消息摘要和数据加密等。这些安全性信息都是作为附加的控制信息以消息的形式传递的，不依赖于任何传输协议，因而 WS-Security 规范具有传输中立性，能保证端到端的安全性。消息级安全模型相对于传统平台/传输级（点到点）的安全模型而言更适合用于异构环境中，还能有效地防止消息在经过中间节点时遭到第三方的破坏。

WS-Security 规范是一种为 Web 服务应用提供端到端的安全的网络传输协议。WS-Security 规范将安全特性定义在 SOAP 消息头中，主要包括对传输的消息的完整性和机密性规约。WS-Security 规范最初由微软、IBM 等公司开发，在第一个 Web 服务安全规范 WS-Security 发布后，此规范的一系列改进版本也陆续发布。此规范以 WS-Security 为基础，包括 Web WS-Trust（服务信任模型，提供安全令牌交换的方式）、WS-Privacy（隐私权模型）和 WS-Policy（端点策略）。

WS-Secure Conversation（安全会话）构建于 WS-Security 和 WS-Trust 基础上，用于改善消息交换的性能。此外，规范中还包括 WS-Authorization（联合信任）、WS-Federation（授权），它们从不同角度和范围保证了 Web 服务的安全性。

WS-Security 规范描述了如何在传输消息中添加签名、加密报头，还描述了如何对二进制安全性令牌编码。WS-Security 规范提供了三个主要机制：安全令牌、消息完整性以及消息机密性。WS-Security 规范是一种构件，是建立其他 Web 服务扩展以及较高层的具体应用协议的一部分，因此它可以与多种安全模型和加密技术相适应。

WS-Security 是一个 SOAP 的扩展规范，通过在 SOAP 报头中添加安全令牌、加密签名等安全机制来加强 Web 服务使用中的消息完整性和机密性。该规范不仅可以使客户确定消息的来源，同时保证被传送的数据没有被篡改。此外，它还能确保客户与合作伙伴之间传递的机密消息不会被第三方窃取。WS-Security 规范框架很灵活，可同时应用于 SOAP 1.1 和 SOAP 1.2，支持多种安全性令牌、多信任域、多签名格式和多加密技术。

（1）SOAP 消息的起始与终止标记：SOAP Envelope 包含消息头部与消息主体部分。SOAP 头部包含 WS-Security 扩展，由＜wase：Security＞起始与终止块标记。

（2）＜wase：Security＞节点包含内容如下：用于身份认证的安全令牌；符合 XML 签名规范的签名信息；符合 XML 加密规范的密钥信息。

WS-Security 规范没有规定使用特定类型的安全令牌，但是有明确定义四种可选的类型，即用户名/密码、二进制、XML 和令牌引用。发送含有用户名/密码的安全令牌是其中最简单，但并非最安全的选择。

将规定规范化可以发送一个安全令牌的引用。定义元素提供一种引用安全性令牌的可扩展机制，服务提供者可以根据所包含的安全令牌的 URL 获得相对应的令牌。

WS-Security 规范在消息完整性这方面通过 XML Singature 和安全令牌共同保证消息在传输过程中不会被篡改。完整性机制支持多种签名，并且将会支持更多的签名格式。签名还可以证明令牌的有效性。可以在＜wase：Security＞中添加多个签名条目用以签署 SOAP 消息中的一个或多个元素。

WS-Security 规范在机密性方面通过 XML Encryption 与安全令牌可以确保消息的安全，这种机密性机制可以支持多种加密过程和加密技术。＜xenc：EncryptedData＞节点包含了符合 XML 加密规范的加密信息，它可将以消息为主体的部分元素或整个消息进行加密，那么节点会包含对该安全令牌的引用。

WS-Security 规范工作原理：首先服务提供者可以根据自己的需要制定相关的安全策略，并要求所有请求其服务的服务请求者提供相应的声明和证书，其中声明是指有关主体的语句，如身份等。如果服务请求者无法提供，则服务提供者可以拒绝提供服务。为了得到相应的声明和证书，服务请求者或服务提供者可以从第三方获取信任令牌，如果第三方也是一个服务提供者，它所提供的服务称为安全令牌服务。由于第三方的服务提供者也具有自己的安全策略，因而不同安全域的服务提供者之间需要相互信任，为了取得这种相互信任，它们之间可以制定相互认可的安全策略。这样即使跨多个不同的安全域，WS-Security 规范也能够保证消息传递的安全性。当服务请求者具备相应的声明和证书之后，在请求服务时它们会将声明和证书随同 SOAP 报文一起发送给服务提供者。

WS-Security 规范可以根据不同的情况采用多种安全令牌信任机制来实现 Web 服务的保护，下面是安全令牌信任机制的几种类型。

（1）直接信任机制。直接信任包含两种情况：一种是用户名/密码的直接信任，即客户机使用安全的传输向服务端发送自己的请求并包含一个用户名/密码安全令牌。由于服务端与客户端之间具有一定的约定，即服务端对用户名/密码直接信任，因而服务端通过认证用户名/密码来判断用户身份，如果符合，则处理请求最后返回结果。另一种是使用安全性令牌和签名的直接信任，即安全性令牌是由 Web 服务直接信任的。所谓直接信任是指收、发双方已经使用了某种机制建立了 Web 服务对安全令牌的信任。在运行过程中服务器会审核并评估安全令牌，同时为了验证身份，请求方会对安全令牌进行签名。在发送消息时，请求方将已签署的安全性令牌包括在内，并提供与安全性令牌关联的密钥的所有权证明。服务端可以根据安全性令牌的签名验证发送方的身份，并将处理请求返回给发送方。使用这种方案在 SOAP 消息的报头会分别添加安全令牌。使用直接信任方案，安全令牌是直接给出的。

（2）获取令牌机制。在这种机制中需要用到第三方的安全令牌服务，但是这个令牌不是签发给客户端的，而是由服务端获取。因此所获得的安全令牌不是作为消息的一部分传递的，而是提供了一个用于定位和获取令牌的引用。

当请求方向服务方发送请求时，把对安全令牌的引用包括在内并以 XML 签名的形式提供所有权的证明。Web 服务利用所提供的信息从安全令牌服务取得安全令牌，并以此进行验证。Web 服务处理完成后向服务请求者返回处理结果。如果使用这种方案，SOAP 消息的报头会添加安全令牌，使用这种方式请求方并不直接给出安全令牌，而是给一个安全令牌的引用。发送方在接收消息后会根据引用中指定的证书 URL 到相应的安全令牌服务处取得证书。

（3）签发令牌机制。这个机制与上一个机制类似，但是安全令牌的获取不是通过服务方，而是通过请求方，即安全令牌服务向请求方签发安全令牌。当请求方获取了令牌后就可以多次使用这个令牌，以取得相应的 Web 服务。使用这种方案，SOAP 消息报头中的安全令牌形式可以是上述提到的任意一种。

2.3.2　WS-Policy

随着服务技术的广泛应用，除了基本的服务标准，其他的标准也在发展，比如 WS-Policy 标准。尽管 WSDL 代表着服务功能性定义的标准，还有很多工作集中在那些不直接与服务的作用和应该怎样调用服务相关的其他方面。

WS-Policy（Web 服务策略框架）本身不为 Web 服务提供具体协商解决方案，而是提供了一种通用 XML 模型和语法以策略的形式描述 Web 服务属性。WS-Policy 定义了一组基本结构，其他 Web 服务规范能够使用并扩展这些结构，以描述多种不同的服务要求和功能。

WS-Policy 被设计为能够用于常规 Web 服务框架包括 WSDL 服务描述和 UDDI 服务注册。其目标是提供 Web 服务应用程序以能够制定策略信息所需的机制。具体来说，该标准定义了以下内容：一个称为策略表达式的 XML 信息集合，其中包含特定领域的 Web 服务策略信息。一组核心结构用于指示如何在 Web 服务环境中应用选择和/或特定领域的策略断言集合。

策略表达式是策略的 XML 信息集表示形式，可以支持策略之间的互操作。标准形式的策略表达式是直接的信息集；等效的备用信息集允许通过若干结构简洁地表达策略。为了促进互操作性，WS-Policy 定义了一个策略表达式的标准形式，它是一种策略的直接 XML 信息集表示形式，用于枚举该策略的各个替换选项，而替换选项则枚举它们的各个断言。策略应用在 Web 服务模型中用于表达两个 Web 服务节点之间的交互条件。满足策略中的断言常常会导致这些条件的行为发生。通常，Web 服务的提供方会公开一个策略，以表达它提供服务的条件或描述服务的特性；请求方可以使用该策略来决定是否使用该服务。WS-Policy 定义了一系列语法和语义，以策略的形式为各领域（如安全、隐私、传输控制等）需求的表达提供了灵活简洁的方式。此外，WS-Policy 的处理模型是独立于领域的，因此它可以构建一组通用策略，每个服务可以引用满足其需求的策略。

越来越多的 WS-Policy 扩展实现被用于 Web 服务领域。基于 WS-Policy 的规范包括 WS-Security Policy 和 WS-Reliable Messaging Policy，已经被作为一个断言集提出来描述 Web 服务，以安全和可靠消息的形式工作。

WS-Policy 规定了策略如何与 Web 服务的内容相关联,这些内容包括 WSDL、UDDI 和已部署的 Web 服务的终端调用。同其他的 Web 服务规范一样,WS-Policy 也是可以扩展的, 并且允许开发者自定义与某个策略相关联的其他资源。

WS-Policy 描述了如何扩展 WSDL 以创建服务的使用策略,这些策略描述了 Web 服务中服务请求者和服务提供者特定领域的需求、首选项和性能等。该标准中使用了众多的术语,其中较为重要的是策略断言(policy assertion)、策略替换选项(policy alternative)和策略(policy)。

(1)策略断言作为策略的基本单元,定义了一种行为,这种行为表示了策略主体的要求、功能或其他属性。例如,断言可以声明消息是经过加密的。断言所表达的意义是领域相关的,并且定义在单独的、特定领域的规范中。例如,关于安全的断言则定义在 WS-Security Policy 中。不同的断言可以通过它们的限定名(QName)进行识别。

(2)策略替换选项是一个由策略断言组成的可以为空的集合,该集合可以包含 0 个、1 个或多个策略断言。一个策略替换选项中的策略断言不能盲目排序,因此该规范中并没有约定如何将各个断言的行为应用到主体上的顺序。

(3)策略是由策略替换选项组成的集合,该集合可以包含 0 个、1 个或多个策略替换选项。WS-Policy 定义了基于 XML 的策略表达式。

WS-Policy 并不指定如何发现策略,或者如何将策略附加到 Web 服务。其他规范可以自由定义用于将策略与各种实体以及资源相关联的特定于各种技术的机制。WS-Policy Attachment 就定义了这样的机制,特别是将策略与任意 XML 元素、WSDL 实体和 UDDI 元素相关联的机制。后续规范将提供有关在其他常用 Web 服务技术内部使用的 WS-Policy 的配置文件。

2.3.3　WS-Trust

WS-Trust 是一个用于处理身份/认证安全令牌(token)的 Web 服务安全规范。该规范以 WS-Security 规范所提供的消息交换安全机制为基础,并对 WS-Security 规范进行扩展以支持安全令牌交换,从而实现在不同信任域中传输密码数字证书、安全性断言标记等安全凭证。

WS-Trust 定义了一个 Web 服务安全模型,在该模型中,Web 服务可以要求来自服务请求者的消息必须提供一组安全凭证,用于证明服务请求者满足该服务提供者预先设置的约束条件(如安全、权限等方面)。而安全凭证的要求可以由服务提供者通过 WS-Policy 或者 WS-Policy Attachment 进行描述。若服务请求者无法向服务提供者提供所要求的安全凭证,该服务可以忽视或者拒绝接收该消息。此时服务请求者可以向安全令牌服务(security token service)请求所需要的凭证。该规范定义了服务请求如何向安全令牌服务请求并获取安全令牌。在规范中定义了<Request Security Token>和< Request Security Token Response>两个元素，前者是服务请求者用于请求安全令牌，后者则用于安全令牌服务返回安全令牌。

Web服务信任规范 WS-Trust 是 Web 服务消息传递中有关安全令牌的机制，它定义了如何在合作伙伴之间签发和验证令牌。使用 WS-Trust 进行令牌交换能够确保不同领域的 Web 服务参与者处在一个可信任的安全数据交换环境中。而且，使用 WS-Trust 规范可以为长期运行的会话建立令牌，还可以在包含有 WSDL 服务描述和 SOAP 消息的通用 Web 服务架构中进行安全通信。同时，WS-Trust 规范自身的安全可通过 WS-Security 中的基本机制来确保。因此，使用 WS-Trust 规范可确保工作在 Web 服务框架中的应用程序之间的通信是安全的。

■ 2.4　语义 Web 服务

语义 Web 的核心思想是信息要以机器可理解的方式来表示，从而提高信息服务的质量，并开拓各种新型智能化的信息服务，提供信息语义关系的表达方式，以满足 Web 应用对信息互操作性的要求。机器可理解并不意味着机器能够理解人类的语言，机器可理解只是说明：机器根据明确定义的信息，通过执行明确定义的操作，解决明确定义的问题。

语义 Web 服务是用标记语言增强语义描述的 Web 服务，语义描述使外部代理（agent）和程序能够自动发现、调用和组合 Web 服务，使 Web 服务成为计算机可以理解的实体，从而支持服务的自动发现、自动执行和自动组合等，是一种更为智能的服务，也是 Web 服务未来的发展趋势，语义 Web 服务研究的根本任务就是对 Web 服务进行标记，使 Web 服务成为计算机可理解的、对服务请求者透明的和易处理的实体。

语义 Web 服务的语义描述框架中较有影响力的有三种：Web 服务本体语言（ontology web language for service，OWL-S）、WSDL-S、Web 服务建模本体（web service modeling ontology，WSMO）。三者的基本描述都包括服务名称、服务提供者和服务分类，其中 OWL-S 和 WSMO 都通过服务本体来建立语义服务，为 Web 服务建立自己的丰富语义模型，有各自的参考实现环境；而 WSDL-S 是一种向 Web 服务添加语义的轻量级方法，利用外部的领域本体中定义的语义概念对 WSDL 描述的 Web 服务的能力和接口进行标注，保留了 WSDL 中已经具有的信息。OWL-S 提供了对 Web 服务进行语义描述的模型，是各种语义 Web 服务技术研究和开发工作的基础，应用广泛。基于视点、中介器、服务基点、执行环境等特征，对三种 Web 服务的语义描述方法进行比较，如表 2.1 所示。

表 2.1　OWL-S、WSDL-S 和 WSMO 的比较

特征	OWL-S	WSDL-S	WSMO
视点	服务提供者和服务请求者	服务提供者	服务提供者和服务请求者
中介器	不作为建模问题	利用本体的行为	中介器部件
服务基点	WSDL、OWL-S	WSDL	WSDL-S、OWL-S
执行环境	OWL-SVM	兼容 WSDL 的引擎	WSMX
非功能属性	服务概况	未知	WSMO 各个要素
描述文件格式	OWL-S	WSDL-S	WSML

注：Web 服务建模执行环境（web service modeling execution environment，WSMX）；Web 服务元语言（web services meta language，WSML）。

Web 服务技术（web service technology）为开放环境中发布、发现、调用和绑定 Web 服务提供了方法，具有环境无关性、自动集成性、维护简易性，具备基于 XML、松耦合、粗粒度、同步/异步的能力，支持远程过程调用等行为特征。在发布 Web 服务时，服务提供者把服务接口和需要的数据类型及结构用 WSDL 描述，生成相应的 WDSL 文件，注册于 UDDI。服务请求者通过 UDDI 检索到满足需求的 Web 服务，取其地址，并将相应的服务描述文件（即 WSDL 文件）下载到本地服务器上。当服务请求者需要使用服务时，就依据相应的地址进行 Web 服务调用，应用系统通过 SOAP 将 Web 服务中的远程对象进行绑定，进而实施服务检索请求的发送和应答的接收。

尽管 Web 服务的优点很多，但传统的 Web 服务技术只为 Internet 上异构信息的集成提供技术手段，解决办法集中在语法层次，并没有完全解决语义上的问题。例如，Web 服务接口描述语言 WSDL 着重于服务的基点，不能描述操作之间的协调关系等语义特征；用于发布与管理的注册中心 UDDI 不支持对语义的处理，且检索使用基于关键词的匹配；对于服务发现，不能仅仅依赖关键词检索服务，而需要按照服务所提供的功能来检索确实需要的服务；对于服务调用和服务组合自动化，需要基于语义的互操作。这些问题使得 Web 服务之间不能真正"理解"彼此交互的内容，而对 Web 服务组合来说，它需要服务的组件能够相互协同，并且要求根据服务流程的变化动态地绑定和调整各服务组件，仅仅依靠 WSDL 描述的物理信息，这些目标还不能完全达到。

语义 Web 服务技术克服了以上解决方案的不足，为服务组合提供了很好的技术支持。它不仅保持了 Web 服务原有的封装性、松耦合、高度可集成能力等特点，而且将语义 Web 的研究成果引入 Web 服务中，通过添加语义信息，使得服务可以理解相互之间互操作的信息，检索具有语义性，能够自动发现、调用和组合 Web 服务。

由于标准的 Web 服务缺乏必要的语义信息，无法准确描述 Web 服务功能，

无法消除服务语义的模糊、理解的歧异性等问题，严重影响了服务的自动发现、匹配和组装。语义 Web 服务正是为解决当前 Web 服务技术所面临的各种问题而提出的一种新 Web 服务技术，它是 Web 服务和语义 Web 融合的产物。

语义 Web 的概念是由 Berners-Lee 等在 2001 年首次提出的，并将其定义为"现有 Web 的扩展，并通过在 Web 中增加机器可理解的语义来更好地方便机器与人之间进行互操作"[19]。随后，W3C 正式成立了语义 Web 工作组，并陆续开展了一系列的相关标准化工作。语义 Web 技术与标准的不断成熟发展，使得其应用领域不断延伸，Web 服务技术领域也成为其中的一个重要应用方向。

语义 Web 服务技术结合了语义技术和 Web 服务技术，它主要是利用语义 Web 中的本体论（ontology）技术对 Web 服务进行建模，在语义层面对服务接口、服务消息、服务结构、服务交互等进行描述，结合语义推理技术支持 Web 服务自动发现、组装、调用和监控等关键过程。目前，在语义 Web 服务的研究方面，具有较大影响力的代表性工作包括 OWL-S、WSMO/WSMIL、SWSO/SWSL 和 WSDL-S。

在 Web 服务中，尽管提出了 UDDI、WSDL 等技术标准，但仍存在很多尚待解决的问题：服务发现、匹配、检索的查全率和查准率较低；服务集成仍需要人工干预，不能完全自动化。在通用对象请求代理体系结构（common object request broker architecture，CORBA）、组件对象模型（component object model，COM）和 JavaEE 服务器端组件模型（enterprise JavaBean，EJB）等以跨平台互操作为目标的中间件研究和应用方面，也同样存在中间件描述、检索自动化集成等方面的问题。无论是简单网页信息，还是网络服务或中间件等复杂的信息和服务的聚集体，它们的主要问题都在于：描述信息的语义二义性导致机器无法自动地理解和处理它们。语义 Web 技术就是针对这一问题应运而生的。语义 Web 是这样的一个设想：使 Web 上的数据能以一种可以被机器所理解的方式定义和联系起来，它不仅仅以显示为目的，也为了自动集成和重用不同平台中的数据。根据 Berners-Lee 等的设想，语义 Web 是由一种分层的体系结构构成，这是一个功能逐层增强的层次化结构，由七个层次构成，分别是基础层（主要包括 URL 和 Unicode）、句法层（核心是 XML 及相关规范）、资源描述框架［主要包括资源描述框架（resource description framework，RDF）及相关规范］、本体层、逻辑层、证明层和信任层。

通过标准通信协议，将物理设备和对象连接到互联网中，对互联网进行扩充，形成可寻址的虚拟表示组成物联网，物联网技术能够对物理设备或对象进行智能化识别、监管以及追踪定位。但是，由于物理设备和对象的种类以及它们所具有资源量的异构性，不同物理设备之间的互操作性也充满挑战，如何实现在全球范围内规定统一的解决方案更是一个很大的问题。除此以外，随着物理设备和对象数目的增加，物联网中的数据和服务的数量也正在以惊人的速度迅速增长。设备之间通过物联网互相关联，上层收集物理设备产生的数据并进行处理，然后根据这些数据生成不同的应用程序即物联网服务,能够帮助智能机器或人类用户了解其所处的状态或环境,并且能够在有需要的情况下通过操作互联的物理设备改变环境状态。

不同的物理设备和对象收集到的数据的格式或特性必然各有不同。比如,有的设备上传的数据是监测到的温度,有的设备上传的数据是监测到的湿度,有的是场地内的光照强度,以及声音、视频等;有些设备的数据质量较为稳定,基本不会发生变化,而有些设备的数据会随着物理设备使用的时间、所处的位置等发生变化。不同的物理设备或对象收集到多种数据,这些数据之间存在一些共性特征,也呈现出多样性和波动性,正是这些交错复杂的特性使得对物联网服务的解释、处理成为一个极具挑战性的问题。

在最近的十几年间,语义领域一直在研究如何能将人工智能技术与知识工程技术进行有效结合,用于处理相关数据知识,因为语义技术可以用来解决异构问题,以及由于对象异构造成信息类型不同而需要进行的理解问题。由于设备种类和资源量造成的异构问题,可以通过语义技术来解决,添加语义信息能帮助机器理解获得的信息、数据。语义领域中已经开发了一系列技术,如本体、语义标注、语义服务等,这些技术都可以用来帮助实现物联网的语义化。

2.4.1　OWL-S

OWL-S 的前身为 DAML-S,是美国的 DAML 计划在本体论描述语言 OWL 基础上提出的一个服务本体。它是目前语义 Web 服务领域影响力最大的一项工作,并成为其他语义 Web 服务研究工作的重要参考。OWL-S 将 Web 服务的本体分成三个上层本体,分别为 service profile、service model 和 service grounding。

(1) service profile 用来描述服务的基本信息,如服务提供者的信息、服务的功能信息等,其中服务功能信息包括服务的 IOPE,即输入(input)、输出(output)、前提条件(precondition)和影响(effect)。service profile 本体通过 hasInput、hasOutput、hasPrecondition、hasEffect 等属性来描述服务的 IOPE。所有 IOPE 的实例都在过程(process)部分创建,service profile 的实例只是简单地指向这些 IOPE 实例。总之,service profile 用于告诉服务做什么,最大的特点是双向性,具有双重作用,它不仅用于服务提供者描述服务的功能,同时也用于服务请求者描述其对目标服务的要求。

(2) service model 是描述服务的内部流程,它既可以描述原子服务流程(atomic process),也可以描述组合服务流程(composite process)。此外,它还包括抽象流程(abstract process),这种流程无法单独运行,需要具体化为原子服务流程或组合服务流程后才可执行。

(3) service grounding 描述服务的访问细节,包括协议、消息格式和寻址等。

OWL 可以用来显式地表示词汇表中术语的含义和术语之间的关系，它比 XML 和 RDF/RDFS 提供了更多的手段来表示这些术语的含义，因此在表示机器可理解的 Web 信息资源方面功能更强大。此外，由于 WSDL 是已有的工业界广泛采用和支持的消息格式规范，OWL-S 选择利用 WSDL 作为 service grounding 机制的基础。可以利用 OWL-S 和 WSDL 这两种语言规范互补的优势来描述服务。一方面，用 WSDL 来表示服务的具体描述，可以重用 WSDL 的文档和基于 WSDL 的支持消息交换的软件；另一方面，用 OWL-S 的过程模型来表示服务的抽象描述，以充分利用 OWL 类型机制的丰富表达力。这样，OWL-S/WSDL 的 service grounding 用 OWL 类来描述消息的抽象类型，然后通过 WSDL 绑定来描述消息的格式。

OWL 有三种子语言——OWL Lite、OWL DL 和 OWL Full，表达能力依次递增。OWL Lite 用于提供给那些只需要一个分类层次和简单属性约束的服务请求者，包含一套狭义的基数限制机制来表达二元关系；OWL DL 限定了类的分离，即一个类不能再作为个体和性质，性质也不能作为类和个体；OWL Full 则没有这些限制，语义描述更自由和灵活。出于 OWL Lite 受到表达和推理复杂性的制约，OWL Full 的过于灵活和随意性，使得推理软件不能支持 OWL Full 中的所有性质，OWL-S 1.1 版明确规定采用 OWL DL 来描述 OWL-S 本体。OWL DL 支持那些需要在推理系统上进行最大程度表达的服务请求者，推理系统能够保证计算完全性（computational completeness，即所有的结论都能够保证被计算出来）和可决定性（decidability，即所有的计算都在有限的时间内完成），它包括了 OWL 语言的所有约束。

随着 OWL 成为 W3C 推荐的 Web Ontology 语言标准，DAML-S 也演化为相应的 OWL-S。OWL-S 是用 OWL 语言编写的本体，因此具有定义良好的语义，可以根据对象和它们之间的复杂关系来定义 Web 服务的本体，并可以包含 XML 的数据类型信息。OWL-S 定义了一套基于语义的服务发现和服务组合的标准，代替了传统 Web 服务协议栈中的 UDDI 注册中心和服务组合机制，使 Web 服务能够在开放、动态的环境下实现基于服务功能描述的自动发现和自动调用。而 WSDL-S 是在 Web 服务 WSDL 基础上添加具有语义的部分信息来实现领域语义 Web 服务。WSMO 也以本体为基础，不过更注重的是服务之间的合成协同，提出了中介器、接口等理论。OWL-S 是连接语义 Web 和 Web 服务两大技术的桥梁。目前语义 Web 服务的研究主要围绕 OWL-S 展开，主要应用在数字图书馆、企业集成、知识搜索等领域。

IOPE（inputs、outputs、preconditions、effects）是 OWL-S 中非常重要的概念。其中 inputs 和 outputs 是指服务的输入信息和输出信息，可以理解为数据的变换；preconditions 和 effects 是指服务的前提条件和效果，即服务执行前应该满足的条件和服务执行后实际产生的效果，可理解为状态的改变。OWL-S 中可以定义两个条件式 outputs 和 effects，即只有在某种条件满足的情况下，outputs 和 effects 才能产生。

2.4.2　WSDL-S

WSDL 是 Web 服务描述语言。WSDL 文件可以认为是一个 XML 文档，用于说明一组 SOAP 消息以及如何交换这些消息。由于 WSDL 是 XML 文档，因此很容易进行阅读和编辑。WSDL 文件用于说明消息格式的表示法以 XML 架构标准为基础，这意味着它与编程语言无关，而是以标准为基础，因此适用于说明不同平台、以不同编程语言访问的 XML Web 服务接口。除说明消息内容外，WSDL 还定义了服务的位置，以及使用何种交互协议与服务进行通信。也就是说，WSDL 文件定义了编写 Web 服务的程序所需的全部内容。目前已有几种工具可以读取 WSDL 文件，并生成 Web 服务通信所需的代码。

WSDL 是 Web 服务的一种描述语言。WSDL 是 Web 服务的一种描述语言，其将 Web 服务定义为服务访问点或端口的集合。WSDL 定义包含有关 Web 服务的四个方面的重要信息：描述可公开使用的全部功能的信息；这些功能的传入（请求）和传出（响应）消息的数据类型信息；有关用于调用特定 Web 服务的协议的绑定信息；用于查询指定的 Web 服务的地址信息。

要开发 Web 服务，需要创建其 WSDL 定义，既可以手动创建，也可以使用工具创建。目前可以使用多种工具，通过现有的 Java 类、J2EE 组件或通过已有的定义生成 WSDL 定义。创建 WSDL 定义之后，将在 Web 服务注册表（例如 UDDI）中发布一个指向该定义的链接，以便 Web 服务的潜在服务请求方可通过此链接找到该 Web 服务的位置，了解该 Web 服务支持哪些功能调用，以及如何调用这些类。这样，服务请求方就可以使用这些信息发布 SOAP 请求或基于所支持绑定协议的任何其他类型的请求，以便激活该 Web 服务支持的功能。

WSDL-S 是一种向 Web 服务增加语义的轻量级的方法。它利用外部的领域模型中定义的语义概念对用 WSDL 描述的 Web 服务的能力和要求进行标注，这种标注通过 WSDL 可扩展性要素和属性来实现。WSDL-S 的标注工具通过操作界面，使用一个或更多的本体对已有的 WSDL 文件进行标注。

当前的 WSDL 标准在语法层进行操作，缺乏强有力的语义来描述 Web 服务的需求和功能。将 Web 服务的语义标注与 WSDL 所描述的 Web 服务关联起来，能够提高软件重用和服务发现，显著推进 Web 服务的组合以及促进已有资源的继承和利用。如图 2.8 所示，WSDL-S 利用 WSDL 中的可扩展标签（extensible tag），映射到 WSDL 之外的本体，该本体是对服务前置条件、输入、输出、结果进行定义的语义模型。

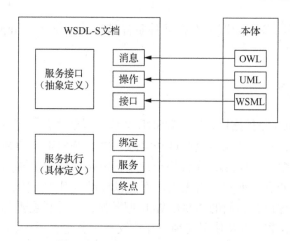

图 2.8　WSDL-S 与本体之间的映射

WSDL-S 的显著特点在于和业界标准 WSDL 语法及语义层面相兼容，另外，还能利用已有语言 OWL 或者统一建模语言（universal modeling language，UML）对模型进行定义，实现有效重用。支持工具有 IBM 开发的 Semantic Tools for Web Services，该工具可以作为 Eclipse 的插件使用。

目前将本体用于 Web 服务的三种描述框架中，WSMO 和 OWL-S 是直接定义一套描述 Web 服务的本体，其不足之处是它仅仅是 Web 服务描述的上层本体，并不关注特定的应用领域，而在 Web 服务的描述过程中需要再增加特定领域本体的概念标注。WSDL-S 是直接在现有的 Web 服务标准（WSDL 和 UDDI）上增加语义信息，采用领域本体直接对 WSDL 文件进行标注。为了对 WSDL 文件进行自动语义标注并提高标注的准确度，可采用 OWL 描述的领域本体来增强 WSDL 文件的语义信息，利用 XML Schema 的格式信息与本体概念之间的相似性，实现对 Web 服务的语义标注，并制定 WSDL 到 OWL-S 的转换规则，生成 OWL-S 格式的 Web 服务语义描述。

WSDL-S 是由美国佐治亚大学和 IBM 联合推出的一个基于本体的 Web 服务描述语言。该语言扩展了标准的 WSDL 的服务模型，通过对 WSDL 中的核心元素，如操作、接口、消息增加语义本体信息，实现服务的语义描述。不同于 OWL-S、WSMO/WSML（Web 服务建模语言，web service modeling language）和 SWSO/SWSL，WSDL-S 独立于任何语义表达语言，允许 Web 服务开发人员选择自己的本体语言，如 OWL 或 UML。此外，与其他工作相比，WSDL-S 是对标准 WSDL 的扩展，因此与已有的工具平台有更好的适应性，容易在现有的基于 WSDL 的应用和系统中应用。

目前，SWSO/SWSL 充分吸收了 OWL-S 和 WSMO/ WSML 的优点而后来居上，大有统一语义 Web 服务模型和语言的趋势。尽管不同的语义 Web 服务描述本体和语言所采用的逻辑不尽相同，且具备不同的表达能力和推理能力，如

OWL-S 基于可判定的描述逻辑（description logic，DL）、WSML 基于框架逻辑（F-Logic）、SWSL 基于一阶逻辑，但它们的目标均是实现 Web 服务的语义描述，从而达到服务的自动查找、发现、组合和调用的目的。

WSDL-S 的总体思想是 WSDL-S 构建在目前的 Web 服务标准之上。Web 服务随着 SOA 的发展，它的相关标准在工业界已经被普遍采用，因此 WSDL-S 采取了对 WSDL 向上兼容的方式，使得工业界更容易接纳它。可以采用不同的语义表达语言来对 Web 服务进行语义标注。语义表达语言可以是 OWL、WSMO 甚至是 UML。这使得语义标注机制和具体的语义表达语言分离开来，服务请求方有更多的选择。支持对 Web 服务的 XML Schema 的数据类型进行语义标注。WSDL 2.0 规范中有如下一些 XML 元素：interface、operation、message、binding、service 和 endpoint。其中，前三者是用来定义服务接口的，其他元素是用来定义具体服务实现的。WSDL-S 采取了在前三者中插入一些扩展的 XML 元素和属性来达到语义标注的效果，而被标注对象都是 XML Schema 中的一些构件。在 Web 服务的 XML Schema 类型和本体（或 UML）之间提供丰富的映射机制。若某个服务的输入与该领域本体的某个概念对应，则这种映射关系就可以通过 URI 来直接映射到本体中的概念。

WSDL 是现有 Web 服务描述的标准语言规范，定义了如何用 XML 语法来描述 Web 服务。WSDL 描述了 4 种关键的数据：所有公共函数的接口信息；所有消息请求和消息响应的数据类型信息；所使用的传输协议的绑定信息；用来定位指定服务的地址信息。但是它仅仅从功能和语法层面来描述 Web 服务。OWL-S 是针对 Web 服务的语义描述本体，它定义了一套基本的类和属性来声明和描述 Web 服务，其目标是实现 Web 服务的自动发现、自动调用、自动组合和自动互操作。OWL-S 用一个顶层本体（upperontology）来描述服务，把对一个服务的全面本体划分成三部分：对服务的描述 service profile，对服务与 WSDL 绑定的描述 service grounding，对服务内部过程的描述 service model。

目前所有的 Web 服务都提供 WSDL 描述，但并未提供 OWL-S 描述。原因是 WSDL 描述可以方便地从 Web 服务的实现程序中自动生成，而 OWL-S 由于是语义描述，需要人工生成。因此提取 WSDL 中的语义信息，并进行语义标注，是自动生成 OWL-S 描述的关键步骤。通过抽取 WSDL 中的语义信息，并进行语义标注后，进一步就可以生成 Web 服务的 OWL-S 描述：

（1）WSDL 中的所有 input 消息部分转换到 OWLS 的 Profile 中的 input。

（2）WSDL 中的所有 output 消息部分转换到 OWL-S 的 Profile 中的 output。

（3）WSDL 中的所有 operation 转换到 OWL-S 的 ProcessModel 中的 AtomicProcess。

（4）WSDL 中的所有 operation 的 input 消息部分转换到 OWLS 的 ProcessModel 中的相应 AtomicProcess 的 input。

（5）WSDL 中的所有 operation 的 output 消息部分转换到 OWL-S 的 ProcessModel 中相应 AtomicProcess 的 output。

（6）WSDL 中的所有 XML Schema 转换到 OWL-S 的 ProcessModel 中的本体概念。

以上转换规则中的前 5 条都可以直接进行转换。第 6 条规则是这个转换的核心规则，其转换所用的本体概念就是对抽取的信息进行语义标注时得到的本体概念。

基于 WSDL-S 设计语义 Web 服务过程，可由三个工具来辅助完成：

（1）Radiant，让服务提供者能使用本体概念来标注 WSDL 文件并把它发布到 UDDI。

（2）Lumina，允许服务请求方使用所需要的本体概念来发现服务。

（3）Saros，帮助过程开发者设计一个语义 Web 服务过程。

WSDL-S 工具通常可提供下列功能：

（1）生成 WSDL，通过现有服务组件生成 WSDL，如 J2EE 组件或 Java Bean 组件。

（2）编译 WSDL，典型的 WSDL 编译器将为服务的实现方案生成必需的数据结构和骨架。生成的实现方案骨架包含给定 WSDL 定义中描述的全部方法。

（3）生成 WSDL 代理，此项功能可读取和生成在运行时绑定 Web 服务，调用 Web 服务功能所需的全部代码组成的特定语言绑定通常用于客户端程序。

众多 WSDL 工具都支持上述三种功能。Systinet WASP 提供两种处理 WSDL 的工具——Java2 WSDL 和 WSDL Compiler，这两种工具都可实现与 WSDL 相关的两种不同的功能：

（1）通过 Java 类（可能用作 Web 服务）生成 WSDL，此项功能由 Java2 WSDL 工具提供。

（2）通过现有 WSDL 生成 Java 代码，此项功能由 WSDL Compiler 提供。

通过 Java 类创建 WSDL。如果已经创建了 Web 服务的实现方案，Java2 WSDL 工具可用于生成 WSDL。该工具可为通过现有 Java 实现方案生成 WSDL 提供多种选择。

生成 WSDL 之后，可将其在包括业务或其他服务相关信息的 UDDI 之类的注册表中注册。这样，潜在的 Web 服务请求方在找到 Web 服务之后，就可以获取与该 Web 服务对应的 WSDL 描述，并开始使用该服务。

通过 WSDL 生成 Java 代码，如果实现 Web 服务之前已经创建了 WSDL 定义，则可以使用 WASP 的 WSDL Compiler 工具生成 Java 接口的骨架。然后，由实际的方法实现方案组成的 Java 类就可以实现所生成的这个 Java 接口。WSDL

Compiler 工具的用法是执行 WSDL Compiler WeatherInfo.wsdl 命令，由 WSDL Compiler 工具生成的 WeatherInfo Java Service Java 类将创建 Java 的接口。

该工具有多个选项，可用于调整 Java 接口的生成。另外，WSDL Compiler 还支持通过 WSDL 定义生成 Java Bean 组件，Apache Axis 等工具也支持通过 WSDL 生成消息交换实现方案。

■ 2.5 本章小结

Web 服务作为服务计算的支撑技术已经在众多领域中得到应用，本章首先介绍了 Web 服务的基本概念和特性，随后讨论了 Web 服务的三个基本标准 SOAP、WSDL 和 UDDI，并对 Web 服务安全与事务两大主题相关的标准进行了介绍，最后介绍了 Web 服务最新发展方向——语义服务的研究现状。

第3章

面向服务的体系结构

面向服务的体系结构是构建大规模、分布式应用的最新架构思想，它被视为解决当前复杂软件系统中长期存在的复杂度和相关度问题的最新方法，是服务计算技术体系的核心和基础。本章重点讨论 SOA 的基本概念、参考模型和重要规范（服务组件模型和服务数据模型），并介绍国内外现有的 SOA 产品。

■ 3.1 概述

从 20 世纪 90 年代末 Gartner 公司提出 SOA 概念到现在，SOA 经历了近 30 年的发展。人们对 SOA 的态度从最初的怀疑发展成为热烈的追捧，再到现在标准的制定，SOA 的概念随之不断地变化和发展。

尽管目前尚未有一个统一的、为业界广泛接受的 SOA 定义，但普遍认为：面向服务的架构是一个组件模型，它将应用程序的不同功能单元服务，通过服务间定义良好的接口和契约联系起来。接口采用中立的方式定义，独立于具体实现服务的软硬件平台、操作系统和编程语言，使得构建在这样的系统中的服务可以使用统一和标准的方式进行通信。这种具有中立接口的定义（没有强制绑定到特定的实现上）的特征被称为服务间的松耦合[20]。

SOA 将异构平台上应用程序的不同功能组件封装成具有良好定义并且与平台无关的标准服务，使得服务能够被部署、发现和调用，并使服务能够以松耦合方式进行再组合形成一个新的软件系统。作为一种构建软件系统的基础体系结构，SOA 能够彻底解决异质异构软件系统和组件之间的无缝集成问题。作为一种新的面向服务的软件开发方式，SOA 使得软件开发演变成以服务开发、服务部署和服务组装等构成的流程过程为特征的软件大规模生产线，使得快速开发随需应变的松耦合的企业级应用系统变得可行。

与传统的面向对象的编程范式相比，SOA 将关注的重点转移到了业务功能的实现。面向对象方法只注重数据和方法的结合，而 SOA 中的服务更强调明确的语义。因此，对于大规模的系统，SOA 提供了更切实际的基础条件，提供了更好的灵活性来构建应用程序和业务流程，能够实现更加强大、复杂、贴切实际业务的信息化平台。首先，SOA 将所有权的界限问题考虑到系统设计中。在系统设计中，为了支持事务、授权、认证等功能，需要增加一些体系结构相关的元素，而 SOA 可以通过服务描述和服务接口来表示或描述这些元素。其次，SOA 借鉴了商业中服务的概念来组织信息系统，使一些相关的实体通过数据交换的方式而联系起来[21]。

基于 SOA 的主要优势是便于管理不断增长的大规模信息系统：通过利用基于互联网的服务降低企业间协作的成本[22]。SOA 的价值就在于提供了简单、可扩展范式，可以用于实现独立组件交互的大型网络系统，SOA 基于良好的扩展性，因为它对网络和信任机制都做了最小化的假设。尽管 SOA 本身的特性还在不断地扩展和进化，但依然可以使信息系统适应不断变化的业务需求。SOA 的基础设施比传统的一一对应的交互接口更具有灵活性。因此，SOA 可以为企业保持业务的灵活性和适应性提供坚实的基础。

■ 3.2 SOA

3.2.1 简介

松耦合系统的好处有两点，一点是它的灵活性，另一点是当组成整个应用程序的每个服务的内部结构和实现逐渐发生改变时，它能够继续存在。

对松耦合系统的需要来源于业务，应用程序应根据业务的需要变得更加灵活，以适应不断变化的环境，比如政策变化、业务级别、业务重点、合作伙伴关系、行业地位以及其他与业务有关的因素，这些因素甚至会影响业务的性质。我们称能够灵活地适应环境变化的业务为按需（on demand）业务，在按需业务中，一旦需要，就可以对完成或执行任务的方式进行必要的更改。

虽然面向服务的体系结构不是一个新鲜事物，但它却是更传统面向对象的模型的替代模型，面向对象的模型是紧耦合的，已经存在 30 多年了。虽然基于 SOA 的系统并不排除使用面向对象的设计来构建单个服务，但是其整体设计却是面向服务的。由于它考虑到了系统内的对象，所以虽然 SOA 是基于对象的，但是作为一个整体，它却不是面向对象的。不同之处在于接口本身。SOA 系统原型的一个典型例子是 CORBA，它已经出现很长时间了，其定义的概念与 SOA 相似。

然而，现在的 SOA 已经有所不同了，因为它依赖于一些更新的进展，这些进展是以可扩展标记语言（标准通用标记语言的子集）为基础的。通过使用基于 XML 的语言（WSDL）来描述接口，服务已经转到更动态且更灵活的接口系统中，非以前 CORBA 中的接口描述语言（interface description language，IDL）可比了。

SOA 开发运行平台的 Web 服务并不是实现 SOA 的唯一方式。前面刚讲的 CORBA 是另一种方式，这样就有了面向消息的中间件（message oriented middleware）系统，比如 IBM 的 MQ series。但是为了建立体系结构模型，所需要的并不只是服务描述，还需要定义整个应用程序如何在服务之间执行其工作流，尤其需要找到业务的操作和业务中所使用软件的操作之间的转换点。因此，SOA 应该能够将业务的商业流程与它们的技术流程联系起来，并且映射这两者之间的关系。例如，给供应商付款的操作是商业流程，而更新零件数据库，以包括新进供应的货物却是技术流程。因而，工作流还可以在 SOA 的设计中扮演重要的角色。

此外，动态业务的工作流不仅可以包括部门之间的操作，甚至还可以包括与不被控制的外部合作伙伴进行的操作。因此，为了提高效率，需要定义如何得知服务之间的关系的策略，这种策略常常采用服务级协定和操作策略的形式。

最后，所有这些都必须处于一个信任和可靠的环境之中，以同预期的一样根据约定的条款来执行流程。因此，安全、信任和可靠的消息传递应该在任何 SOA 中都起着重要的作用。

SOA 具有以下五个特征：

（1）可重用。

一个服务创建后能用于多个应用和业务流程。

（2）松耦合。

服务请求者到服务提供者的绑定与服务之间应该是松耦合的。因此，服务请求者不需要知道服务提供者实现的技术细节，例如程序语言、底层平台等。

（3）明确定义的接口。

服务交互必须是明确定义的，Web 服务描述语言 WSDL 是用于描述服务请求者所要求的绑定到服务提供者的细节。但 WSDL 不包括服务实现的任何技术细节，服务请求者不知道也不关心服务究竟是由哪种程序设计语言编写的。

（4）无状态的服务设计。

服务应该是独立的、自包含的请求，在实现时它不需要获取从一个请求到另一个请求的信息或状态。服务不应该依赖于其他服务的上下文和状态。当产生依赖时，它们可以定义成通用业务流程、函数和数据模型。

（5）基于开放标准。

当前 SOA 的实现形式是 Web 服务，基于的是公开的 W3C 提出的标准及其他公认标准，采用第一代 Web 服务定义的 SOAP、WSDL 和 UDDI 以及第二代 Web 服务定义的 WS-*来实现 SOA。

3.2.2　基本特点

SOA 的目标在于让 IT 系统变得更有弹性，以便更灵活、更快地响应不断改变的企业业务需求，解决软件领域一直以来存在的"如何重用软件功能"问题。采用 SOA 来构建信息平台，无疑是未来的发展方向[23]。

SOA 的五大基本特征为软件功能重用提供了解决的办法。

（1）服务之间通过简单、精确定义的接口进行通信，不涉及底层编程接口和通信模型。

（2）粗粒度性：粗粒度服务提供一项特定的业务功能，采用粗粒度服务接口的好处在于使用者和服务层之间不必再进行多次的往复，一次往复就足够了。

（3）松耦合性：松耦合性要求 SOA 中的不同服务之间应该保持一种松耦合的关系，也就是应该保持一种相对独立无依赖的关系。这样的好处有两点，首先是具有灵活性，其次当组成整个应用程序的服务内部结构和实现逐步发生变化时，系统可以继续独立存在。而紧耦合意味着应用程序不同组件之间的接口与其功能和结构是紧密相连的，因而当需要对部分或整个应用程序进行某种形式的更改时这种结构就显得非常脆弱。

（4）位置透明性：位置透明性要求 SOA 系统中的所有服务对于其调用者来说都是位置透明的，也就是说，每个服务的调用者只需要知道想要调用的是哪一个服务，但并不需要知道所调用服务的物理位置在哪。

（5）协议无关性：协议无关性要求每一个服务都可以通过不同的协议来调用。

另外，在许多传统的 IT 系统的内在部分采用的是硬连接，这种结构很难让企业快速响应市场的变化，而 SOA 能够重复利用企业现有的资源，可以减轻企业运营成本，提升资源的使用效率，并且减轻企业维护人员的工作量，减少潜在的风险以及管理费用。SOA 在业务方面和 IT 方面带来许多优势：

（1）服务给精确的业务流程带来灵活性；

（2）使用服务来改善客户服务，而不必担心底层复杂的 IT 基础架构；

（3）可以迅速创建新的业务流程和复杂的应用程序，以适应市场变化；

（4）借助安全、易管理的集成环境，成为响应能力更强的 IT 组织；

（5）通过使用预装的、可重复使用的服务构建模块，缩短开发和部署周期；

（6）通过使用服务来降低复杂性和维护成本；

（7）增强而非替换现有的 IT 系统。

3.2.3　元素

SOA 中的角色如下。

（1）服务请求者：服务请求者是一个应用程序、一个软件模块或需要一个服务的另一个服务。它发起对注册中心中服务的查询，通过传输绑定服务，并且执行服务功能。服务请求者根据接口契约来执行服务。

（2）服务提供者：服务提供者是一个可通过网络寻址的实体，它接受和执行来自服务请求者的请求。它将自己的服务和接口契约发布到服务注册中心，以便服务请求者可以发现和访问该服务。

（3）服务注册中心：服务注册中心是服务发现的支持者。它包含一个可用服务的存储库，并允许感兴趣的服务请求者查找服务提供者接口。

SOA 中的每个实体都扮演着服务提供者、服务请求者和服务注册中心这三种角色中的一种（或多种）。SOA 的操作如下。

（1）发布：为了使服务可访问，需要发布服务描述以使服务请求者可以发现和调用它。

（2）查询：服务请求者定位服务，方法是查询服务注册中心来找到满足其标准的服务。

（3）绑定和调用：在检索完服务描述之后，服务请求者继续根据服务描述中的信息来调用服务。

SOA 的构件如下。

（1）服务：可以通过已发布接口使用服务，并且允许服务使用者调用服务。

（2）服务描述：服务描述指定服务使用者与服务提供者交互的方式。它指定来自服务的请求和响应的格式。服务描述可以指定一组前提条件、后置条件和/或服务质量（QoS）级别。

下面举一个具体的例子。一个服装零售组织拥有 500 家国际连锁店，它们常常需要更改设计来赶上时尚的潮流。这可能意味着不仅需要更改样式和颜色，甚至还可能需要更换布料、制造商和可交付的产品。如果零售商和制造商之间的系统不兼容，那么从一个供应商到另一个供应商的更换可能就是一个非常复杂的软件流程。通过利用 WSDL 接口在操作方面的灵活性，每个公司都可以将它们的现有系统保持现状，而仅仅匹配 WSDL 接口并制定新的服务级协定，这样就不必完全重构它们的软件系统了。这是业务的水平改变，也就是说，它们改变的是合作伙伴，而所有的业务操作基本上都保持不变。这里，业务接口可以做少许改变，而内部操作却不需要改变，之所以这样做，是为了能够与外部合作伙伴一起工作。

另一种形式是内部改变，在这种改变中，零售组织现在决定把连锁零售商店内的一些地方出租给专卖流行衣服的小商店，这可以看作是采用店中店（store-in-store）的业务模型。这里，虽然公司的大多数业务操作都保持不变，但是它们需要新的内部软件来处理这样的出租安排。尽管在内部软件系统可以承受全面的检修，但是它们需要在这样做的同时不会对与现有的供应商系统的交互产生大的影响。在这种情况下，SOA 模型保持原封不动，而内部实现却发生了变化。不仅可以将新的方面添加到 SOA 模型中来加入新的出租安排的职责，而且正常的零售管理系统不受影响，继续如往常一样。

为了延续内部改变的观念，IT 经理可能会发现，软件的新配置还可以以另外的一种方式加以使用，比如出租粘贴海报的地方以供广告之用。这里，新的业务提议是通过在新的设计中重用灵活的 SOA 模型得出的。这是来自 SOA 模型的新成果，并且还是一个新的机会，而这样的新机会在以前可能是不会有的。

垂直改变也是可能的，在这种改变中，零售商从销售他们自己的服装完全转变到专门通过店中店模型出租地方。如果垂直改变完全从最底层开始的话，就会带来 SOA 模型结构的显著改变，与之一起改变的还可能有新的系统、软件、流程以及关系。在这种情况下，SOA 模型的好处是它从业务操作和流程的角度考虑问题而不是从应用程序和编程的角度考虑问题，这使得业务管理可以根据业务的操作清楚地确定什么需要添加、修改或删除。然后可以将软件系统构造为适合业务处理的方式，而不是在许多现有的软件平台上常常看到的其他方式。

在这里，改变和 SOA 系统适应改变的能力是最重要的部分。对开发人员来说，这样的改变无论是在他们工作的范围之内还是在他们工作的范围之外都有可能发生，而要了解是否有改变，开发人员需要知道接口是如何定义的以及它们相互之间如何进行交互。与开发人员不同的是，架构师的作用就是引起对 SOA 模型大的改变。这种分工，就是让开发人员集中精力于创建作为服务定义的功能单元，而让架构师和建模人员集中精力于如何将这些单元适当地组织在一起，通常用统一建模语言，并且描述成模型驱动的体系结构（model-driven architecture，MDA）。

对面向同步和异步应用的、基于请求/响应模式的分布式计算来说，SOA 是一场革命。一个应用程序的业务逻辑（business logic）或某些单独的功能被模块化并作为服务呈现给服务消费者或客户端。这些服务的关键是它们的松耦合特性。例如，服务的接口和实现相独立。应用开发人员或者系统集成者可以通过组合一个或多个服务来构建应用，而无须理解服务的底层实现。举例来说，一个服务可以用.NET 或 J2EE 来实现，而使用该服务的应用程序可以在不同的平台之上，使用的语言也可以不同。

3.2.4　SOA 特性

1. 概述

SOA 服务具有平台独立的自我描述 XML（标准通用标记语言的子集）文档。Web 服务描述语言 WSDL 是用于描述服务的标准语言。

SOA 服务用消息进行通信，该消息通常使用 XML Schema 来定义。服务消费者和服务提供者或服务消费者和服务之间的通信多见于服务提供者未知的环境中。服务间的通信也可以看作企业内部处理的关键商业文档。

在一个企业内部，SOA 服务通过一个扮演目录列表（directory listing）角色的登记处（registry）来进行维护。应用程序在登记处寻找并调用某项服务。统一描述、定义和集成语言 UDDI 是服务登记的标准[24]。

每项 SOA 服务都有一个与之相关的 QoS。QoS 的一些关键元素有安全需求（例如认证和授权）、可靠通信（可靠消息是指确保消息仅发送一次，从而过滤重复信息），以及谁能调用服务的策略。

为什么选择 SOA？不同种类的操作系统、应用软件、系统软件和应用基础结构（application infrastructure）相互交织，这便是 IT 企业的现状。一些现存的应用程序被用来处理当前的业务流程（business processes），因此从头建立一个新的基础环境是不可能的。企业应该能对业务的变化做出快速的反应，利用对现有的应用程序和应用基础结构的投资来解决新的业务需求，为客户、商业伙伴以及供应商提供新的互动渠道，并呈现一个可以支持有机业务（organic business）的构架。SOA 凭借其松耦合的特性，使得企业可以按照模块化的方式来添加新服务或更新现有服务，以解决新的业务需要，提供选择从而可以通过不同的渠道提供服务，并可以把企业现有的或已有的应用作为服务，从而保护了现有的 IT 基础建设投资。

一个使用 SOA 的企业，可以使用一组现有的应用来创建一个供应链复合应用（supply chain composite application），这些现有的应用通过标准接口来提供功能。

2. 服务架构

为了实现 SOA，企业需要一个服务架构，服务消费者（service consumer）可以通过发送消息来调用服务。这些消息由一个服务总线（service bus）转换后发送给适当的服务实现。这种服务架构可以提供一个业务规则引擎（business rules engine），该引擎容许业务规则被合并在一个服务或多个服务里。这种架构也提供了一个服务管理基础（service management infrastructure），用来管理服务，类似审核、列表（billing）、日志等功能。此外，该架构给企业提供了灵活的业务流程，更好地处理控制请求（regulatory requirement），并且可以在不影响其他服务的情况下更改某项服务。

3. SOA 基础结构

要运行、管理 SOA 应用程序，企业需要 SOA 基础，这是 SOA 平台的一个部分。SOA 基础必须支持所有的相关标准和需要的运行时容器。

（1）WSDL、UDDI、SOAP。

WSDL、UDDI 和 SOAP 是 SOA 的基础部件。WSDL 用来描述服务；UDDI 用

来注册和查找服务；而 SOAP 作为传输层，用来在服务消费者和服务提供者之间传送消息。SOAP 是 Web 服务的默认机制，其他的技术可以为服务实现其他类型的绑定。一个服务消费者可以在 UDDI 注册表查找服务，取得服务的 WSDL 描述，然后通过 SOAP 来调用服务。

（2）WS-I Basic Profile。

WS-I Basic Profile 由 Web 服务互用性组织（Web Services Interoperability Organization）提供，是 SOA 服务测试与互用性所需要的核心构件。服务提供者可以使用 Basic Profile 测试程序来测试服务在不同平台和技术上的互用性。

（3）J2EE 和.NET。

尽管 J2EE 和.NET 平台是开发 SOA 应用程序常用的平台，但 SOA 不仅限于此。像 J2EE，不仅为开发者自然而然地参与到 SOA 中来提供了一个平台，还通过它们内在的特性，将可扩展性、可靠性、可用性以及性能引入了 SOA 世界。新的规范，例如用于 XML 绑定的 Java 应用程序接口（Java API for XML binding，JAXB）将 XML 文档定位到 Java 类；用于 XML 注册表的 Java 应用程序接口（Java API for XML registry，JAXR）规范对 UDDI 注册表的操作；用于远程过程调用的 Java 应用程序接口（Java API for XML-based remote procedure call，XML-RPC）在 J2EE1.4 中用来调用远程服务，这些规范使得可移植于标准 J2EE 容器的 Web 服务的开发和部署变得容易，与此同时，实现了跨平台（如.NET）的服务互用。

4. 服务品质

在企业中，关键任务系统（mission-critical system）用来解决高级需求，例如安全性、可靠性等。如果一个系统的可靠性对于一个组织是至关重要的，那么该系统就是该企业的关键任务系统。比如，电话系统对一个电话促销企业来说就是关键任务系统，而文字处理系统就不那么关键了。当一个企业开始采用服务架构作为工具来进行开发和部署应用的时候，基本的 Web 服务规范，像 WSDL、UDDI 以及 SOAP 就不能满足这些高级需求[25]。正如前面所提到的，这些需求也称作 QoS。与 QoS 相关的众多规范已经由一些标准化组织（standards bodies）提出，像 W3C 和 OASIS。下面的部分将会讨论一些 QoS 服务和相关标准。

（1）安全。

Web 服务安全规范用来保证消息的安全性。该规范主要包括认证交换、消息完整性和消息保密。该规范吸引人的地方在于它借助现有的安全标准，例如，安全断言标记语言（security assertion markup language，SAML）来实现 Web 服务消息的安全。OASIS 正致力于 Web 服务安全规范的制定。

（2）可靠。

在典型的 SOA 环境中，服务消费者和服务提供者之间会有几种不同的文档进行交换。具有诸如"仅传送一次"（once-and-only-once delivery）、"最多传送一次"（at-most-once delivery）、"重复消息过滤"（duplicate message limination）、"保证消息传送"（guaranteed message delivery）等特性消息的发送和确认，在关键任务系统（mission-critical systems）中变得十分重要[26]。WS-Reliability 和 WS-Reliable Messaging 是两个用来解决此类问题的标准，这些标准现在都由 OASIS 负责。

（3）策略。

服务提供者有时候会要求服务消费者与某种策略通信。比如，服务提供者可能会要求服务消费者提供 Kerberos 安全标示，才能取得某项服务。这些要求被定义为策略断言（policy assertions），一项策略可能会包含多个断言。WS-Policy 用来标准化服务消费者和服务提供者之间的策略通信。

（4）控制。

当企业着手于服务架构时，服务可以用来整合数据仓库（silos of data）、应用程序以及组件。整合应用意味着，例如异步通信、并行处理、数据转换以及校正等进程请求必须被标准化。在 SOA 中，进程是使用一组离散的服务创建的。Web 服务业务流程执行语言（business process execution language for web services，BPEL4WS）或者 BPEL 是用来控制这些服务的语言，BPEL 目前也由 OASIS 负责。

（5）管理。

随着企业服务的增长，所使用的服务和业务进程的数量也随之增加，一个用来让系统管理员管理所有运行在多相环境下服务的管理系统就显得尤为重要。面向分布式管理的 Web 服务（web services for distributed management，WSDM）规定了任何根据 WSDM 实现的服务都可以由一个 WSDM 适应（WSDM-compliant）的管理方案来管理。

其他的特性，比如合作方之间的沟通和通信，多个服务之间的事务处理，都在 WS-Coordination 和 WS-Transaction 标准中描述，这些都是 OASIS 的工作。

5. SOA 不是 Web 服务

在理解 SOA 和 Web 服务的关系上，经常发生混淆。因为现在几乎所有的 SOA 应用场合都是和 Web 服务绑定的，所以不免有时候这两个概念混用。不可否认 Web 服务是现在最适合实现 SOA 的技术，SOA 的兴起在很大程度上归功于 Web 服务标准的成熟和应用普。因为现在大家基本上认同 Web 服务技术在以下几方面体现了 SOA 的需要。

首先，基于标准访问的独立功能实体满足了松耦合要求。在 Web 服务中所有的访问都通过 SOAP 访问进行，用 WSDL 定义的接口封装，通过 UDDI 进行目录查找，可以动态改变一个服务的提供方而无须影响客户端的配置，外界客户端是根本不关心访问服务器端的实现。

其次，适合大数据量低频率访问符合服务大颗粒度功能。基于性能和效率平衡的要求，SOA 的服务提供的是大颗粒度的应用功能，而且跨系统边界的访问频率也不会像程序间函数调用那么频繁。通过使用 WSDL 和基于文本（literal）的 SOAP 请求，可以实现一次性接收处理大量数据。

最后，基于标准的文本消息传递为异构系统提供通信机制。Web 服务所有的通信是通过 SOAP 进行的，而 SOAP 是基于 XML 的，XML 是结构化的文本消息。从最早的电子数据交换（electronic data interchange，EDI）开始，文本消息也许是异构系统间通信最好的消息格式，适用于 SOA 强调的服务对异构系统的透明性。

综合上述观点，Web 服务满足 SOA 的应用需求，为 SOA 的实现提供技术支持。然而，就 SOA 思想本身而言，并不一定要局限于 Web 服务方式的实现。更应该看到的是 SOA 本身强调的是实现业务逻辑的敏捷性要求，是从业务应用角度对信息系统实现和应用的抽象。随着人们认识的提高，还会有新技术不断地被发明，更好地来满足这个要求。就好像在核裂变之后，人们又发现了威力更加强大的核聚变。为了从一个更高的角度来看待问题，SOA 和 Web 服务还是不应该混为一谈。

6. SOA 的优势

SOA 的概念并非什么新东西，SOA 不同于现有的分布式技术之处在于大多数软件商接受它并有可以实现 SOA 的平台或应用程序。SOA 伴随着无处不在的标准，为企业的现有资产或投资带来了更好的重用性。SOA 能够在最新的和现有的应用之上创建应用；SOA 能够使客户或服务消费者免予服务实现的改变所带来的影响；SOA 能够升级单个服务或服务消费者而无须重写整个应用，也无须保留已经不再适用于新需求的现有系统。总而言之，SOA 以借助现有的应用来组合产生新服务的敏捷方式，给企业提供更好的灵活性来构建应用程序和业务流程。

■ 3.3　服务组件架构

目前，SOA 的发展已经进入了标准化阶段，IBM、Oracle、IONA 和 SAP 等公司联合推出了 SCA 相关的一系列规范，为 SOA 的实现提供了良好的参考标准。

3.3.1　SCA 概念

SCA 是由开放 SOA 合作组织（Open SOA Collaboration，OSOA）提出的一种组件化的面向服务编程模型，并于 2007 年正式捐献给 OASIS 组织。

SCA 提供了服务组件模型、装配模型和策略框架来支持各种异构应用的封装和集成。同 SCA 同时提出的 SDO 规范，定义了 SOA 应用程序中访问各种异构数据源的方法。组件可以以各种不同的协议发布服务，包括 SOAP、远程方法调用（remote method invocation，RMI）、表述性状态传递（representational state transfer，REST）、Java 消息服务（Java message service，JMS），甚至可以是虚拟机的对象直接调用。

SCA 是一种设计模型，用来构建 SOA 应用程序和解决方案，组合和部署新的或已存在的服务。这些服务可以是新开发的，也可以是原有的，与具体的厂商、技术和编程语言无关。SCA 的主要思想是把业务功能作为一系列服务组装在一起，以满足特定的业务需求。SCA 为组合服务和创建服务组件提供了一种模型，包括在 SCA 的组合应用中重用原有的服务。

SOA 的本质特性在于可以通过组合新的或已存在的服务来创建崭新的应用服务，而这些组成崭新服务的原子服务可以由不同的技术来开发实现。SCA 定义了一个简化的基于服务的模型，该模型涉及服务网络的缔造、装配和部署。SCA 的编程模型高度可扩展且语言中立。SCA 可扩展性体现在：①多样的语言实现，包括 Java、C++、BPEL、PHP、Spring 等；②多种捆绑机制，包括 Web Service、JMS、EJB、JSON RPC 等；③多种运行环境，包括 Tomcat、Jetty、Geronimo、OSGI 等。

SCA 将基础设施功能从业务领域中分离出来，以便让开发者将精力集中在业务逻辑上。它通过声明式的应用策略和服务质量为服务调用提供可靠性、安全性和事务性。

SCA 定义了一套通用的解决方案。SCA 规范定义了如何创建构件和如何将这些构件装配成一个完整的应用程序。SCA 应用程序中的构件可以由 Java 或其他语言开发，也可以使用其他技术。如 BPEL 或 Spring 框架技术。不管采用何种构件开发技术，SCA 都定义了一套通用装配机制来说明这些构件是如何组装成应用程序的。

SCA 的本质在于可以通过组合已存在的或新的服务（这些服务可以由不同技术实现）来创建新的应用服务。而服务组件体系结构为构建 SOA 应用程序定义了一种简洁的基于服务的设计模型。SCA 的主要思想是把一系列实现业务功能的服务组装起来，以满足新的业务需求。SCA 为服务的创建、重用和组合提供了一种高度可扩展且与编程语言无关的模型，它支持 Java、C++、BPEL、PHP 等多种编程语言以及 Web 服务 JMS、EJB 等不同的底层交互机制。

在构建 SOA 的过程中，各种服务粒度的大小是设计者考虑较多的问题之一。SCA 中定义了不同粒度的服务，并采用递归复用模式实现不同粒度服务的重用。这些思想可以直接应用到 SOA 的设计过程中，为服务的复用与组装提供了良好的前提条件。另外，在分布式环境中，服务间通信的方式也是必须考虑的问题之一。SCA 提供了简单的编程模型，它允许服务采用不同的"绑定"（如 Web 服务、JMS、EJB 等）实现服务间通信。

此外，SCA 还采用了反转控制（inversion of control，IoC）、依赖注入（dependency injection，DI）等技术来管理服务之间的引用关系，最大限度地支持 SOA 开发模式中对服务的设计、测试和重用。SCA 不仅是创建 SOA 解决方案的基础技术，同时反作用于 SOA 解决方案的需求分析、设计、实现、测试等多个方面，对于促进软件复用、正确导向软件工程学发展起到了积极的推动作用。

组件可以使用多种技术实现，包括 EJBs、Java、POJOs、Spring Beans、BPEL Process、COBOL、C++、PHP 等。

SCA 中，最重要的一个概念是服务，它的内涵独立于具体的技术。因此，SCA 不会称之为 Java 组件架构，或 Web 服务组件架构。所谓的具体技术，主要有两层含义：一是程序语言，二是传输协议。

现有的组件是和传输协议紧耦合的，比如 EBJ 组件采用的是 RMI 传输协议，Web 服务组件采用的是 SOAP 传输协议。SCA 组件则能自由地绑定各种传输协议。SCA 是对目前组件编程的进一步升华，其目标是让服务组件能自由绑定各种传输协议，集成其他的组件与服务。SCA 与传统的业务组件最大区别在于 SCA 实现了两个功能：一是组件和传输协议的分离，二是接口和实现语言的分离。

服务组件模型中提出了一些新的概念，比如服务组件、服务模块、导入和导出、共享库、standalone reference 等。下面将分别解释这些服务组件模型中的基本概念[27]。

1. 服务组件

服务组件是 SCA 中的基本组成元素和基本构建单位，也是我们具体实现业务逻辑的地方。我们可以把它看成是构建我们应用的基础。我们可以非常容易地把传统的简单的 Java 对象（plain ordinary Java object，POJO）、无状态会话 bean 等包装成 SCA 中的服务组件。SCA 中的服务组件的主要接口规范是基于 WSDL 的，另外为了给 Java 编程人员提供一个比较直接的接口，SCA 的部分服务组件也提供了 Java 接口。因此，使用服务组件的客户端可以选择使用 WSDL 接口或 Java 接口。服务组件提供给别的服务调用的入口称为 Interface（接口）。而服务组件本身可能也需要调用别的服务，这个调用出口称为 Reference（引用）。无论是接口还是引用，其调用规范都是 WSDL 或 Java 接口。

Web Sphere Process Server 充分利用了 SCA 的这种组件架构，并在产品中提供了一些与业务联系比较紧密的服务组件，比如业务流程、人工任务、业务状态机和业务规则等。这样用户就可以直接利用这些服务组件，构建自己的业务流程或其他业务集成的应用。

SCA 服务组件与传统组件的主要区别在于：服务组件往往是粗粒度的，而传统组件以细粒度居多。服务组件的接口是标准的，主要是 WSDL 接口，而传统组件常以具体 API 形式出现。服务组件的实现与语言是无关的，而传统组件常绑定某种特定的语言。服务组件可以通过组件容器提供 QoS 的服务，而传统组件完全由程序代码直接控制。

2. 服务模块（module）

服务模块（简称模块）由一个或多个具有内在业务联系的服务组件构成。把多少服务组件放在一个模块中，或者把哪些服务组件放在一起主要取决于业务需求和部署上灵活性的要求。模块是 SCA 中的运行单位，因为一个 SCA 模块背后对应的是一个 J2EE 的企业应用项目。这里之所以说是"背后"，原因是我们在开发工具 WID（Web Sphere Integration Developer V6.0）中，通过业务集成透视图看到的都是 SCA 级别的元素。但是当你切换到 J2EE 透视图就会发现这些 SCA 元素与实际 J2EE 元素之间的对应关系。因此，在 WID 中构建一个模块就相当于构建一个项目。另外，由于模块是一个独立部署的单元，这给应用的部署带来很大的灵活性。比如，只要保持模块接口不变，我们很容易通过重新部署新的模块而替换原有的业务逻辑，而不影响应用的其他部分。

由于一个模块中往往会包含多个服务组件，那我们如何来构建这些服务组件之间的相互调用关系呢？在 WID 工具中，我们只要简单地通过接口与引用之间的连线，就可以指定它们之间的调用关系而不需要写一行代码。另外，我们可以在这些连线上面设定需要的 QoS 要求，比如事务、安全等。

3. 导入（import）和导出（export）

用户实际的应用经常是比较复杂的，因此实际的应用通常需要多个模块才能满足要求，而且这些模块之间又往往存在相互调用的关系。另外，模块中服务组件除了调用别的服务组件之外，也需要调用已有的一些应用，或者是让一些已有的应用来调用模块的服务，而这些应用可能不是基于 SCA 架构的。为了解决上述问题，在模块中我们引入了两个特殊的"端点"，一个是导入（import），它的作用是使得模块中的服务组件可以调用模块外部的服务。另一个是导出（export），它的作用是使得模块外部的应用可以调用模块中的服务组件。由于涉及模块内外的调用，因此需要指定专门的绑定信息。这些绑定信息包括了目标服务或源服务的调用方式、位置信息、调用的方法等。目前，在 Web Sphere Process Server V6.0 中，导入端点提供了四种绑定方式，包括 JMS 绑定、Web Service 绑定、SCA 绑定和无状态会话 BEAN 的绑定。导出端点提供了三种绑定方式，包括 JMS 绑定、Web Service 绑定和 SCA 绑定。对于 SCA 模块之间的调用，我们可以非常方便地把绑定方式设置为 SCA 绑定，但是对于非 SCA 模块与 SCA 模块之间的调用我们只能选择其他绑定方式。

4. 共享库（library）

当我们构建了多个模块时，如果有一些资源可以在不同模块之间共享，那么我们可以选择创建一份可以在不同模块之间进行共享的资源，而不是在不同模块中重复创建。共享库就是存放这些共享资源的地方。共享库可以通过与模块类似的方式在 WID 中创建，但是共享库包含的内容只有：数据定义、接口定义、数据映射和关系。与模块最大的区别是共享库不包含服务组件，因此也就不包含业务逻辑。从包含的功能来看，我们可以把共享库看作是模块的一个子集。当一个模块需要用到共享库中资源的时候，我们只需要使模块依赖于共享库即可。从部署的角度，一个共享库会对应一个 Java 归档（Java archive，JAR）包。在部署的时候，模块所对应的 J2EE 企业应用会自动包含所依赖的共享库 JAR 包。特别要注意的是，这里的共享库概念与 Web Sphere 应用服务器中的共享库不是一个概念，它们之间没有任何联系，因此不要混淆。

5. standalone reference

模块中的服务组件是不能直接被外部 Java 代码使用的，为了外部的 Java 代码，比如 JSP/Servlet 使用模块中的服务组件，WID 工具在模块中提供了一个特殊的端点，叫作 standalone reference。这个端点只有引用（reference），而没有接口（interface）。只要把这个端点的引用连接到需要调用的服务组件的接口，外部的 Java 代码就可以通过这个引用的名称来调用相应的服务组件。

3.3.2　组装模型

SCA 组装模型（assembly model）由一系列构件组成，并定义了一个 SCA 域的配置。构件可以包含组件、服务、引用、属性声明和连线（wiring）等元素。其中，组件是 SCA 应用程序的原子单元，它由一个已配置服务实现（implementation）实例构成；服务是业务功能的使用方式；引用描述了一个实现对其他服务的依赖关系；属性是可配置的业务功能操作的数据；连线描述了上述元素之间的关联。

一个 SCA 域（图 3.1）通常代表一些服务的组合，这些服务提供了一个由单一组织控制的业务功能区域。例如，在财务部门中，SCA 很可能覆盖了所有金融相关的功能，也可能包含了一系列构件来处理特定领域财务的构件。构件可以用来分组和配置相关的部件以帮助构建和配置 SCA 域。

在 SCA 应用程序中，可以使用 XML 文件定义各种元素。此外，SCA 还可以在运行时采用其他的表示法（如一些编程语言实现的组件可能具有属性、特性或注释，它们可以指定 SCA 组装模型中的一些元素）。XML 文件为 SCA 域的配置定义了静态的格式，而 SCA 也允许在运行时动态地配置 SCA 域。

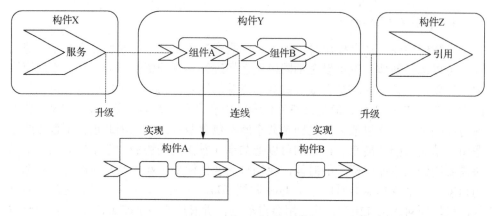

图 3.1 SCA 域示意图

1. 构件

SCA 构件以逻辑分组的方式来组装 SCA 中的各种元素，它是 SCA 域里组合的基本单元。SCA 构件（图 3.2）是一个集合，包含组件、服务、引用及其之间的连线和用来配置组件的属性集。构件既可以作为其他组件的实现，也可以被包含在另一个构件里使用。当一个构件 A 被其他构件 B 包含时，构件 A 的所有内容都可以在构件 B 中使用，也就是说在构件 B 里，构件 A 的内容是完全可见的且

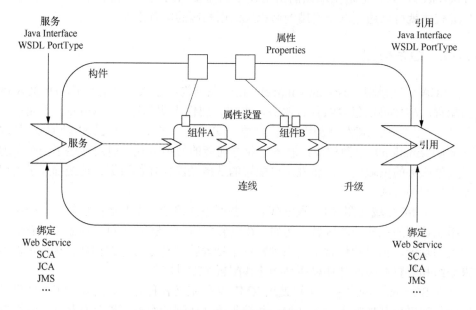

图 3.2 SCA 构件示意图

可以被其他元素引用。构件可以被用来作为一个部署单元，它可以通过包含形式或作为一个实现部署到 SCA 域中。构件可用名为"xxx. composite"的 XML 文件（称为构件描述文件）定义，其中，一个"composite"元素表示一个构件。构件可以包含 0 个或多个属性、服务、组件、引用、连线和所包含的构件等元素，这些元素在下面的部分详细描述。

（1）属性。属性允许在实现以外设定数据的值。一个实现（也包括构件）可以声明 0 个或多个属性。每一个属性有一个类型，类型可以是简单的也可以是复杂的。实现也可以为属性定义一个默认值，或在使用该实现的组件里进行配置。

构件里一个属性的声明遵循以下 XML 的格式：

```xml
<?xml version = "1.0" encoding = "ASCII"?>
<composite xmlns = "http://www.oвoa.org/xmlns/sca/1.0"
        name = "xs: QName"… >
…
        <property name = "xs: boolean"? (type ="xs: QName" | element
        = "xs: QName")
                many = "xs: boolean"? mustSupply = "xs: boolean"?>*
                default-property-value?
        </property>
…
</composite>
```

（2）引用。构件的引用定义为构件中组件引用的升级。每一个升级的引用表示这个组件的引用必须由构件外面的服务解析。构件引用使用"composite"元素的"reference"子元素表示。一个"composite"可以有 0 个或者多个"reference"元素。下面的代码片段展示了构件描述文件中"reference"元素定义：

```xml
<?xml version = "1.0" encoding = "ASCII"?>
<!—Reference schema snippet -- >
<composite xmlns = "http://www.oвoa.org/xmlns/sca/1.0"
        targetNamespace ="xs: anyURI"
        name = "xs: NCName" local = "xs: boolean"?
        autowire = "xs: boolean"?
        constrainingType = "QName"?
        requires = "list of xs: QName"?
        policySets = "list of xs: QName"?>
…
<reference name = "xs: NCName" target = "list of xs: anyURI"?
        Promote = "list of xs: anyURI" wiredByImpl = "xs: boolean"?
        Multiplicity = "0..1 or 1..1 or 0..n or 1..n"?
        requires = "list of xs: QName"?
        policySets = "list of xs: QName"?>*
```

```
<interface/>?

    <binding uri="xs: anyURI"? name= "xs: QName"?
        requires= "list of xs: QName" ?
        policySets= "list of xs: QName"?/>*
 </callback>?
    <binding uri="xs: anyURI"? name= "xs: QName"?
        requires= "list of xs: QName" ?
        policySets= "list of xs: QName"?/>*
    </callback>
 </reference>
</composite>
```

（3）服务。构件的服务通过升级包含在其内部的组件所定义的服务来实现。一个构件服务由"composite"元素的"service"子元素表示。"composite"可以有0个或多个"service"元素。下面的代码片段展示了构件描述文件中"service"子元素定义：

```
<?xml version = "1.0" encoding = "ASCII"?>
    <!-- Service schema snippet -->
    <composite xmlns = "http://www.oвoa.org/xmlns/sca/1.0"
    targetNanespace = "xs: anyURI"
    name = "xs: NCNane" local = "xs: boolean"? autowire=
    "xs:boolean"?
    constrainingType = "QNane"?
    requsires="list of xs: QNane"? policySets="1ist of xs: QNane"?>
…
<service name =xs: "NCName" pronote = "xs: anyURI"
    Requires = "list of xs: QNane"? policySets ="list of xs:
    QName"?> *
    <interface/>?
    <binding uri ="xs: anyURI"? nane = "xs=QName"?
     Requires = "list of xs: QNane"? policySets ="list of xs:
     QName"?/> *
    <callback>?
        <binding uri="xs: anyURI"? name= "xs: QName"?
            requires= "list of xs: QName" ?
            policySets= "list of xs: QName"?/>*
    </callback>
    </service>
…
</composite>
```

（4）连线。构件中的连线连接源组件引用和目标组件服务，定义一个连线的方式之一是使用"target"属性配置一个组件引用。当引用的"multiplicity"为"0.. n"或"1..n"时，可以使用多个目标服务。定义一个连线的另一个方式是使用"composite"元素的"wire"子元素，在"composite"里可以有 0 个或多个"wire"元素。当用来连接元素的连线分离时，这种定义连线的方法很有用。举个例子，用来构建域的组件是相对静态的，但可以通过不同的连接来创建新的应用。部署连线与组件是无关的，所以只需要很少的工作量就可以完成连线的创建或修改。下面的代码片段展示了构件描述文件中"wire"子元素的定义：

```
<?xml version = "1.0" encoding = "ASCII"?>
<!-- Wires schera snippet -->
<composite xmlns = "http://www.овоа.org/xmlns/sca/1.0"
        targetNamespace = "xs: anyURI"
        name="xs:NChName" local = "xs: boolean"? autowire= "xs:
        booloan"?
        constrainingType = "QName"?
        requires = "list of xs: QName"? polieySets="list of xs:
        QName"?>
…
<wire source = "xs: anyURI" target="xs: anyURI"/>*
</composite>
```

2. 组件

组件（图 3.3）是 SCA 中业务功能的基本元素，可以通过构件将其组合在一起实现完整的业务解决方案。组件是一个构件中已配置实现实例，它提供或消费服务。多个组件可以使用和配置同一个服务实现，但每个组件都是独立地配置它的实现。

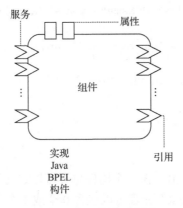

图 3.3　SCA 组件示意图

在构件描述文件中，组件被声明为一个"composite"的子元素。一个组件可

以使用一个"component"元素表示。"composite"元素下可以有 0 个或多个
"component"元素。下面的代码片段展示了构件描述文件中"component"子元素
的定义：

```xml
<?xml version = "1.0" encoding= "UTF-8"?>
<!-- Component schema snippet-- >

<composite…>
  <component name = "xs: NCName" requires ="list of xs: QName" ?
          autowire = "xs: boolean"? requires= "list of xs: QName"?
          policySets = "list of xs = QName"? constrainingType="xs:
          QNane"?> *
    < implementation/>?
<service name = "xs NCName" requires = "list of xs: QNane"?
      policySets= "list of xs: QName"?>
  <interface/>?
  <binding uri= "xs: anyURI"? requires = "list of xs: QName"?
      policySets= "list of xs: QName"?/>*
</ service>
<reference name = "xs: NCName" multiplicity="0..1 or 1..10 or 0..n
or 1..n"?
      Autowire = "xs: boolean"? target = "list of xs: anyURI"?
      policySets = "list of xs: QName"? wiredByImpl = "xs: boolean"?
      requires ="list of xs: QName"?>*
  <interface/>?
  <binding uri = "xs: anyURI"? requires = "list of xs: QName"?
      policySets = "list of xs: QName"?>*
</reference>
<property name = "xs: NCName" type = "xs: QName" | element = "xs:
QName">?
      mustSupply = "xs: boolean"? many= "xs: boolean"? source= "xs:
      string"?
      file = "xs: anyURI"?>*
  property-value?
</property>
</component>
</composite>
```

从上述定义中可以看出，在一个构件里又可以定义以下一些元素。

（1）实现。"component"元素可以包含 0 个或 1 个"implement"子元素，指
向该组件引用的实现。一个没有实现的组件是无法运行的，但这种定义方式在自
上而下的开发流程中是很有用的。

（2）服务。"component"元素可以包含 0 个或多个"service"子元素，用以配置该组件所能提供的服务，这些可配置的服务是由实现定义的。"service"元素又包含 0 个或 1 个接口（用于描述该服务所提供的操作）和 1 个或多个绑定。

（3）引用。"component"元素可以包含 0 个或多个"reference"子元素，用来配置组件的引用，这些可配置的引用是由实现定义的。"reference"元素也包含 0 个或 1 个接口和 1 个或多个绑定。

（4）属性。"component"元素包含 0 个或多个"property"子元素，它们可用来配置实现中的数值。每一个"property"元素提供一个指定的属性值，该值将传递给实现。属性及其类型由实现定义。

3. 实现

组件的实现是业务功能的具体实现，而业务功能则是提供服务或引用外部的服务。另外，实现可以有一些可设置的属性值。SCA 允许用户选择如 Java、BPEL 或 C++等任意一种实现类型（每一种类型都代表一个具体的实现技术）。这些实现技术不仅仅需要定义实现的语言，还要定义所使用的框架和运行时环境。例如，在一个构件描述文件里的 component 声明中，implementation.java 和 implementation.bpel 各自代表 Java 和 BPEL 的实现类型，而 implementation. composite 表示使用一个 SCA 构件作为一个实现。implementation.spring 和 implementation.ejb 分别表示用 Spring 框架和 JavaEE 的 EJB 技术来实现组件。

下面的代码片段分别展示了使用 Java 和 BPEL 实现类型的"implementation"元素以及使用一个"composite"作为一个实现：

```
<implementation. Java class = "services. myvalue. MyValueServiceImpl"/>
<implementation. bpel process = "MoneyTransferProcess"/>
< implementation. composite name = "MyValueComposite"/>
```

实现包含了服务、引用和数据三个配置项。实现可以声明服务、引用及其拥有的属性，也可以为它们设定值。一个实现对服务的声明、引用和属性的设置依赖于它的实现类型。比如，Java 语言提供注解，可以在代码行里声明信息。

运行时，一个实现实例依赖于实现所采用的技术。实现实例的业务逻辑源于它的实现，但其属性和引用值来自配置该实现的组件。如图 3.4 所示，组件类型表示一个实现的配置样式，包括提供的服务、可连接服务的引用以及可设置的属性。这些可设置的属性和可连接服务的引用由使用该实现的组件配置。理想情况下，组件类型信息是通过检查组件实现（如代码注解）决定的。

组件类型文件为实现类型提供了组件类型信息。组件类型文件和实现文件有相同的名字，且扩展名为"Component Type"。组件类型由该文件里的"Component Type"元素定义。

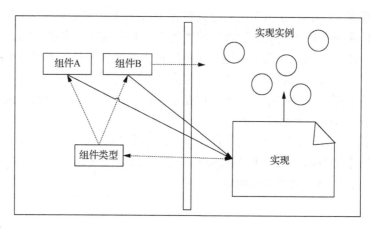

图 3.4 实现和组件的关系

4. 接口

接口定义 1 个或多个业务功能,这些业务功能由服务提供并通过引用被使用,组件是通过接口调用服务的。每一个接口定义了 1 个或多个服务操作,每一个操作有 0 个或 1 个输入和 0 个或 1 个输出。这些输入和输出消息可以是简单类型(如 string),也可以是复杂类型。当前 SCA 支持的接口类型包括:Java 接口、WSDL 1.1 的 PortType 和 WSDL 2.0 的 Interface。通过 SCA 的扩展机制,还可以增加对其他接口类型体系的支持。

(1)本地和远程接口。

远程服务可以被一个运行在其他操作系统进程上的客户端调用。一个组件实现的服务是否为远程服务由服务的接口定义。不管远程服务在其运行的进程外被远程调用,还是被运行在同一进程里的另一个组件调用,数据交换是通过传值的语义来实现的。远程服务的实现可以在调用过程中或之后修改输入信息,也可以在调用之后修改返回信息,但 SCA 负责确保调用者接收的返回信息没有被修改。

一个标记为 Local 接口的服务只能被运行在同一进程中的客户端调用。本地接口是细颗粒的,用于紧耦合交互。可以使用方法或操作的重载,且使用传地址的数据交换语义调用服务。

(2)双向接口。

业务服务之间的调用关系经常是端对端的。这就在服务层上形成一个双向依赖关系。在 SCA 中双向接口就是用来对端对端双向业务服务关系进行建模的。如果一个服务的定义中使用了双向接口元素,那么它的实现不仅要实现此接口,而且它的实现还要使用这个回调接口与调用此服务接口的客户端进行对话。如果一个引用的定义中使用了一个双向接口元素,则使用此引用的客户端组件实现必须通过此接口调用被引用的服务,且客户端组件实现必须实现此回调接口。

回调可以用在远程和本地服务。一个双向服务的所有接口要么都是远程的，要么都是本地的。双向服务不能混合本地和远程服务。

（3）会话接口。

有时候，同一个服务中的操作是相互独立的，但为了达到一些更高层次的目标，必须保证按照某一顺序调用操作。SCA 把这一操作调用顺序称为会话。如果服务使用一个双向接口，会话可能包括操作和回调。典型的会话服务包括与会话相关的状态数据。对于会话状态数据的创建和管理对客户端和会话服务实现的开发都有重要的影响。

会话意图是指客户端和接口提供者都可以将假定消息作为会话的一部分处理，而不依赖于消息体里的识别信息。实际上，会话接口指定了一个高层次抽象协议，服务所使用的任何绑定/策略组合都要满足它。

（4）与 SCA 相关的 WSDL 接口。

SCA 利用 WSDL 的扩展机制，允许开发者在 WSDL port Type 元素（WSDL 1.1）和 WSDL Interface 元素（WSDL 2.0）中增加策略相关的属性定义：

```
<attribute name = "requires" type = "sca : list of QNames"/>
<simpleType name = "list of Names">
<list itemType = "QName"/>
</simpleType>
```

SCA 在命名空间中定义了一个全局属性"requires"，它包含 1 个或多个意图名，任何一个服务或引用使用了一个带有需求意图的接口，都隐含地在它自己的需求列表中添加了这些意图。

5. 绑定

绑定是在服务和引用中使用的。引用使用绑定来描述一个调用服务的机制：服务也使用绑定来描述客户端（可以来自另一个 SCA 构件的客户端）必须使用的服务调用机制。SCA 支持多种不同的绑定类型。包括 SCA 服务、Web 服务、无状态会话 EJB、数据库存储程序和企业信息服务（enterprise information services，EIS）。SCA 还提供了一个扩展机制，使 SCA 运行时可以增加对其他绑定类型的支持。当一个服务存在多个绑定时，意味着可以通过任意一种绑定来调用该服务。

3.3.3　策略框架

非功能性需求的获取和表达是服务定义的一个重要部分，对 SCA 组件和构件的生命周期有重要的影响。从组件设计到具体部署，SCA 提供了一个策略框架来说明组件设计和部署过程中的支持约束、性能和 QoS 的要求。

策略是声明应用于组件或组件间交互的能力和约束，分为交互策略和实现策略。交互策略是指在 SCA 中，服务和引用都可以应用策略，这些策略会影响发生在运行时的交互形式，比如，加入安全或可靠性信息传输的策略要求。服务组件也可以应用其他策略，这些策略会影响组件本身在运行容器里的运转方式，即实现策略。比如，要求一个组件必须运行在一个事务中。

在 SCA 中，多个策略被放在策略集中，且都以具体形式存在，如 WS-Policy 断言，每一个策略都会指向一个具体的绑定类型或具体的实现类型。通过附在组件或构件上的配置信息，策略集可以为组件、服务或引用的绑定设置特定的策略。

总之，一个服务表示一个交互策略的集合，每一个引用也有一个策略集合，它定义了此引用与它所连接的服务进行交互的方式。一个实现或组件可以通过一个附带的实现策略描述其需求。

SCA 用"意图"这个概念来描述一个组件的抽象策略需求，以及由服务和引用表示的组件间的交互需求。意图独立于运行时和绑定的详细配置（属于应用部署人员的角色），为开发人员和集成人员提供了一种从高层次的抽象形式来描述需求的方法。意图支持特殊 SCA 绑定中服务和引用的后期绑定，因此它们可以协助部署人员选择合适的绑定和具体的策略。

总而言之，SCA 策略框架模型由意图和策略集组成。意图表示抽象的声明，策略集包含具体的策略。该框架描述了意图与策略集相关联的方式，同时也描述了如何使用意图和策略集来表达一个可以管理 SCA 绑定和实现的行为约束。此外，意图和策略集都可以用来定义服务和引用的服务质量需求。

■ 3.4 服务数据对象

服务数据对象（service data objects，SDO）是一种以统一的方式访问异构数据的技术。2004 年，服务数据对象的技术规范最初由 BEA 和 IBM 合作开发，并通过了 Java 社群过程的批准。规范的第二版作为服务组件体系结构的关键部分在 2005 年 11 月份推出。不同编程语言对数据的封装格式都不相同，如何使编程人员在 SOA 的环境中方便、快捷地使用各种异构的数据成为一个不可忽视的问题[28]。SDO 规范的提出为上述问题提供了良好的解决方案。

3.4.1 SDO 概念

SDO 是一种针对在不同的数据源之间使用统一的数据编程模型的规范说明。为通用的应用程序模型提供健壮（robust）的支持，使应用程序、工具、框架等更容易地进行数据的增、删、查、改、约束、更新等操作。SDO 旨在创建一个统一规范的数据接入层并使用一种"易用"的方法，将混杂的数据源整合到工具集和框架中[29]。

SDO 是关于数据编程架构和 API 的规范，它支持的语言包括 Java、C++、COBOL 和 C 等。其目的是简化数据编程，使服务开发者可以专注于业务逻辑而不用考虑底层技术细节。SDO 通过以下三种方式简化数据编程：采用数据源类型统一数据编程；支持通用应用模式；使用各种工具和框架更加方便地查询、浏览、绑定、更新和检测数据。

SDO 架构包括以下三个重要概念：数据对象、数据图和数据访问服务。

（1）数据对象包含一系列指定的属性，每个属性都包含一个简单的数值对或引用另一个数据对象。

（2）数据图是对数据对象的封装，它是组件间传输数据的标准单元。数据图可以跟踪数据对象的变化（包括数据对象的插入、删除以及属性值的修改）。通常，可以根据数据源（如 XML 文档、EJB 数据库）或服务（如 Web 服务、JMS 消息）构造数据图。

（3）数据访问服务是可以从原始数据构造数据图，并将数据图还原为原始数据的组件。

简言之，SDO 就是旨在提供这样一种数据对象：它像橡皮泥一样，可以根据实际的数据源决定它的实际表现，而在使用过程中不必考虑其实际类型和构建方法。

基本构成要素如下。

（1）Data Object：保存具体的数据，包括原始数据以及指向其他数据对象的引用。数据对象也包含了指向元数据的引用，这使得 SDO 的元数据能够被读取，包括数据的类型、关系和约束等，这和 Java 中的反射机制类似。

（2）Data Graph：一个概念上的数据集合。具体地讲，数据图是一个有多个树根的数据对象的集合，可以记录所有对数据对象的操作。

（3）Meta Data：元数据使得开发工具或运行环境能够动态地或者静态地查看数据的属性，包括数据的类型、关系和约束等，同时提供了一组与数据源无关的元数据 API。

（4）Data Mediator Service：数据访问服务负责与后台的数据源进行通信，完成构造数据图、更新数据图等操作。

3.4.2　SDO 架构

在 SDO 的框架中，数据对象是业务对象的一般表现形式，与具体的持久化机制无关。数据图采用图论方法来描述数据对象之间的关系（图 3.5）。

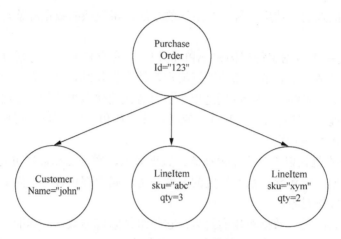

图 3.5 包含数据对象的数据图

所有数据图都包含一个数据对象的根节点，该数据对象直接或间接包含数据图中的其他数据对象[30]。如果一个数据图中的所有数据对象所引用的对象都在该数据图中，则称该数据图是封闭的。一个封闭的数据图形成一个数据对象树。数据图包含了描述数据对象的 schema 和更改摘要。

用户访问数据图的标准方法是通过数据访问服务。数据访问服务的架构在 SDO 规范中并没有定义，但其一般采用分离数据架构，用户与数据访问服务是分离的（图 3.6）。因此，一个典型的数据图访问可分为以下几个步骤：

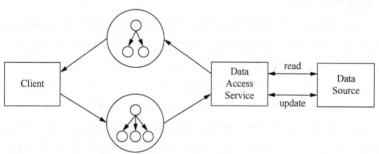

图 3.6 分离数据架构

（1）用户向数据访问服务发送加载数据图的请求；

（2）数据访问服务启动一个事务，从持久化的存储中获取数据，创建数据图，然后结束事务；

（3）数据访问服务将数据图返回给用户；

（4）用户程序处理数据图；

（5）用户通知数据访问服务相关的数据修改；

（6）数据访问服务启动新的事务，将修改的数据持久化，并结束事务。

■ 3.5　SOA 的中间件平台

经过近几年的发展，国内外的中间件市场上涌现了大量 SOA 产品。其中，比较具有代表性的产品包括 IBM 的 WebSphere 系列套件、BEA 的 Web logic 集成平台、Microsoft Biztalk、Oracle Fusion、SAP XI 以及国内东方通、普元、浪潮、中创等公司的相关产品。此外，浙江大学中间件技术工程研究中心研制的钱塘服务平台也是一个支持 SOA 开发和部署的服务中间件平台。

3.5.1　国外产品介绍

1. IBM WebSphere Business Integration

IBM WebSphere Business Integration 是帮助公司连接应用程序和共享信息的一组产品。这些产品包括用来改进业务操作的工具和流程模板。用户可以使用这些工具和流程模板来构建模型自动化以及监控那些涉及企业内外人员和异构系统的流程。WebSphere Business Integration 产品还可以使修改过的业务操作变得可伸缩、可靠且高效[31]。

WebSphere 紧紧围绕 Eclipse，提供了 WebSphere Application Developer for Integration Edition（简称 WSAD-IE）来对应用开发提供支持，开发环境使用较为方便。

2. Oracle Fusion Middleware

Oracle Fusion Middleware 是一个全面的中间件产品系列，由甲骨文公司的 SOA 和中间件产品组成，包括应用服务器 10g、应用服务器产品和可选配件、数据平台和内容服务。

这一中间件产品系列有助于企业提高敏捷性，做出更有根据的商业决策，并可以在同一 IT 系统中集成数据和流程，为客户的应用提供整个生命周期的全面支持。

3. SAP NetWeaver

SAP NetWeaver 是一种可随时用于业务运作、面向服务的平台，适用于 SAP 的所有解决方案。SAP NetWeaver 平台内嵌了商务智能，能够有效地进行主数据管理。同时，不同业务角色的用户可以通过企业门户上网访问企业内的各种信息。

SAP NetWeaver 建立了面向服务的新的 SAP 企业服务信息系统基础架构，提供了一种完全开放且灵活的基础设施，极强地支持了各层面的 IT 标准和行业标准，使各公司能够通过现有的 IT 投资获取附加值，从而降低了企业的 IT 总体拥有成本。SAP NetWeaver 帮助企业跨越技术和机构组织的界限，实现人员、信息和业务流程的集成，同时 SAP NetWeaver 实现了与微软的.NET 和 IBM WebSphere（JavaEE）的全面协作，并为客户提供了管理不同基础设施、降低复杂程度和削减总体拥有成本的灵活性。

4. Microsoft BizTalk Server

Microsoft BizTalk Server 与 Visual Studio.NET 之间实现了紧密集成，为企业应用集成、业务处理过程管理和贸易伙伴交互系统提供了开发和运行平台。Microsoft BizTalk Server 用 XML 和 Web 服务技术实现集成与业务处理过程自动化功能。

Microsoft BizTalk Server 可以支持所有主流数据库和基础架构，支持垂直行业标准。Microsoft BizTalk Server 的所有消息都要存储到消息数据库，很少会发生资源争用、死锁的情况，因此可靠性很高。

3.5.2　国内产品介绍

国内的厂商也推出了不同的业务开发平台和应用集成平台，但与国外的产品比较，在产品的成熟度和市场占有率等方面还有一定的差距，多数用于自己的产品开发与集成使用。

1. 金蝶 Apusic Platform

金蝶 Apusic Platform 简化开发流程，提升开发效率，降低开发成本，包括 Apusic JavaEE 应用服务器、Apusic 消息中间件、企业服务总线 Apusic ESB、Web 开发解决方案 Apusic Opera Masks 以及集成式开发环境 Apusic Studio 等产品。基于 Eclipse 技术的 Apusic Studio，对软件开发生命周期提供了全方位的支持，无论是开发、调试、配置、部署，还是生产期的系统监控、故障排查，都做到了很好的支持。无论是进行 Web 的用户界面（user interface，UI）设计，还是进行企业数据及流程的建模，都可以在 Apusic Studio 中通过简单的拖拽操作获得结果。

2. 普元 EOS

普元 EOS 是针对不断变化的需求而设计的面向构件的中间件平台。它将构件技术、XML 企业总线技术和可视化开发技术完美结合，通过图形化的构件单元作为应用系统的基本组成元素，使企业可快速高质量地搭建应用系统，有助于实现新业务，节省与保护软件投资，并通过构件积累来支持企业动态成长。

3. 浪潮 Lou shang

浪潮 Lou shang 业务基础平台基于 SOA 理念，对各行业特点进行产品抽象，通过中间件、软构件软总线技术进行产品模块化定制，以业务为导向，利用可复用的基础件可快速构建、集成应用软件。采用这种平台可以大大提高软件开发效率，实现多个应用系统集成，消除信息孤岛，并能快速地满足用户变化的需求。

4. 中创 Infor

中创 Infor 系列中间件为用户提供一个安全稳定、扩展灵活的基础架构平台，实现可靠的消息通信，实现构件的管理和协同。通过工作流中间件和报表工具等开发设施的协助，Infor 系列中间件使用户可以快速构建复杂的业务应用：用户利用企业应用集成（enterprise application integration，EAI）中间件可以轻松进行企业数据及应用的集成，实现信息资源整合。

■ 3.6　本章小结

本章首先讲解了 SOA 的基本概念、面向服务与面向对象的区别，以及 SOA 的优势；接着介绍了面向服务体系结构的基础知识，其中包括面向服务体系结构简介、SOA 基本特点、面向服务体系结构的元素以及 SOA 的特性；同时还介绍了 SOA 相关的服务构件模型和服务数据模型两个规范；最后简要说明了国内外相关的产品。

第4章

服务质量和质量预测

近年来，互联网上涌现出越来越多具有相同或者相似功能的 Web 服务。因此，服务质量（QoS）属性成为大众关注的热点。同时，很多基于 QoS 的研究工作逐渐发展起来，随着基于 Web 服务面向服务架构（SOA）的发展，对没有经验的服务使用者来说，选择合适优质的服务是一种挑战，为此服务框架需要为用户提供建议选择。因此服务质量的研究对服务的预测和推荐的机制以及算法研究变得越发重要。

本章主要介绍服务质量的基本概念、常用方法以及在实际中的应用。

■ 4.1 什么是服务质量

4.1.1 服务质量的定义

随着网络技术的飞速发展，网络已经从当初的单一数据网络向集成数据、语音、视频、游戏的多业务网络转变。网络中所承载的数据呈几何级增长，而且这些业务对网络带宽、时延有着极高的要求。同时，由于硬件芯片研发的难度大、周期长、成本高等原因，带宽逐渐成为互联网发展的瓶颈，导致网络发生阻塞，产生丢包，业务质量下降，严重时甚至业务不可用。所以，要在网络上开展这些实时性业务，就必须解决网络阻塞问题。

解决网络阻塞的最好办法是增加网络的带宽。但从运营、维护的成本考虑，一味增加网络带宽是不现实的，最有效的解决方案就是应用一个"有保证"的策略对网络阻塞进行管理。

QoS 技术就是在这种背景下发展起来的。QoS 技术本身不会增加网络带宽，而是在有限的带宽资源下，平衡地为各种业务分配带宽，针对各种业务的不同需求，为其提供端到端的服务质量保证。QoS 是指一个网络能够利用各种基础技术，可以为指定的网络通信提供更好的服务能力，是网络的一种安全机制，它是用来解决网络延迟和阻塞等问题的一种技术。在正常情况下，如果网络只用于特定的无时间限制的应用系统，并不需要 QoS。当网络过载或阻塞时，QoS 能确保重要业务量不被延迟或丢弃，同时保证网络的高效运行。

4.1.2　服务质量的度量指标

既然要提高网络服务质量，首先我们需要了解一下哪些因素会影响网络的服务质量。从传统意义上来讲，影响网络服务质量的因素包括传输链路的带宽、报文传送时延和抖动，以及丢包率等。因此，要提高网络的服务质量，就可以从保证传输链路的带宽、降低报文传送的时延和抖动、降低丢包率等方面着手。而这些影响网络服务质量的因素也就成为 QoS 的度量指标。

（1）带宽（bandwidth）：是指在一个固定的时间（1s）内，从网络一端流到另一端的最大数据位数，也可以理解为网络的两个节点之间特定数据流的平均速率。带宽的单位是比特/秒（bit/s）。带宽是一个非常有用的概念，在网络通信中的地位十分重要。带宽的实际含义是在给定时间等条件下流过特定区域的最大数据位数。虽然它的概念有点抽象，但是我们可以用比喻来帮助理解带宽的含义。假设把城市的道路看成网络，道路有双车道、四车道或者是八车道，人们驾车从出发点到目的地，途中可能经过双车道、四车道，也可能是单车道。在这里，车道的数量好比是带宽，车辆的数目就好比是网络中传输的信息量。我们也可以用城市的供水网来比喻，供水管道的直径可以衡量运水的能力，主水管直径可能有 2m，而到家庭的可能只有 2cm。在这里，水管的直径好比是带宽，水就好比是信息量。使用粗管子就意味着拥有更宽的带宽，也就是有更大的信息运送能力。

在网络中，有两个常见的与带宽有关的概念——"上行速率"和"下行速率"。上行速率是指用户向网络发送信息时的数据传输速率，下行速率是指网络向用户发送信息时的传输速率。例如，用户用 FTP 上传文件到网上，影响上传速度的就是"上行速率"；而从网上下载文件，影响下载速度的就是"下行速率"。

网络通信中，人们在使用网络时总是希望带宽越宽越好，特别是互联网日益强大，人们对互联网的需求不再是单一地浏览网页、查看新闻。新一代多媒体、影像传输、数据库、网络电视的信息量猛增使得带宽成为严重的瓶颈。因此，带宽成为网络设计主要的设计点，也是分析网络运行情况的要素。

（2）吞吐量（throughput）：是指对网络、设备、端口、虚拟电路或其他设施单位时间内成功地传送数据的数量（以比特、字节、分组等测量）。

吞吐量和带宽是很容易搞混的两个词，两者的单位都是 bit/s。当讨论通信链路的带宽时，一般是指链路上每秒所能传送的比特数，它取决于链路时钟速率和信道编码，在计算机网络中又称为线速。可以说以太网的带宽是 10bit/s。但是需要区分链路上的可用带宽与实际链路中每秒所能传送的比特数（吞吐量）。通常更倾向于用"吞吐量"一词来表示一个系统的测试性能。因为现实受各种低效率因素的影响，所以由一段带宽为 10bit/s 的链路连接的一对节点可能只达到 2bit/s 的吞吐量。这样就意味着，一个主机上的应用能够以 2bit/s 的速度向另外的一个主机发送数据。

（3）时延（latency）：是指一个报文或分组从一个网络的一端传送到另一端所需要的时间。以语音传输为例，时延是指从说话者开始说话到对方听到所说内容的时间。若时延太大，会导致通话声音不清晰、不连贯或破碎。

大多数用户察觉不到小于 100ms 的延迟；当延迟在 100ms 和 300ms 之间时，说话者可以察觉到对方回复的轻微停顿，这种停顿可能会使通话双方都感觉到不舒服。超过 300ms，延迟就会很明显，用户开始互相等待对方的回复，当通话的一方不能及时接收到期望的回复时，说话者可能会重复所说的话，这样会与远端延迟的回复碰撞，导致重复。

时延由节点处理时延、排队时延、发送时延、传播时延组成。①节点处理时延：主机或路由器在收到分组后要花费一定的时间进行处理，比如分析首部、提取数据、差错检验、路由选择等。一般高速路由器的处理时延通常是微秒或更低的数量级。②排队时延：排队时延很好理解，就是路由器或者交换机处理数据包排队所消耗的时间。一个特定分组的排队时延取决于先期到达的、正在排队等待向链路传输分组的数量。如果该队列是空的，并且当前没有其他分组在传输，则该分组的排队时延为 0；如果流量很大，并且许多其他分组也在等待传输，该排队时延将很大。实际的排队时延通常在毫秒到微秒级。③发送时延：是发送数据所需要的时间，也就是从网卡或者路由器队列递交网络链路所需要的时间。用 L 表示分组的长度，用 R（bit/s）表示从路由器 A 到路由器 B 的链路传输速率，传输时延则是 L/R。实际的发送时延通常在毫秒到微秒级。④传播时延：传播时延是指在链路上传播数据所需要的时间。传播时延等于两台路由器之间的距离除以传播速率，即传播时延是 D/S，其中 D 是两台路由器之间的距离，S 是该链路的传播速率，实际传播时延在毫秒级。

（4）丢包率（loss）：少量的丢包对业务的影响并不大。例如，在语音传输中，丢失一个比特或一个分组的信息，通话双方往往注意不到。在视像广播期间，丢失一个比特或一个分组可能造成在屏幕上瞬间的波形干扰，但视像很快恢复正常。即使用传输控制协议（TCP）传送数据也能处理少量的丢包，因为传输控制协议允许丢失的信息重发。但大量的丢包会影响传输效率。所以，QoS 更关注的是丢包的统计数据——丢包率，丢包率是指在网络传输过程中丢失报文占传输报文的百分比。

4.1.3 服务质量模型

我们已经了解了 QoS 的度量指标。那么，如何在网络中通过部署来保证这些指标在一定的合理范围内，从而提高网络的服务质量呢？这就涉及 QoS 模型。需要说明的是，QoS 模型不是一个具体功能，而是端到端 QoS 设计的一个方案。例如，网络中的两个主机通信时，中间可能会跨越各种各样的设备。只有当网络中所有设备都遵循统一的 QoS 服务模型时，才能实现端到端的质量保证。IETF、国际电信联盟-电信标准局（International Telecommunication Union-Telecommunication Sector，ITU-T）等国际组织都为自己所关注的业务设计了 QoS 模型。下面就来介绍一下主流的三大 QoS 模型。

1. 尽力而为服务（best-effort service）模型

best-effort service 模型是最简单的 QoS 服务模型，应用程序可以在任何时候，发出任意数量的报文，而且不需要通知网络。对 best-effort service 模型，网络尽最大的可能性来发送报文，但对时延、可靠性等性能不提供任何保证。best-effort service 模型现在是 Internet 的缺省服务模型，它适用于绝大多数网络应用，如 FTP、E-Mail 等。

在理想状态下，如果有足够的带宽，best-effort service 模型是最简单的服务模式。而实际上，这种"简单"带来一定的限制。因此，best-effort service 模型适用于对时延、可靠性等性能要求不高的业务，如 FTP、E-Mail 等。

2. 综合服务（integrated service）模型

由于网络带宽的限制，best-effort service 模型不能为一些实时性要求高的业务提供有力的质量保障，于是 IETF 在 1994 年的 RFC1633 中提出了 integrate service 模型。

integrate service 模型是指用户在发送报文前，需要通过信令（signaling）向网络描述自己的流量参数，申请特定的 QoS 服务。网络根据流量参数，预留资源（如带宽、优先级）以承诺满足该请求。在收到确认信息、确定网络已经为这个应用程序的报文预留了资源后，用户才开始发送报文。用户发送的报文应该控制在流量参数描述的范围内。网络节点需要为每个流量维护一个状态，并基于这个状态执行相应的 QoS 动作，来满足对用户的承诺。

integrate service 模型使用了资源预留协议（resource reservation protocol，RSVP）作为信令，在一条已知路径的网络拓扑上预留带宽、优先级等资源，路径沿途的各网元必须为每个要求服务质量保证的数据流预留想要的资源，通过 RSVP 信息的预留，各网元可以判断是否有足够的资源可以使用。只有所有的网元都给 RSVP 提供了足够的资源，"路径"方可建立。这种资源预留的状态称为"软状态"。为了保证这条通道不被占用，RSVP 会定期发送大量协议报文进行探测。通过 RSVP，各网元可以判断是否有足够的资源可以预留。只有所有的网元都预留了足够的资源，专用通道方可建立。

integrate service 模型为业务提供了一套端到端的保障制度，其优点显而易见，但是其局限性一样明显。

（1）实现难度大：integrate service 模型要求端到端的所有网络节点支持。而网络上存在不同厂商的设备，核心层、汇聚层和接入层的设备功能参差不齐，要所有节点都支持 integrate service 模型，很难达到这方面要求。

（2）资源利用率低：为每条数据流预留一条路径，意味着一条路径只为一条数据流服务而不能为其他数据流复用。这样导致有限的网络资源不能得到充分的利用。

（3）带来额外带宽占用：为了保证这条通道不被占用，RSVP 会发送大量协议报文定期进行刷新探测，这在无形中增大了网络的负担。

integrate service 模型使用的 RSVP 信令需要跨越整个网络进行资源请求/预留，因此要求端到端的所有网络节点支持 RSVP 协议，且每个节点需要周期性同相邻节点交换状态信息，协议报文开销大。更关键的是，所有网络节点需要为每个数据流保存状态信息，而当前在 Internet 骨干网上有着成千上万条数据流，因此 integrate service 模型在 Internet 骨干网上无法得到广泛应用。integrate service 模型一般应用在网络的边沿。

3. 差分服务（differentiated service）模型

由于 integrate service 模型一般应用在网络的边沿，可扩展性较差，为了克服以上问题，IETF 在 1998 年提出了 differentiated service 模型。differentiated service 模型，也叫差分服务模型，意思就是提供有差别的服务。就好比我们去银行办理业务，普通用户在营业大厅排队办理业务，VIP 客户有专门的 VIP 区优先办理业务，当然了，如果是持有黑卡的 VVIP 客户，则有专人专区为其办理业务。这就是银行针对不同的用户群提供的差分服务。那么在网络中，如何去区分不同的流量呢？

differentiated service 模型的基本原理是将网络中的流量分成多个类或标记不同的优先级，每个类享受不同的处理，尤其是网络出现阻塞时不同的类会享受不同级别的处理，从而得到不同的丢包率、时延以及时延抖动。同一类的业务在网络中会被聚合起来统一发送，保证相同的时延、抖动、丢包率等 QoS 指标。

differentiated service 模型中，业务流的分类和汇聚工作在网络边缘由边界节点完成。边界节点可以通过多种条件（比如报文的源地址和目的地址、ToS 域中的优先级、协议类型等）灵活地对报文进行分类，对不同的报文设置不同的标记字段，而其他节点只需要简单地识别报文中的这些标记，即可进行资源分配和流量控制。

三种服务模型的对比，如表 4.1 所示。

表 4.1　三种服务模型优缺点

模型	优点	缺点
best-effort service	实现机制简单	对不同业务流不能进行区分对待
integrate service	可提供端到端的 QoS 服务，并保证带宽、延迟	需要跟踪和记录每个数据流的状态，实现较复杂，且扩展性较差，带宽利用率较低
differentiated service	不需要跟踪每个数据流状态，资源占用少，扩展性较强；能实现对不同业务流提供不同的服务质量	需要在端到端的每个节点都进行手工部署，对人员能力要求较高

4.1.4　服务质量技术综述

常用的 QoS 技术包括流分类和标记、流量监管、流量整形、接口限速、拥塞管理、拥塞避免等。下面对常用的技术简单进行一下介绍。

（1）分类和标记。QoS 的第一步一定是将数据进行分类，具备相同传输质量的数据一定是一类。采用一定的规则识别符合某类特征的报文，它是对网络业务进行区分服务的前提和基础。要实现差分服务，需要首先将数据包分为不同的类别或者设置为不同的优先级。报文分类即把数据包分为不同的类别，可以通过模块化 QoS 命令行接口（modular QoS，MQC）配置中的流分类实现；报文标记即为数据包设置不同的优先级，可以通过优先级映射和重标记优先级实现。这里的标记是"外部标记"，一般是在报文离开设备的时候在报文中进行设置，修改报文 QoS 优先级字段，目的是将 QoS 信息传递给下一台设备；后面还有"内部标记"，用于设备内部处理报文，不修改报文。一般是在报文进入设备的时候，就通过流分类，给报文打上内部标记，这样，在报文从设备发出之前，都可以根据内部标记进行 QoS 处理。

（2）流量监管、流量整形和接口限速。流量监管是将流量限制在特定的带宽内。当业务流量超过额定带宽时，超过的流量将被丢弃。这样可以防止个别业务或用户无限制地占用带宽。流量整形是一种主动调整流输出速率的流控措施，使流量比较平稳地传送给下游设备，避免不必要的报文丢弃和阻塞；流量整形通常在接口处方向使用。接口限速是对一个接口上发送或者接收全部报文的总速率进行限制。当不需要对报文类型进行进一步细化分类而要限制通过接口全部流量的速率时，接口限速功能可以简化配置。

（3）阻塞管理。阻塞管理是在网络发生阻塞时，通过一定的调度算法安排报文的转发次序，保证网络可以尽快恢复正常。阻塞管理通常在接口处方向使用。

（4）阻塞避免。阻塞避免可以监视网络资源（如队列或内存缓冲区）的使用情况。在拥塞有加剧的趋势时，主动丢弃报文，避免网络阻塞继续加剧。

总的来说，报文分类和标记是 QoS 服务的基础，是有效进行区别服务的前提。流量监管、流量整形和接口限速则是防患于未然，是预防措施。拥塞管理和拥塞避免则是在拥塞发生时的解决措施。

4.1.5　服务质量的功能

1. 分组分类器和标记器

网络边界上的路由器根据 TCP/IP 分组报头中的一个或多个字段，使用分类器功能来标记识别属于特定通信类的分组，然后用标记器功能标记已被分类的通信，这是通过设置 IP 优先字段或区分服务码点（differentiated services code point，DSCP）字段来实现的。

2. 通信速率管理

服务提供者使用控制（policing）功能度量进入网络的客户通信，并将其与客户的通信配置文件（profile）进行比较。同时，接入服务提供者网络的企业可能需要使用通信整形功能来度量其所有的通信，并以恒定的速率将它们发送出去，以符合服务提供者的控制功能。令牌桶是一种常用的通信度量方案。

3. 资源分配

先进先出（first in first out，FIFO）调度是一种被当前的 Internet 路由器和交换机所广泛采用的传统排队机制。虽然先进先出调度部署起来很简单，但是在提供 QoS 时有一些基本的问题。它没有提供优先级处理对延迟敏感的通信，并将其移至队开头的手段，对所有的通信都完全同等地对待，不存在通信区分或服务区分的概念。

对于提供 QoS 的调度算法，至少要能区分队列中的不同分组，并知道每个分组的服务等级。调度算法决定接下来处理队列中的哪一个分组，而流分组获得服务的频度决定了为这个流分配的带宽或资源。

4. 阻塞避免和分组丢弃策略

在传统的先进先出排队技术中，队列管理是这样实现的：当队列中的分组数量达到队列的最大长度后，将到达的分组全部丢弃。这种队列管理技术叫作尾部丢弃（tail drop），它只在队列完全填满时发出阻塞信号。在这种情况下，没有使用积极的队列管理来避免阻塞，也没有减小队列尺寸来使排队延迟最小。积极的队列算法管理使得路由器在队列溢出前就可以检测到阻塞。

5. QoS 信令协议

RSVP 是在 Internet 上提供端到端 QoS 的 IETF Intserv 体系结构的一部分，它使得应用程序可以向网络提出每个流的服务质量要求。服务参数用来量化这些要求，供管理控制使用。

6. 交换

路由器的主要功能是根据转发表中的信息快速、高效地将所有输入通信交换到正确的输出端口和下一中继段地址。传统的基于缓存的转发机制虽然高效，但由于它是由通信驱动的，所以存在扩展性和交换性能方面的问题，并且在网络不稳定时会增加缓存维护工作，并降低交换性能。基于拓扑的转发方法通过建立一个与路由器路由表完全相同的转发表，解决了基于缓存的转发机制中存在的问题。

7. 路由

传统的路由仅仅基于目的地，并且在最短路径上是根据路由表来路由分组的。对于某些网络情况，这显得不够灵活。策略路由是一种 QoS 功能，它使得用户可以不根据目的地进行路由，而是根据各种用户自己可以配置的分组参数进行路由。

当前的路由选择协议提供了最短路径路由，它基于度量值（如管理成本、权重或中继段数）来选择路由。分组是根据路由表被传输的，而对流的要求或路由上可用的资源一无所知。QoS 路由则是一种考虑了流的 QoS 要求的路由选择机制，它在选择路由时，对网络上可用的资源有一定的了解。

4.1.6　Web 服务质量

近年来，互联网上出现了大量 Web 服务，这些服务以 SOAP 等平台无关的通信协议为服务消费者提供功能，是未来大规模面向服务计算的基础。如何在若干功能相同或相似的服务中进行合理的选择成为研究热点之一。许多研究者认为，进行服务选择时，不仅应该考虑服务所能满足的功能性需求，同时也应该考虑服务所能满足的非功能需求，即服务质量（QoS）需求。因此，广泛的研究人员认为基于 QoS 的服务发现与选择是保证基于服务的应用系统质量的重要技术之一。基于 QoS 进行服务选择的前提是对 Web 服务的 QoS 进行准确的预测评估。传统的 Web 服务架构中因缺乏对服务质量（QoS）的描述而难以从功能相同的众多服务中为用户选择最佳服务。目前对支持 QoS 约束的 Web 服务的研究工作越来越多，主要解决方法都是通过引入 QoS，改变现有的 UDDI 数据结构，增加服务的 QoS 信息来克服这一缺点，如图 4.1 所示[32]。

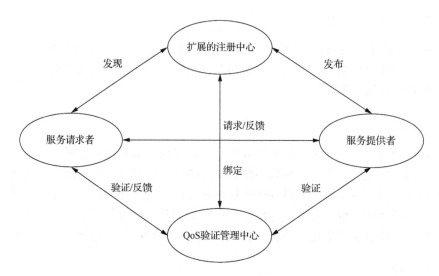

图 4.1   基于 QoS 的 Web 服务体系结构

服务质量（QoS）是对 Web 服务满足服务请求者需求能力的一种度量。QoS 模型是一个可扩充向量，可以从很多方面来描述服务质量，如响应时间、可靠性、服务价格、吞吐量、可用性、安全性、准确性等，它们分别从不同角度对服务的质量进行了评估。根据用户对服务质量的反馈信息，QoS 验证管理中心对同类服务中的每个服务依据其相对 QoS 进行重新排序，并推荐用户使用排名最高的服务。

（1）响应时间（response time）：服务请求者和服务提供者之间递送服务所花的时间，包括服务时间和来回通信所花的时间。其可以描述为

$$RT(X) = Ts(X) + C$$

式中，$Ts(X)$ 为服务时间；C 为通信时间。

（2）可靠性（reliability）：Web 服务成功执行的概率。高质量的 Web 服务应当是稳定的、可靠的。可靠性直接影响服务请求者对服务提供者的评价，只有稳定可靠的服务才是值得信赖的。其可以描述为

$$R = \frac{成功执行次数}{服务被调用的总次数}$$

可靠性是 Web 服务质量的一个方面，表示能够维护服务和服务质量的程度。每月或每年的失效次数是衡量 Web 服务可靠性的尺度。在另一种意义上，可靠性是指服务请求者和服务提供者发送和接收消息的有保证和有序的传送。

（3）服务价格（cost）：每次服务完成所需要花费的代价。其可以描述为

$$C = C_E + C_L$$

式中，C_E 为服务提供者设定的代价；C_L 为服务提供者认证服务所花费的代价。

（4）可用性（availability）：可用性是质量的一个方面，指 Web 服务是否存在或是否已就绪可供立即使用。可用性表示服务可用的可能性。Web 服务在某个时期内可用的概率。较大的值表示服务一直可供使用，而较小的值表示无法预知在某个特定时刻服务是否可用。与可用性有关的还有修复时间（time-to-repair，TTR）。TTR 表示修复已经失效的服务要花费的时间。理想情况下，较小的 TTR 是合乎需要的。

（5）安全性（security）：安全性是 Web 服务质量的一个方面，通过验证涉及的各方、对消息加密以及提供访问控制来提供机密性和不可抵赖性。由于 Web 服务调用是发生在公共的互联网上，安全性的重要性已经有所增加。根据服务请求者的不同，服务提供者可以用不同的方法来提供安全性，所提供的安全性也可以有不同的级别。服务访问控制，防止恶意的服务请求，安全性的度量一般要根据加密技术而定。

■ 4.2 服务质量预测的常用方法

4.2.1 基于结构方程的 QoS 预测方法

结构方程模型（structural equation modeling）是 Bock 和 Bargmann 在 1969 年首次提出的多元统计技术，包括通径分析、偏最小二乘模型、潜在增长模型等[33]。结构方程可以用来分析变量之间的内在关系。结构方程模型已成功地应用于生物科学、经济学、社会科学等多个科学领域，可以清晰地分析个体变量对个体整体性的影响以及个体变量之间的关系。结构方程模型综合了通径分析、验证性因素分析和统计检验等方法，结合因子分析和通径分析的优点，能够分析变量之间的因果关系。结构方程模型可以分析方程组之间的关系，特别是对具有因果关系的组。因此，研究者可以利用扫描电镜分析和验证多组具有因果关系的变量。

结构方程模型可用于求解 QoS 属性和用户关注的多变量方程组，并对其变量进行预测和验证。这种计算还可以减少信息丢失导致的预测误差。例如，服务提供者可能不发布质量属性或其关注点。计算结构方程模型的过程首先是通过由 QoS 及其多维属性构成的显式变量矩阵，计算出一个协方差矩阵 S，该矩阵是结构方程模型分析的基础。其次，在结构方程模型中设置验证参数，根据矩阵 S 估计参数矩阵 $\Sigma(\theta)$，如果理论假设模型和样本估计模型具有良好的拟合度，则该模型是可接受的。如果不存在良好的适应性，就必须改变模型。重复上述过程，研究人员最终将得到一个很好拟合的模型。

在使用结构方程的方法中，合成服务质量预测仅考虑将当前执行分配任务的

Web 服务质量，而不考虑合成服务中涉及的其他任务中的 Web 质量。当任务实际执行时，系统收集信息并预测每个可以执行该任务的 Web 服务的 QoS。在实际执行任务之后，为每个候选 Web 服务计算一个质量向量。在这些质量向量的基础上，利用结构方程模型预测方法对服务质量的变化进行预测，最终选出一个候选的 Web 服务。另外，由于该选择过程是基于用户对每个 QoS 属性分配的关注度（权重），因此该方法也考虑了关注度值的变化。

4.2.2　基于相似度的 QoS 预测方法

　　基于相似度的 QoS 预测方法常用于对已知的 Web 服务 QoS 值进行预测。该领域的研究一开始主要集中在利用协同过滤来评估相似度。研究人员最早尝试使用协同过滤来评估用户和服务的相似性[34]。该方法的基本思想是利用收集到的 QoS 数据找出用户之间的相似度，然后根据相似度对未使用的服务进行预测。计算服务消费者相似度的技术很多，比如聚类、基于内容的过滤和协同过滤。在这些技术中，协同过滤有着与 QoS 预测非常相似的激励问题空间，并且易于实现。协同过滤的主要思想是根据其他用户的体验向用户推荐。协同过滤技术在许多应用中得到了广泛的使用，并取得了良好的效果。然而，协同过滤方法仍然存在两个问题，使得这项技术不能直接应用于 QoS 预测。第一，用户在协作系统中的体验往往是主观的评价；相反，在激励问题中，体验是客观的 QoS 数据。第二，协同过滤系统的预测结果用单一的数表示，这与大多数的 QoS 矩阵数据不同。研究人员首先将激励问题转化为协同过滤的标准形式，然后将目标 QoS 数据规范化为统一的范围。利用改进的协同过滤方法，给出了 QoS 数据的预测结果。该方法包括四个关键步骤：数据预处理、标准化、相似性挖掘和预测。数据预处理使得收集到的 QoS 数据与协同过滤的格式一致。基于高斯法，标准化使得 QoS 属性值在一个统一的范围内。相似性挖掘是根据服务消费者的历史经验，用皮尔逊相关系数计算服务消费者之间的相似度。预测根据相似度对每个 QoS 属性进行线性预测，并将预测值组合成一个质量向量。

　　近几年，研究人员探索了在预测用户和服务相似性时加入了地理位置的因素，用地理信息作为用户的上下文，并根据每个用户的上下文的相似性来识别相似的邻居[34]。利用上下文信息来提高 QoS 预测精度。Xu 等[35]提出了两个上下文感知的 QoS 预测模型，模型能够分别整合用户端和服务端的上下文信息，可以使用矩阵分解（matrix factorization，MF）模型作为基本模型。在用户端，研究几种相似函数，这些函数提供了相似性与地理距离之间的不同映射关系。然后利用所选择的相似度函数，Xu 等提出了用户上下文感知 MF 模型。在 Web 服务端，Xu 等研究了上下文对服务质量的影响，重点是寻找在相似运行环境下运行的相似邻居。在此基础上，构建了服务上下文感知 MF 模型。同时，结合用户上下文感知 MF

模型和服务上下文感知 MF 模型的结果提出了一个集成模型。从不同的候选对象中选择最有效的相似度函数，实现基于地理信息的用户间更精确的相似度。需要注意的是，大多数现有的研究工作只从一个方面来研究 QoS 预测问题，即用户端或服务端。Xu 等提出的这个模型可以节省大量的计算量，非常适合于"冷启动"情况。这是因为模型中的相似度计算不依赖于 QoS 记录。同时，相似性结果可用于不同 QoS 特性的预测任务。

4.2.3　基于时间序列的 QoS 预测方法

基于时间序列的 QoS 预测方法主要利用 QoS 属性的时间序列构建模型，随时间变化预测未来 QoS 的属性值。该类方法最早用于经济、金融等领域[36]。

因为时间序列方法具有精确度相对较高、时效性强的优点，后来逐渐扩展到其他领域，但仍然存在预测周期短、随周期变长误差逐渐变大的缺点。我们简单地将基于时间序列的 QoS 属性分为两个类别：静态 QoS 属性和动态 QoS 属性。后者是当前研究的重点。静态 QoS 属性定义为实际值不变的属性；相反，动态 QoS 属性的值会因多种因素而变化[37]。

1．经典方法

（1）回归方法。作为基本方法，回归方法也在预测包中用 R 语言实现。在六种回归模型的不同预测值生成中，常用的函数是 tslm（软件包中提供的一个基本函数，用于实现不同的时间序列回归模型）。当使用关键字 trend 调用此函数时，唯一包含的预测变量是 t（用于生成简单的回归模型）。当函数同时使用关键字 trend 和 poly 调用时，将回归多项式回归模型。最后，当指定关键字是趋势和季节时，函数结果将是一个多元回归模型。利用原始 R 函数对数进行非线性到线性自然对数变换，实现了三种非线性回归模型，这些回归模型的预测结果仍然依赖于预测函数。

（2）自回归移动平均（autoregressive integrated moving average，ARIMA）模型方法。给定一个训练时间序列，R 函数可以自动构造一个适当的 ARIMA 模型，包括搜索和选择合适的阶数和系数。利用该函数，允许指定三个阶数的最大值，因此，我们将 I 部分的阶数最大值设置为零，以获得 ARMA 模型，将 I 和 MA 部分的阶数最大值设置为零，以获得 AR 模型，将 I 和 AR 部分的阶数最大值设置为零，以获得 MA 模型。

（3）指数平滑法。R 软件包预测提供了一个强大而有用的 ets 函数，包括一组完整的指数平滑方法。给定一个训练时间序列，该函数根据对要预测的（训练）时间序列的分析，自动从组中选择最适合的指数平滑方法。因此，在指数平滑的预测因子生成中，使用了 ets 函数，而在预测生产中仍然使用一般函数预测。

（4）阈值法。利用 R 软件包 tsDyn 中提供的函数，在 R 中实现覆盖阈值方法自激励阈值自回归（self-exciting threshold autoregressive，SETAR）模型，该软件包是一个 R 时间序列预测软件包，它提供了多种具有状态切换行为的非线性时间序列模型。预测器的生成涉及包函数 selectSETAR 和 setar。在给定预测（训练）时间序列的基础上，利用 selectSETAR 函数搜索并获得最佳的超参数，如最合适的阈值延迟数和每个状态预测器的阶数。实际的 SETAR 模型生成是在函数 setar 中进行的，以先前获得的超参数作为函数参数。最后，利用 R 软件包 tsDyn，将预测函数用于预测产量。

（5）广义自回归条件异方差（generalized autoregressive conditional heteroskedasticity，GARCH）方法：三个比较的 GARCH 模型（pure GARCH、ARMA_GARCH、ARFIMA_GARCH）在 R 中使用 R 包 rugarch 实现。在这个包中，模型生成阶段使用的两个函数是 spec 和 ugarchfit。spec 函数用于指定和创建要拟合的 GARCH 模型的规范。例如，使用 spec，我们指定了 ARMA_GARCH 和 ARFIMA_GARCH 模型中包含的 AR 和 MA 的订单号。我们使用 R 包预测中提供的 auto.arima 函数获得足够的 AR 和 MA 订单号。在获得 GARCH 规范对象后，函数 ugarchfit 接受规范对象作为其函数参数，然后拟合相应的 GARCH 模型（预测器）。在预测生产阶段，rugarch 软件包中使用的函数是 ugarchforecast。

2. 现代启发式方法

（1）人工神经网络方法。R 包 forecast 在函数 nnetar 中为不同的时间序列预测应用程序实现人工神经网络。该功能提供自动和手动的人工神经网络参数设置（例如，隐藏层中的神经元数量）。对于完全自动化，人工神经网络的参数可以由函数自动确定，即使用函数中实现的决策算法。

（2）遗传规划（genetic programming，GP）方法。研究人员在 2015 年首次提出并实现了将 GP 应用于动态服务质量时间序列预测的思想。他们提出和实现的 GP 方法包括在执行的比较（实验）中，以确保所涵盖的时间序列方法的完备性。我们基于遗传规划的一步到位的单变量服务质量时间序列预测方法是使用基于 Java 的遗传算法/遗传规划框架在 Java 中实现的，该框架被称为 Java 遗传算法和遗传编程包（JGAP）。

4.2.4　基于位置的 QoS 预测方法

基于位置的 QoS 预测方法是根据用户的地理位置信息对 Web 服务进行预测。客户端 QoS 值为服务用户体验的性能提供了更真实的度量。为了帮助用户在现有的各种 Web 服务中找到最好的服务，QoS 被用来度量每个服务的质量，并用来预测未知值。为了解决寻找最合适、最有效的服务这一关键挑战，许多研究者对

Web 服务的 QoS 预测进行了研究。图 4.2 显示了一个真实的 Web 服务调用场景。左边是用户所在地，右边是 Web 服务所在地。这两部分之间的行是调用记录。例如，底部的表显示 Tom 调用了服务 S1、S2 和 S4，James 调用了服务 S1、S3 和 S4。但是其余的 QoS 值是未知的，比如 Tom 调用 S3 和 James 调用 S2 的值。为了在这四种服务中找到最适合 Tom 和 James 的服务，需要对未知的 QoS 值进行预测。图 4.2 显示了 Tom 和 James 位于同一个用户区域，具有相似的位置信息，并且他们调用的 QoS 值也相似。S2 和 S3 都在服务区域内，QoS 值也相似。在实际场景中，网络的环境和质量通常在相邻地理位置上相似，这对不同用户的 QoS 预测起着重要作用。矩阵中不同用户或服务之间的相似性可以通过位置信息来计算，其中包括用户或服务的经纬度。我们提出的方法可以充分利用基于位置信息的相似用户和服务，并且可以获得更好的预测精度。

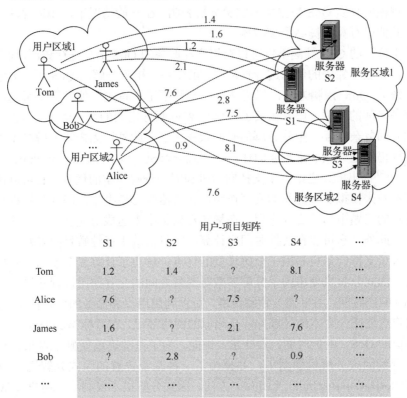

图 4.2　真实的网络服务调用场景（响应时间）

该领域的研究最初主要集中在利用 MF 来建立模型[38]。矩阵分解模型是预测缺失值的一种流行而有效的工具。该模型将用户和项目映射到一个低维的联合潜在因子空间，使得用户-项目交互可以被捕获为该空间中的内部产品。低维因式分解技术的前提是：影响用户项交互的因素很少，而用户的交互体验受每个因素如何应用于用户的影响。研究人员提出了一种基于位置正则化（location based regularization，LBR）的协作 QoS 预测框架，并阐述了利用位置信息进行 QoS 预测的思想，系统地讨论了如何设计两个基于位置的正则化项来捕捉邻域内的潜在关系，用两个新的基于位置的正则化项对矩阵分解模型进行了改进，给出了两个目标函数的计算方法。他们首先阐述了用于缺失值预测的 MF 模型，然后通过理解 Web 服务用户之间的本地连接，LBR 结合地理信息来识别邻居，而不是传统的皮尔逊相关系数（Pearson correlation coefficient，PCC）方式。在假设同一邻域内的用户倾向于接收相似的客观信息的前提下，采用两个基于位置的正则化项对经典的 MF 框架进行了改进。更具体地说，为了捕捉社区内的不同体验，在上述基于位置的正则化术语中对本地用户进行了不同的处理。然后证明了所提出的框架的计算复杂度在实践中是线性的，因此 LBR 可以扩展到非常大的数据集。通过对一个大规模的真实 QoS 数据集的实验分析表明，在一般情况下，LBR 算法的预测精度比其他已有算法提高了 23.7%。

　　基于位置的 QoS 预测不仅可以对用户和服务的 QoS 信息进行预测，而且也可以对用户和服务邻居的信息进行预测[39]。虽然基于矩阵分解的 QoS 预测方法普遍优于传统的 QoS 预测方法，但仍然存在一些不足。首先，他们很少考虑用户和 Web 服务之间的关联，后者代表了用户与 Web 服务之间的交互信息。其次，由于计算的时间复杂度高，矩阵分解的时间效率很低。此外，为矩阵分解模型添加额外的特性仍然是一项非常重要的任务。因式分解机（factorization machine，FM）是 Rendle[40]提出的，它结合了支持向量机和因子分解模型的优点。它可以使用因子分解参数来模拟变量之间的交互作用。在机器学习模型中，因式分解机甚至可以在稀疏的问题中估计交互作用。在稀疏数据集中表达成对交互是一种非常聪明的方法。此外，它可以在线性时间内计算，它只依赖于线性数目的参数。因式分解机结合了支持向量机和因子分解模型的优点，解决了计算复杂度高和数据稀疏的问题。因式分解机使用因子分解参数对变量之间的交互作用进行建模。为了提高 QoS（响应时间，吞吐量）预测精度，可以利用用户和服务的位置信息。例如，两个用户居住在一个本地区域并共享相似的网络环境，在目标 Web 服务上可能观察到相似的 QoS（响应时间，吞吐量）性能。为了更准确地预测 QoS 值，将位置信息结合到因式分解机模型中，并提出了一种基于位置的因式分解机（location based factorization machine，LBFM）方法。因式分解机不仅利用了用户和 Web 服务的相似性信息，还利用了用户、服务和位置信息之间的相关信息。这个方法可以充分利用真实世界用户和 Web 服务的位置、网络和国家信息。它将这些地理数据组合到因式分解机中，获得了更高的预测精度。它不仅可以展示出当前用户与 Web 服务的关系，而且利用了邻居的信息，显著提高了模型在大规模稀疏数据集上的能力。

4.2.5　基于人工智能的 QoS 预测方法

基于人工智能的 QoS 预测方法具有很强的自适应能力和实时预测能力，能够预测复杂的非线性的 QoS 属性值。

过去实现的服务质量值通常是由服务提供者提供的常数，或者是历史记录的简单平均值。然而，通过这种方式获得的值忽略了现实执行环境的影响，不能与实际的服务质量值一致。为了获得实际的服务质量值，应该监控、管理和查询服务的运行环境。给定大量候选 Web 服务，服务消费者不可能体验每项服务，然后做出决定。因此，基于重用其他消费者的体验来预测服务质量值是可行的。实际上，影响服务质量值的因素很多，主要分为两种：一是用户的网络环境，二是服务的运行状态。不同的网络条件、服务调用时间和工作负载会导致不同的服务质量值，这大大增加了服务质量预测的复杂性。现有的预测机制研究通常集中在一个方面，没有从整体上考虑这个问题。从上述因素出发，最早研究人员应用线性回归算法根据调用时间和工作量预测服务质量值[41]。首先根据位置和网络条件将用户分为不同的组，作为预测依据，然后根据同一组用户的服务质量历史统计，利用线性回归算法根据调用时间和实际工作负载预测服务质量值。回归算法是一种通过回归分析来确定两个或多个变量之间的定量关系的统计分析方法。通过线性回归算法预测 QoS 值有两个主要原因。首先，预测目标是得到某个时间段内的平均 QoS 值，而不是不可能得到的实际值，回归算法能够反映变量的变化趋势，符合 QoS 预测目标。其次，线性回归算法中的参数可以通过求解线性方程组来确定，在实现上，该算法时间复杂度低、实用性强。预测过程：首先得到要预测的服务，并以 QoS 值为输出，建立相应的二元线性回归模型；然后，查询出服务的 QoS 记录，利用机器学习的方法计算回归模型中的参数；最后利用回归模型计算出当前 QoS 预测值并返回。在回归预测算法中，因变量为 QoS 值，自变量为当前时间和当前负载。

近年来研究人员提出了许多 QoS 预测方法，这些方法大多集中在时间序列模型上。现有的方法基于数据特征考虑线性和非线性时间序列。然而，对实际 QoS 数据集的分析表明，它们在一定程度上还具有其他行为的特征。现有预测方法的特征分析不全面，会导致预测结果不准确。此外，收集到的 QoS 数据可能会丢失一些数据，这也可能会影响预测精度。为了解决预测精度不高的问题，研究人员提出了一种基于径向基函数（radial basis function，RBF）神经网络组合模型的服务质量预测方法[42]。RBF 神经网络模型能够处理复杂的线性和非线性关系，具有很大的灵活性和适应性。这种方法充分利用了时间序列模型、RBF 神经网络模型的快速训练属性和灰色模型的特点，无须考虑变化的基础。它分为两个阶段：第一阶段是数据处理。由于 Web 服务 QoS 数据具有高度的动态性和非线性特性，采用多种时间序列模型（自回归综合移动平均）和自激阈值自回归移动平均（self-excitation threshold autoregressive moving average，SETARMA）模型，建立了线性和非线性时间序列预测模型；同时，灰色模型的使用不考虑模型的变化和分布规律。第二阶段，首先建立 RBF 神经网络模型，然后将时间序列模型和灰色预测模型的结果输入 RBF 神经网络模型。利用 QoS 数据集，对该模型进行了评估，并与现有的时间序列模型和传统的 RBF 神经网络模型进行了比较，实验结果表明，该模型在准确性和有效性上都优于现有模型。

在真实的 Internet 环境中，由于种种条件的限制，用户不可能通过调用所有服务来获取这些服务的值，这就导致用户-服务矩阵非常稀疏，从而导致一些预测方法在预测 QoS 缺失值时预测精度的下降。为此，推荐系统需要在 QoS 信息稀疏的情况下为用户推荐满足其个性化需求的服务。其次，针对 QoS 随着时间变化而呈现不同的特性，需要研究时间感知的服务质量预测方法。为了解决以上两个问题，研究人员提出了一种基于自组织映射（self-organizing map，SOM）算法的服务质量预测（SOM neural network based service quality prediction，SOMQP）方法[43]。该方法通过引入具有拓扑结构的领域函数，将所有的神经元都置于一个根据先验知识而事先确定的拓扑结构，从而可以达到较为稳定的聚类结果。然后，根据聚类结果，应用一种新的 top-k 选择机制，为目标用户和目标服务选择相似用户和相似服务。最后，采用混合的预测方法对缺失值进行预测。实验结果表明，在数据非常稀疏的情况下该方法的预测精度优于主流的预测算法。

■ 4.3　服务质量预测在实际中的应用

$U = \{u_1, u_2, \cdots, u_m\}$ 是用户集合，其中 m 是用户的数量，$u_i (1 \leqslant i \leqslant m)$ 表示用户集合中的第 i 个用户；$S = \{s_1, s_2, \cdots, s_n\}$ 是服务集合，其中 n 是服务的数量，$s_j (1 \leqslant j \leqslant n)$ 表示服务集合中的第 j 个服务；$R = [r_{ij}(u_i, s_j) \mid u_i \in U, s_j \in S, 1 \leqslant i \leqslant m, 1 \leqslant j \leqslant n]_{m \times n}$ 是一个用户-服务矩阵，其中，$r(u, s)$ 表示用户 u 调用服务 s 时的 QoS 值。在实际中很多服务质量信息是未知的，因此需要对缺失的值进行预测。

4.3.1　基于用户和服务区域信息的 Web 服务 QoS 预测

将 QoS 历史信息与用户和服务的区域信息相结合，进行个性化的 QoS 信息预测[44]。在实际应用中，可能存在大量的用户和服务。已有研究采用协同过滤方法对 QoS 历史信息进行分析并实现预测，其核心是使用相似用户或服务的 QoS 信息预测未知 QoS 信息，已经被证实具有良好的预测效果。传统的协同过滤方法仅使用已有的 QoS 信息，忽略了一些客观因素的影响，如用户和服务所在国家、省、市等区域因素。同一区域的用户和服务具有相似的经济水平，使其具有相似的硬件环境。因此，在同一区域的用户调用相同的服务通常产生相似的 QoS 信息。

为了提高 QoS 预测的准确性，将全局 QoS 信息与用户和服务区域信息相结合，研究人员提出一种基于用户和服务区域信息的 QoS 预测方法。由于该研究考虑了区域信息，因此，有必要计算区域内用户或服务之间的相似度，即根据 QoS 历史信息计算用户或服务之间的相似度。相似的用户主要是指两个用户在同一组服务上具有比较相似的 QoS 历史信息，相似服务主要是指两个服务被同一组用户使用时具有比较相似的 QoS 历史信息。对于新用户和新服务，由于缺少 QoS 信息，本研究采用区域内平均值的方法计算其相应的 QoS 信息。该方法选取同一区域内的所有其他用户和服务的 QoS 信息均值作为新用户和新服务的 QoS 信息，从而能够有效地处理 QoS 预测中面临的冷启动问题。

不同的 QoS 属性，其数据类型可能不同，如响应时间和成本属于数值型 QoS，可靠性和可用性属于比率型 QoS。对于比率型的 QoS 信息，其变化范围是有限的，如变化范围为[0,100%]。然而，对于数值型的 QoS 信息，其可能存在不同的数值范围，比较典型的数值型属性是响应时间，比如一个用户使用服务的响应时间变化范围是[0s,1s]，而另一个用户的响应时间变化范围是[10s,20s]。

QoS 信息取值范围的不同可能影响相似度的计算，因此，采用高斯法对 QoS 信息进行规范化处理，将 QoS 信息映射到[0,1]。对 QoS 信息进行规范化处理之后，采用皮尔逊相关系数的相似性度量方法计算用户相似度和服务相似度，其取值范围为[0,1]，该值越大，说明两个用户或服务之间的相似度越大。

在已有研究中，只采用已有的 QoS 信息进行预测，忽略了一些客观因素影响，如用户和服务的位置信息。为了提高 QoS 预测的准确性，该研究将全局 QoS 信息与用户和服务区域信息相结合，提出一种基于用户和服务区域信息的 QoS 预测（QoS prediction based on region information of users and services，QPRIUS）方法。首先，结合全局 QoS 信息与局部区域信息构建预测模型，然后采用随机梯度下降法对模型优化学习，最终得到预测结果。考虑用户和服务区域因素有助于提高 QoS 预测的准确性，采用区域内平均值方法计算新用户和新服务的 QoS 信息，这样能够有效解决冷启动问题。以下将给出 QPRIUS 方法的详细过程。

图 4.3 给出了 QPRIUS 方法的框架。用户相似度和服务相似度的计算是 QoS 预测的前期工作，见图 4.3 中虚线框所示，以区域为单位分别计算同一区域内的用户相似度和服务相似度，得到两个相似度矩阵 Sim_U 和 Sim_S，这两个矩阵是构造 QoS 预测模型的基础。

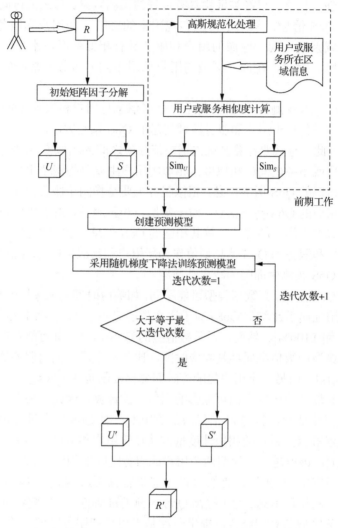

图 4.3   QPRIUS 方法框架

在 QoS 预测过程中，$M \times N$ 的用户-服务 QoS 矩阵 R 经过初始的矩阵因子分解，得到低维的用户特征矩阵 U 和服务特征矩阵 S，分解过程为

$$R = \begin{bmatrix} r_{ij} \end{bmatrix}_{M \times N} = \begin{bmatrix} r_{11} & r_{12} & \cdots & r_{1N} \\ r_{21} & r_{22} & \cdots & r_{2N} \\ \vdots & \vdots & & \vdots \\ r_{M1} & r_{M2} & \cdots & r_{MN} \end{bmatrix} \tag{4.1}$$

矩阵因子分解为

$$U = \begin{bmatrix} u_{ij} \end{bmatrix}_{d \times M} = \begin{bmatrix} u_{11} & u_{12} & \cdots & u_{1M} \\ u_{21} & u_{22} & \cdots & u_{2M} \\ \vdots & \vdots & & \vdots \\ u_{d1} & u_{d2} & \cdots & u_{dM} \end{bmatrix} \tag{4.2}$$

$$S = \begin{bmatrix} s_{ij} \end{bmatrix}_{d \times N} = \begin{bmatrix} s_{11} & s_{12} & \cdots & s_{1N} \\ s_{21} & s_{22} & \cdots & s_{2N} \\ \vdots & \vdots & & \vdots \\ s_{d1} & s_{d2} & \cdots & s_{dN} \end{bmatrix} \tag{4.3}$$

$$U_i^T S_j \to r_{ij} \Rightarrow U_i'^T S_j' \to r_{ij}' \tag{4.4}$$

式中，U 为 $d \times M$ 的用户特征矩阵，包含 M 个潜在的特征向量；S 为 $d \times N$ 的服务特征矩阵，包含 N 个潜在的特征向量；d 为维度，特征向量的长度（特征个数）。U 中的每一列 U_i 为 u_i 用户的特征向量，S 中的每一列 S_j 为 s_j 服务的特征向量。

　　QoS 预测模型由 U、S、Sim_U 和 Sim_S 共四部分组成。采用随机梯度下降法对模型进行优化学习，优化的目标就是使预测值尽量逼近真实的已知 QoS 信息。随机梯度下降法的迭代终止条件比较多，常见的迭代终止方法主要有三种：①设置固定的迭代次数；②给目标函数设定一个固定的阈值，当目标函数的值小于阈值时，停止迭代过程；③给目标函数值的变化范围设定一个阈值，当前后两次目标函数值变化的绝对值小于阈值时，停止迭代过程。该方法使用方法①，根据实验效果设置一定的迭代次数。在模型的优化过程中，特征矩阵 U 和 S 被不断更新，当达到一定的迭代次数之后，得到最终的用户特征矩阵 U' 和服务特征矩阵 S'，可以用 $U_i'^T S_j'$ 预测任意未知的 QoS 信息，上角标 T 为矩阵转置符号。

　　根据实验结果可以证明本方法具有较高的 QoS 预测准确性，准确性与其他方法对比有所提高。同时，它有效地解决了新用户和新服务的冷启动问题。对于较稀疏的矩阵，也能够得到较好的预测效果。研究结果对大量基于 QoS 的研究工作具有重要的支持作用，有利于为其提供较为准确的 QoS 信息，为面向服务计算的发展提供一些有益的启示。但是该研究还存在一些不足可以在后续研究予以拓展。在今后的研究中可以考虑用户对服务的满意度和信任度等主观因素对 QoS 预测的影响，这将有利于进一步提高 QoS 预测的准确性。此外，该研究针对的是静态的 QoS 信息，有些 QoS 属性是动态变化的，需要对其进行实时预测，这有待于今后的进一步研究。

4.3.2　SOA 遥感图像处理中时间感知的 QoS 预测

近年来，随着遥感应用的进一步深化，遥感图像处理所要解决的问题越来越复杂，而遥感图像处理技术的迅速发展使得遥感图像处理算法更加细化，迫切需要建立一个通用、协同的遥感图像处理平台以充分共享和整合算法资源，满足用户各式各样复杂的应用需求。面向服务架构为解决上述挑战提供了解决思路。面向服务架构的遥感图像处理应用中，根据服务组件功能和接口的不同，划分为不同的抽象服务，用户根据实际需求，组合不同的抽象服务（如二值化→边缘检测→轮廓提取→图像分类）并给出 QoS 要求，工作流系统在满足用户 QoS 约束的情况下，为工作流程中的每个抽象服务选择一个具体原子服务，并按流程执行组合服务，与遥感图像处理的复杂需求相契合。此外，面向服务架构使得遥感图像处理人员不用关心算法细节，可以聚焦于业务层面，只需设置业务逻辑，不同的服务即按照设定的流程自主"协同工作"，使遥感图像处理更加灵活[45]。

值得注意的是，遥感图像处理服务有一些是与用户及所处环境无关的，如价格、可用性等，而大多数的 QoS 却与用户及所处环境密切相关，如响应时间等。同一用户不同时间调用同一服务 QoS 有可能不同，而不同的用户调用同一服务获得的 QoS 也几乎总是不同的。因此，对于任意一个用户都需要单独计算每一个服务的 QoS。对于用户未调用过的服务，其 QoS 是缺失的，必须要对缺失的 QoS 数据做出准确的预测才能进行后续的服务选择及组合。此外，时间感知的预测方面，基于时间序列的预测方法 ARIMA 由于具有较好的性能而被广泛使用。然而，ARIMA 需要基于较长的历史序列来开展预测，在 QoS 预测场景中，有些用户可能从未调用过某服务，ARIMA 并不适用。现有的协同过滤方法仅采用最近一次用户调用服务的 QoS 数据，一方面不同的服务 QoS 并不一定是在同一时间段内获得的，在动态性较强的场景中服务 QoS 间相关性较低，由此计算得到的用户或服务相似度准确性较差；另一方面大量的 QoS 历史数据被忽略，而其中蕴含着大量关于用户或服务相似度的信息。因此，引入时间感知机制，采取基于用户和基于服务的融合协同过滤来提高 QoS 预测的准确度。

采取面向服务架构的方式构建遥感图像处理平台，可以有效屏蔽各图像处理应用内部复杂的实现细节，降低了图像处理用户的使用难度，实现遥感图像处理资源的有效共享及利用。根据遥感图像处理应用需求，图像处理平台的业务模块主要包括以下几个子模块：

（1）图像信息子模块。主要负责完成图像基本信息统计（如大小、色彩、文件信息等）、直方图均衡、灰值化、二值化和图像反色等。

（2）校正增强子模块。主要负责完成几何校正、自动图像配准、图像增强（如亮度、对比度增强）、图像滤波（低通、高通滤波、中值滤波）等。

（3）图像分析子模块。主要负责完成边缘检测（如 Robert 算子、Sobel 算子、旋转不变算子等）、轮廓提取、轮廓增强等。

（4）形态学处理子模块。主要负责完成腐蚀，膨胀，开、闭操作，流域变换等形态学处理。

（5）高级处理子模块。主要负责完成监督与非监督遥感图像分类、目标识别、无损和有损图像压缩等。

每个子模块包含一类遥感图像处理算法，其中每个算法被封装成服务，用户可根据功能及 QoS 需求，基于工作流组合不同的服务，完成特定的复杂图像处理操作。为满足用户的 QoS 要求，需要通过缺失 QoS 预测获得所有服务的 QoS，研究者提出的时间感知的 QoS 预测方法，即使用皮尔逊相关系数的基于时间感知的混合用户项的协同过滤（time-aware hybrid user-item based collaborative filtering using Pearson correlation coefficient，TUIPCC）方法，主要包括时间感知的 QoS 模型及协同过滤的缺失 QoS 预测：

通常来说，用户会多次调用同一服务，每次调用都会计算相应的 QoS 值。以响应时间为例，通过计算服务请求的时间到服务调用结束的时间的长度作为用户调用该服务的响应时间。由于每次调用结束都会得到一个响应时间，因此，对于每个用户-服务对，其响应时间不是单一的数值而是具有时间属性的一组数值。为确保 QoS 预测时所使用 QoS 数据的时效性，即不使用过时的 QoS 数据，首先过滤出最近 T 时间内的 QoS 数据：

$$r(u,s) = \left\{ r(u,s,t) \mid t_{\text{current}} - T \leqslant t \leqslant t_{\text{current}} \right\} \tag{4.5}$$

式中，t_{current} 表示用户 u 请求对服务进行 QoS 预测的当前时刻。由于网络环境在一个较短的时间内会保持基本稳定，该方法将最近 T 时间内的 QoS 数据进一步划分为 k 个时间片 $(T_1, T_2, \cdots, T_k)$，每个时间片的时间跨度为 T/k（通过设置 k 的值使得时间片长度相对较短）。对于每个时间片内的多个 QoS 数据，通过取其平均值代表该时间片的 QoS，公式如下：

$$r'(u,s) = \left\{ r^i(u,s), i = 1, 2, \cdots, k \right\} \tag{4.6}$$

$$r'^i(u,s) = \frac{1}{N_i} \cdot \sum_i \left(r(u,s,t) \mid t_b \leqslant t \leqslant t_u \right) \tag{4.7}$$

式中，$r'^i(u,s)$ 为求平均计算得到的第 i 个时间片的 QoS，是第 i 个时间片内 QoS 数据的个数；$t_b = t_{\text{current}} - \Delta T \cdot i$；$t_u = t_{\text{current}} - \Delta T \cdot (i-1)$，$\Delta T = T/k$。从而，历史的 QoS 数据可以表示为用户-服务在时间上的 QoS 矩阵序列，假设有 m 个用户、n 个服务、k 个时间片、长度为 k 的 $m \times n$ 的 QoS 矩阵，其中每个元素为相应时间片 T_i 内 QoS 的平均值 $r'^i(u,s)$。

一般来说，某些时间片上会存在 QoS 值缺失的情况，因此 QoS 矩阵中相应的

位置 $r^{ri}(u, s)$ 为空。为支持接下来的基于 QoS 的服务选择及组合，需要知道所有用户-服务对的当前 QoS 值（当前 QoS 值即 T_1 时刻的 QoS 值），目标就是基于最近 T 时间内的 QoS 矩阵预测 T_1 时刻的缺失 QoS 值。

缺失 QoS 预测有两个主要的问题需要考虑：一是由于网络环境不是一成不变的，用户调用服务获得的 QoS 值会随着网络环境的变化而具有很大的动态性，即具有一定的时效性，时间较久的 QoS 很难准确刻画当前的服务质量；二是部分 QoS 属性属于主观 QoS，其具体数值与调用该服务的用户是相关的，不同的用户调用该服务其数值往往是不同的，如服务的响应时间等。针对这两个问题，使用协同过滤的 QoS 预测做了如下假设：①使用距离当前时间越近的时间片的 QoS 数据开展预测，其预测准确率越高；②相似用户计算时，两个不相似的用户有可能会被误判定为相似用户，但两个相似的用户很少会被误判定为不相似用户。基于以上假设，研究人员提出了时间感知的缺失 QoS 预测方法。从时间片的粒度出发，针对 k 个时间片 $(T_1, T_2, \cdots, T_k)$，QoS 数据分别计算用户以及服务的相似度，通过结合 k 组相似度得到最终的用户以及服务相似度。选取最相似的 $top\text{-}n$ 个用户以及服务，将基于用户和基于服务的协同预测方法相融合，最终预测得到缺失 QoS，预测模型如图 4.4 所示。

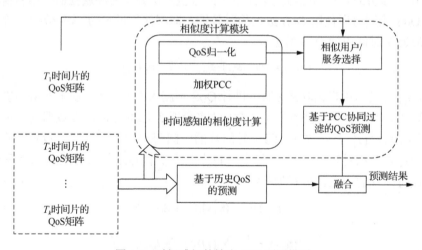

图 4.4 时间感知的缺失 QoS 预测模型

QoS 预测从两个方面展开，首先计算当前用户调用当前服务的历史 QoS 的平均值，此外，相似度计算模块通过综合各个时间片的 QoS 数据计算用户（服务）的相似度，从而得到 $top\text{-}n$ 最相似的用户（服务），基于协同过滤实现 QoS 的预测。最终，通过结合历史 QoS 平均值以及协同过滤 QoS 预测值，从而得到最终的 QoS 预测结果。

最后，根据实验评估了 TUIPCC 方法的性能。与现有的预测方法相比，该方法具有更好的预测准确度。一方面，所提出的方法考虑了 QoS 数据的动态性，通过过滤掉时间较久的 QoS 数据，对于预测当前时刻的 QoS 具有更高的可参考性。另一方面，所提出的方法充分利用了历史 QoS，将有效期内的 QoS 划分为多个时间片，从时间片的粒度开展协同预测，从而能够选择出与当前用户（服务）真正相似的用户（服务），进而获得更精确的 QoS 预测值。

4.3.3　基于移动边缘环境的隐私保护 QoS 预测

如今移动边缘计算是一项新兴技术，由于其具有响应时间短、处理速度快等特点，在新环境中部署边缘服务器来为移动设备或用户提供可靠性服务成为当前 QoS 预测的研究热点。移动边缘计算被视为向 5G 过渡的关键技术和架构性概念，移动边缘计算正在推动传统集中式数据中心的云计算平台与移动网络的融合，将原本位于云数据中心的服务和功能"下沉"到移动网络的边缘，在移动网络边缘提供计算、存储、网络和通信资源。同时，通过移动边缘计算技术，移动网络运营商可以将更多的网络信息和网络阻塞控制功能开放给第三方开发者，并允许其提供给用户更多的应用和服务。边缘计算模型如图 4.5 所示，大数据计算和存储均在云计算中心，采用集中执行的方式不同，边缘计算模型将原有位于云数据中心运行的一些计算任务，包括数据存储、处理、缓存、设备管理、隐私保护等，进行分解并迁移到边缘节点进行处理。

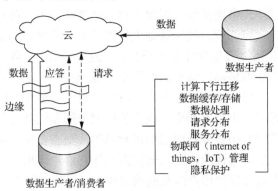

图 4.5　边缘计算模型

在过去的几年，大量学者致力于基于协同过滤方法的 Web 服务 QoS 预测方法的研究。首先基于历史数据计算用户相似性，再根据相似度预测未调用服务的 QoS，主要有个性化推荐、局部邻域矩阵分解、上下文感知和隐私保护 QoS 预测。尽管这些方法在传统环境下 QoS 预测方面取得了一些进展，但在移动边缘环境下，随着服务数量的不断增多，用户在调用服务的过程中，一方面如何能获取准确的 QoS 值成为选择服务的关键因素，另一方面越来越多的真实信息被大量获取，用户隐私保护成为预测过程中的另一关键因素。根据上述分析，当前移动边缘环境下 Web 服务 QoS 预测方法存在问题归纳如下：

（1）传统数据集不适用于移动边缘环境。在万物互联环境下，边缘设备产生大量实时数据，用户呈现出移动性和活跃性特征，在短时间内用户可能会从一个边缘区域移动到另一个边缘区域，边缘环境的改变使得用户在上一边缘区域调用的服务的历史属性值不再有效，增加了预测难度。

（2）用户信息泄露现象严重。随着越来越多的移动用户在边缘端调用服务，用户区域位置的实时改变使得在 QoS 预测需要不断寻找相似用户，此过程导致大量用户信息被泄露，因此基于隐私保护的 QoS 预测具有非常重要的研究意义。

（3）预测过程中，区域环境和服务数据实时差异给寻找相似用户带来困难。目前大多数相似性计算法根据历史数据建立固定方法，没有考虑环境和实时差异对选择相似用户的影响，因此不适合在边缘环境中使用。

为了解决以上问题，研究人员提出了一种新颖的基于移动边缘环境下隐私保护的 Web 服务 QoS 预测方法[46]——移动边缘环境中拉普拉斯噪声的服务质量预测（QoS forecasting with Laplace noise in mobile edge environment，Edge-Laplace QoS）。一方面，对于边缘易变的环境，通过地理位置划分边缘区域，获取精确的边缘数据信息；另一方面，采用通过不断更新噪声值改进的差分隐私法伪装动态多变的边缘端服务，实现边缘端隐私保护 QoS 预测。

总体来说，该方法主要包括如下三个方面。

（1）针对问题一，考虑传统数据集在移动边缘环境中不再有效，首先基于边缘区域缩放方式，利用纬度、经度等地理位置信息用百度地图工具进行边缘区域划分，之后将 QoS 属性值与边缘服务器融合，最后采用子矩阵划分法对融合后的数据集进行划分以获取精确的移动边缘环境下数据集。处理后的用户服务集具有更精准的边缘特征、更紧密的属性关联，边缘预测更准确和可靠。

（2）针对问题二，由于不断更新噪声值的差分隐私法具有动态性，因此通过不断更新拉普拉斯机制函数分布中的随机数以生成动态多变的噪声值，并将其加入到原始数据中完成动态伪装，而拉普拉斯机制巧妙地运用伪装后的数据进行用户相似性计算，在有效保护用户隐私的同时也保证了较高的预测精度。

差分隐私是在非常严格的攻击模式下，差分隐私与传统的密码系统不同，对于隐私泄露，它给出了严格的定义。假设 ε 是一个正实数，A 是一个随机算法，它将数据集作为输入（表示信任方拥有的数据）。$\mathrm{im}A$ 表示 A 的映射。对于在非单个元素（即一个人的数据）的所有数据集 D_1 和 D_2 以及 $\mathrm{im}A$ 的所有子集 S，算法 A 是 ε-差分隐私，其中概率取决于算法的随机性。基于差分隐私的概念，用户在确保数据可用的前提下可最大限度地获取隐私保护，该方法的最大优点是：尽管进行处理后数据会失真，但进行干扰所需的噪声与原始数据是相对独立的，我们可以通过添加少量的噪声来获取高度的隐私保护。

（3）针对问题三，利用协同过滤方法计算不同服务器间用户的相似性，该方法基于不同用户调用相同服务的 QoS 值计算，有较高的准确度。因此，在此基础上进一步优化，基于地理坐标预测以用户所访问的边缘服务器为中心、服务器间距离为半径，不断向外扩大范围获取其他边缘服务器中相似用户的历史数据。对于用户来说，可获取的只是伪装后的数据，使用改进后的协同过滤方法基于伪装后的属性值的乘积直接计算相似性，不仅简化了传统协同过滤方法的计算步骤，提高了计算速率，也更适合边缘环境下 QoS 预测和推荐。

Edge-Laplace QoS 预测方法从保护隐私且精确快速预测边缘服务质量的角度出发，给出了一种移动边缘环境下基于隐私保护的 QoS 预测方法，流程描述如图 4.6 所示。第三方负责收集数据集信息、定位边缘区域，对于用户来说，便可直接访问边缘服务器，基于距离法寻找相似用户，最后进行 QoS 属性值预测。区域划分主要分为以下三个步骤：①边缘位置信息、QoS 数据收集和处理。收集边缘地理位置信息和 QoS 属性值，分别对两部分数据进行预处理。首先由纬度、经度值定位到地理位置点，再根据不重复位置点数量获取边缘服务器分布情况，根据纬度、经度值进行区域划分。区域划分主要分为三个步骤，步骤 1：根据数据集中每组纬度、经度值，运用百度地图工具逐一定位到实际地理位置点。步骤 2：完成定位后，选取不重复的位置点作为边缘点，每个边缘点为一个边缘服务器。步骤 3：根据边缘服务器数量分布的区域跨度情况在给定比例尺范围内选择比例尺进行缩放形成精确的边缘区域，并将传统数据集与边缘服务器融合，形成边缘环境下用户-服务综合数据集。②数据伪装，寻找相似用户。在得到边缘数据集的条件下，向原始数据中加入不断更新的噪声值以获取边缘伪装数据集，差分隐私中的拉普拉斯机制主要通过训练隐私参数来添加随机噪声值完成原始数据的伪装。传统的差分隐私法在逐列添加噪声值时列向量产生的随机数不变，而在边缘环境下固定的随机数无法满足 QoS 动态多变的特征，因此改进后的差分隐私法将边缘环境下 QoS 综合数据集作为输入并不断更新数据集中列向量产生的随机数，动态随机数使得隐私保护效果更佳。在训练过程中，当隐私参数权值达到最优时，伪装后的数据与真实值最接近。利用动态拉普拉斯噪声对边缘环境下 QoS 综合数据集进行进一步改进，实现边缘环境下快速准确预测的目标；以预测用户所访问的边缘服务器为中心不断扩大范围寻找相似用户，并判断中心服务器中是否存在历史数据。③边缘 QoS 预测，以中心服务器中是否存在历史数据决定预测的方式，若有，则基于历史值运用协同过滤技术预测；若无，则寻找最佳距离运用协同过滤技术基于相似用户 QoS 进行预测。

通过实验证明移动边缘环境下对数据集添加不断更新的拉普拉斯噪声，采用距离法寻找相似用户的边缘 QoS 预测方法有效提高预测效率，同时保护了用户隐私。但是这种方法还有一些不足之处，在未来的工作中，可以将重点考虑以下几个问题，一是现有的边缘区域划分获取服务 QoS 属性值的方法并不完善，目前运用的子矩阵划分可以收集边缘区域的服务用户数据集，但是否满足边缘环境下属性值的变化趋势，值得进一步研究；二是本方法只选择拉普拉斯机制中的随机数为动态参数，隐私性还不够完备，拉普拉斯分布函数的位置参数和尺度参数等方面可以进一步改进和优化；三是目前只考虑预测响应时间和吞吐量两个 QoS 属性，后期会进一步改进方法，可同时预测多个 QoS 属性值。

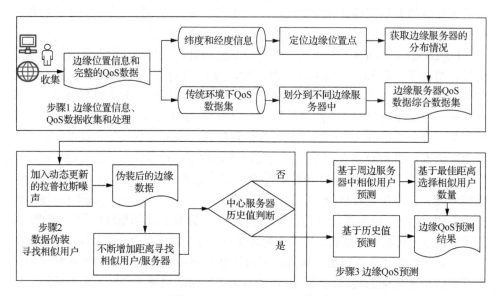

图 4.6　Edge-Laplace QoS 模型

4.3.4　基于 P2P 视频流中深度传输协同过滤的邻居选择 QoS 预测

近年来，视频内容在全球互联网消费中占很大比例。视频流媒体正逐渐成为最具吸引力的服务。然而，互联网并没有为视频内容交付提供任何服务质量保证。为了扩大服务器容量，减少视频流带宽，对等（peer-to-peer，P2P）技术被许多内容分发系统广泛采用。在 P2P 网络中，对等机不仅从网络下载媒体数据，而且还将下载的数据上传到同一网络中的其他客户端。为了获得更好的用户观看视频的体验，P2P 网络中的每个客户端（或节点）都应该根据服务质量（QoS）选择其他节点作为邻居。例如，客户机可能更喜欢选择高带宽的节点。由于不同的位置和网络条件，不同的客户机对同一个节点可能有不同的 QoS 体验。为了获得具有最佳 QoS 的邻居，可能需要评估每个客户机的所有其他节点的 QoS。不幸的是，P2P 视频流网络通常包含大量的用户，对所有节点的 QoS 进行评估非常耗时和资源消耗[47]。

一种很有吸引力的方法是，我们可以利用评估过该节点的少数其他客户端过去的使用经验来预测该节点的 QoS 值。这是一项著名的技术，协同过滤

（collaborative filtering，CF）在推荐系统中得到了广泛的研究。在协同过滤方法的帮助下，每个客户端只需要知道其他节点的少量真实 QoS 值就可以选择邻居。其核心思想是，如果两个客户机对某些已知节点具有相似的特定 QoS 评估值，那么它们对于其他未知节点也可能具有类似的 QoS 评估值。

然而，邻居选择策略可能需要改变以提高视频内容传送的质量。如果新策略使用新的 QoS 属性来选择邻居，但是历史用户体验中包含的新 QoS 属性数据很少，协同过滤方法会产生严重的过拟合问题，从而使每个客户端都可能得到更差的邻居推荐列表。迁移学习的目的是将一个在源域中训练出的模型应用于标记数据较少的目标域，而目标域和源域通常是相关的，但分布不同。近年来，深度神经网络在计算机视觉、语音识别和自然语言处理等领域取得了显著的成功。深度神经网络对于学习一般可转换的特征是非常强大的。有两种主要的迁移学习场景，一种是对预训练网络进行微调，另一种是将预训练后的网络作为固定特征抽取器来处理。与随机初始化不同，我们可以用一个预先训练的网络来初始化网络，或者我们可以冻结网络某些层的权重。

与许多有监督的转移学习任务不同，我们不能简单地微调或冻结网络的权重。P2P 视频流网络中节点的唯一信息是节点的标识符和 QoS 评估的历史经验。每个节点没有原始特征，我们需要使用嵌入的方法为节点精简抽象特征。冻结嵌入特性似乎不合理。此外，不同的 QoS 属性具有不同的取值范围，而微调会使最终权重与在源域中预先训练的初始权重相差很大。由于目标域标记数据的稀疏性，过多的微调会产生服务过拟合问题。

所以，研究人员提出了一种新的神经式协同过滤方法——深度传输协同过滤（deep-transfer collaborative filtering，DTCF）。首先利用源域中的 QoS 评估数据对模型进行训练，然后在目标域中根据不同的 QoS 特性对模型进行调整。其核心思想是只使用前几个层的权重来初始化目标域中相同的模型层，并随机初始化剩余的层。为了控制微调程度，将最大均值误差（maximum mean discrepancy，MMD）测量值整合到损失函数中。主要内容如下：

（1）在 DTCF 方法中，研究人员提出了一种新的基于转移学习技术的神经网络协同过滤模型。

（2）在 DTCF 方法中，研究人员提出了一个新的交互层来表示节点的潜在嵌入因子之间的关系。

（3）研究人员采用局部微调和 MMD 测量方法训练目标域模型，实现域自适应。

对于 P2P 视频流网络中的跨域 QoS 预测，研究人员给出了一个以概率分布 P 为特征的源域 $D_s = \left\{ \left\langle x_i^s, x_j^s, r_{ij}^s \right\rangle \right\}_{i \neq j}$，以 n_s 为例和以概率 q 为特征 n_t 示例的目标域 $D_t = \left\{ \left\langle x_k^t, x_l^t, r_{kl}^t \right\rangle \right\}_{k \neq l}$，以 n_t 为例。通常目标域中的示例规模非常小，$n_s > n_t$。该方

法的工作旨在建立一个深层的神经网络来学习可转移的特征，以弥补这两个领域的差异。一些研究人员提出了一种新的神经结构，如图 4.7 所示。源域和目标域共享相同的网络体系结构。模型的输入是节点的标识号。例如，如果 P2P 网络中节点的大小是 n，则每个节点的 ID 是从 1 到 n 的整数。该模式的输出为节点 x_i 对节点 x_j 评估的 QoS 值。因为不为每个节点使用任何具体的特性，所以需要学习它们的抽象特性。在这里，我们使用嵌入层来学习每个节点的一个连续的潜在向量/因子。在交互层之上，使用 ReLU 作为隐藏层，需要多个 ReLU 层。然后，使用一个完全连接的层来生成输出。在源域中训练模型时，使用回归损失。最后，使用预训练模型的所有层而不是最后一个全连接神经网络（fully-connected neural，FC）层来构造目标域的模型。这些层的权值保持为目标域模型的初始权值，但最终 FC 层是随机初始化的。为了避免过度适应的问题，我们同时使用域损失和回归损失来训练目标域模型。目标域的总损失包括回归损失和域损失。我们用小批量来训练模型。只有一小部分的例子被用来计算每次训练迭代的损失。

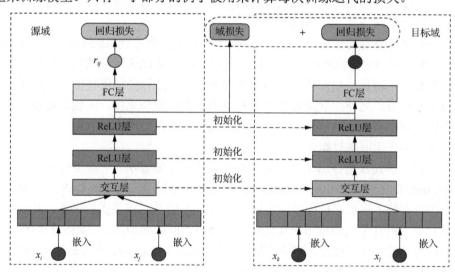

图 4.7　DTCF 模型

　　根据实验可以得出 DTCF 方法优于其他传统的协同过滤方法，尤其是当训练集非常稀疏时。DTCF 模型比其他模型具有更多需要训练的权重，但是它获得了最好的性能，这表明节点之间的关系非常复杂，浅层模型不能捕捉这些结构。当目标域训练数据集非常稀疏时，它们不能从源域传递丰富的信息。深层模型可能很容易产生过拟合问题，但是它们可以从源域中学习到共同的潜在特征。为了平衡这种困境，我们需要控制深度模型的微调程度。实验表明，域损失是控制适应度的有效方法。增加更多的 ReLU 层可以获得更好的预测性能，但是当深度超过一个限定值时，性能开始变差。虽然增加更多的 ReLU 层可以提高性能，但扩大训练数据的大小似乎更有帮助。有时，增加更多的层不会再提高性能，但也不会使预测性能变差。这表明深度神经网络具有某种正则化性质。DTCF 模型在跨域 QoS 预测方面优于其他模型。

4.3.5　基于随机森林的税务热线 QoS 预测

2015 年，国家税务总局印发了《"互联网+税务"行动计划》。该行动计划指出至 2020 年，"互联网+税务"应用全面深化，各类创新有序发展，管理体制基本完备，分析决策数据丰富，治税能力不断提升，智慧税务初步形成，基本实现税收现代化。12366 纳税服务平台由国家税务总局成立，专为全国税务系统核配，为广大纳税人提供优质服务。2016 年 11 月，A 市 12366 纳税服务平台全面运行，纳税人足不出户即可通过互联网平台，向电子税务局发起业务申请、办理缴税、取票等事项。从传统纳税申报到"互联网+税务"的全面推广，不少纳税人由于对全新平台操作不熟悉等原因，导致 A 市 12366 税务热线的接线量陡然增加，从而产生了客服效率低下、服务质量降低等诸多问题，进而阻碍了"互联网+税务"的全面深化。因此，如何提高税务热线服务质量成为了实现税收现代化中最棘手的一环。以 A 市 12366 税务热线为例，从税务热线客服本身的特征与行为出发，引入机器学习中的随机森林算法，构建 QoS 预测模型[48]。

随机森林属于监督学习算法，基本步骤是对训练集进行随机的放回抽样，其次使用 n 个决策树，每个决策树使用一个抽样集并随机使用特征集中的部分特征进行训练，然后将 n 个决策树的预测结果进行综合，对于该方法中的服务质量得分采用的是取众多决策树结果的平均值。首先对所选用的数据进行预处理，使用的数据样本是 A 市税务热线 2017 年 1 月至 2018 年 12 月的数据，使用的原始数据包括性别、年龄、工作经验、学历、实际接听量、工时利用率、加班补贴、满意度、工单一致性、参与评价率、整改警告、执行力、服务质量得分、月度考核、班前会参会、绩效总计共 16 列原始数据（表 4.2）。为了构建模型，需要对字符串形式（Object）的分类数据进行赋值替换或离散化处理。其中对月度考核进行赋值替换，将字符串形式的数据替换为浮点型。

表 4.2　原始数据特征种类及类型

	特征值名称	种类数量	数据类型
0	性别	2	Object
1	年龄	14	Int647
2	工作经验	7	Float64
3	学历	4	Object
4	实际接听量	329	Float64
5	工时利用率	140	Float64

	特征值名称	种类数量	数据类型
6	加班补贴	46	Float64
7	满意度	173	Float64
8	工单一致性	2	Float64
9	参与评价率	353	Float64
10	整改警告	2	Float64
11	执行力	2	Float64
12	服务质量得分	345	Float64
13	月度考核	48	Object
14	班前会参会	2	Int64
15	绩效总计	340	Float64

指标说明：①服务质量得分是要预测的目标值，本案例使用的训练集和测试集的服务质量得分皆为历史数据，得分越高代表服务质量越优。A 市 12366 纳税服务平台为公平公正、尊重事实地给每位客服员工的服务质量做出评价，做出了月度服务质量考核细则。考核细则分为三大部分，分别是现场检查得分、分管领导评价得分、纳税人反馈得分。现场检查的方式为常规交叉巡查、重点检查、突击检查，采用明察、暗访、询问、查看资料（监控、文件、记录）等手段，每周得出现场检查得分。分管领导评价得分由具体的分管领导评价得分细则得出。纳税人反馈得分并不是指每个咨询的纳税人结束通话后的评分，而是对每个客服员工在一个月内咨询过的纳税人采取随机抽样的方式，采用电子邮件问卷、电话采访等手段，切实了解该客服员工是否解决了纳税人前来咨询问题以及服务态度如何等。通过以上三大模块，得出每个客服员工的服务质量得分。②实际接听量为每个员工每月有效接听量，其等于总接听量减去骚扰接听等无效接听量。③工时利用率=［（实际工作工时-加班工时）/制度工作工时］×100%。④满意度由每个咨询的纳税人结束通话后的评分决定，其公式为（非常满意+满意）/（非常满意+满意+不满意）×100%。⑤参与评价率=（个人用户评价数/个人实际产量）×100%。⑥整改警告，即员工有无受到上级处分或客户投诉，满分为 100，有则扣分。⑦执行力，即员工有无完成每月指标，满分为 40，若没有完成每月指标则扣分。⑧工单一致性，即员工是否按要求准确、准时完成工单记录、整理等，满分为 20，若没有则扣分。处理好数据之后，选取 10%的样本为训练集，其余 90%的样本为测试集，用来测试预测模型的精度。

该预测模型遵循自上而下的递归分裂原则，对于任一个决策树，根节点包含所有样本，再从根节点开始依次对样本进行分裂形成内部节点，直到满足停止分裂的条件，而最下面的叶节点则代表了关于服务质量得分的决策结果。每个内部节点都可以看作是随机抽取除了服务质量得分之外任意一个参与决策树生产的特征值的 if- then 判定,例如选取特征中某一特定值为阈值并作为判定条件,若特征值小于等于该值就归类到左节点,否则归类到右节点。

(1)利用随机森林算法预测连续型变量。目标变量服务质量得分为连续型变量,且特征值都已经过预处理转化,因此采用随机森林中分类回归树(classification and regression tree,CART)算法的回归模型。CART 算法也称作分类与回归决策树,既可以做分类预测也可以做回归预测。为了预测连续型变量,采用 CART 中的回归树算法,利用回归预测连续型变量。

(2)节点分裂。在本案例中采取的是回归模型,因此阈值的选取则基于离均差平方和(sum of squares of deviation from mean,SS)。假设有 P 个自变量 $X = (X_1, X_2, \cdots, X_P)$ 和连续型因变量 Y。其次,设某一个节点为 t,该节点的样本为含量 $N(t)$,则该节点的样本为 $\{(\overline{x}_n, y_n)\}$,那么该节点关于因变量 Y 也就是服务质量得分的离均差平方和为

$$\overline{y}(t) = \frac{1}{N(t)} \sum_{X \in t} y_n \tag{4.8}$$

$$\mathrm{SS}(T) = \sum_{X \in t} [y_n - \overline{y}(t)]^2 \tag{4.9}$$

假设通过穷举法,即关于节点 t 中随机选取的任一用来分裂的特征值,依次选取其中所有可能阈值 $s = (s_1, s_2, \cdots, s_m)$ 进行分裂,并设 s 将节点 t 分裂后的两个子集为 t_L 和 t_R,则

$$F(s, t) = \mathrm{SS}(t) - \mathrm{SS}(t_L) - \mathrm{SS}(t_R) \tag{4.10}$$

当 $F(s, t)$ 达到最大时,各子节点的变异性最小,即该决策树也就越优。同时,使 $F(s, t)$ 最大时的 s 值为最优阈值,即该节点中关于随机选取的任一特征值的最优判定条件。

(3)特征值权重。每个决策树使用来自训练集的子集进行训练时,约有 1/3 的数据没有参与决策树的生成。这部分数据称为袋外数据,记为 OOB。OOB 用于对决策树的性能进行评估,计算模型的预测错误率,同时也用来计算各个特征值在预测中所占的权重。对于任意一个回归模型,使用相应的 OOB 进行预测,得到 OOB 的均方误差 $\{\mathrm{MSE}_1, \mathrm{MSE}_2, \cdots, \mathrm{MSE}_b\}$ 及标准误差 (S_E),b 为 OOB 的个数。

随后采用 permutation 随机置换,使任一变量 X_i 在 OBB 中进行调整,随后再利用已经建好的模型对新产生的 OBB 进行预测,计算出调整后的 OBB 均方误差,如以下矩阵:

$$\begin{bmatrix} \mathrm{MSE}_{11} & \mathrm{MSE}_{12} & \cdots & \mathrm{MSE}_{1b} \\ \mathrm{MSE}_{21} & \mathrm{MSE}_{22} & \cdots & \mathrm{MSE}_{2b} \\ \mathrm{MSE}_{31} & \mathrm{MSE}_{32} & \cdots & \mathrm{MSE}_{3b} \\ \mathrm{MSE}_{41} & \mathrm{MSE}_{42} & \cdots & \mathrm{MSE}_{4b} \\ \mathrm{MSE}_{51} & \mathrm{MSE}_{52} & \cdots & \mathrm{MSE}_{5b} \\ \vdots & \vdots & & \vdots \\ \mathrm{MSE}_{p1} & \mathrm{MSE}_{p2} & \cdots & \mathrm{MSE}_{pb} \end{bmatrix} \tag{4.11}$$

将 $\{\mathrm{MSE}_1, \mathrm{MSE}_2, \cdots, \mathrm{MSE}_b\}$ 与矩阵中第 i 行向量相减，平均后除以标准误差 S_E，来获取变量 X_i 的权重，即

$$\mathrm{socre}_i = \left[\sum_{j=1}^{b} \left(\mathrm{MSE}_j - \mathrm{MSE}_i \right) / b \right] / S_E, \quad 1 \leqslant i \leqslant p \tag{4.12}$$

（4）模型评价。模型的效果评价采用训练集的 OOB 预测的残差均方以及拟合优度：

$$\mathrm{MSE}_{\mathrm{OOB}} = n^{-1} \sum_{1}^{n} \left(y_i - \hat{y}_i^{\ \mathrm{OOB}} \right)^2 \tag{4.13}$$

$$R_{\mathrm{RF}}^2 = 1 - \frac{\mathrm{MSE}_{\mathrm{OOB}}}{\hat{\sigma}_y^2} \tag{4.14}$$

式中，n 为 OOB 的个数；y_i 为 OBB 中因变量的实际值；$\hat{y}_i^{\mathrm{OOB}}$ 为随机森林对 OBB 的预测值；$\hat{\sigma}_y^2$ 为随机森林对 OBB 预测值的方差。

根据实验结果可以得出，基于随机森林的税务热线服务质量预测模型属于非线性模型，该类模型对于复杂的非线性情况具有更好的拟合度。其次基于随机森林的税务热线服务质量预测模型的前提假设是特征值之间存在普遍规律。也正因为如此，该模型往往需要更大的数据集或者更多的特征值来保证服务质量预测值的准确性，同时也要避免过拟合的情况发生。

4.3.6　基于社区发现的 Web 服务 QoS 预测

Girvan 和 Newman 于 2004 年提出社区这一概念[49]，其认为社区是一个子图，反映了网络中个体行为的局部性特征以及其相互之间的关联关系。用户所处社区在一定程度上能够反映其行为偏好，因此，在一个以用户为节点的社区网络中，相邻节点之间存在着相关性，可以根据这个特点推断出相似用户的行为。而社区发现是将一个社区网络划分为若干个子社区，寻找社区中与目标用户相近的用户集合，主要有图分割、图聚类、节点表达和广义社区发现算法等。谱聚类是图聚类中的代表方法，其主要思想是将一个无向有权网络图划分成若干最优子图，使得

子图内部尽量相似，而子图之间距离较远，以达到聚类目的。谱聚类用特征向量来表示初始数据，并在使用拉普拉斯矩阵降低维度之后，进一步利用 K-means 聚类方法，与直接使用 K-means 聚类方法相比，大大降低了计算复杂度，也缓解了局部最优收敛问题。

由于相同社区网络中的用户更容易对同一个 Web 服务做出相似的 QoS 评价，且具有相同物理位置的 Web 服务也更可能得到相似的 QoS 值。因此，研究人员提出一种基于社区发现的 Web 服务 QoS 预测方法。利用社区发现算法中的谱聚类，将相似用户聚类到同一个子社区中，利用服务位置信息对 Web 服务进行聚类，通过前后两次聚类将数据集从稀疏矩阵压缩成密集矩阵，根据混合协同过滤方法预测未知 QoS 值[50]。

研究人员提出的基于社区发现的 Web 服务质量预测框架如图 4.8 所示，主要包含三个主要模块：基于社区发现的用户聚类、基于位置信息的服务聚类和未知 QoS 值预测。该方法使用社区发现算法中的谱聚类对相似用户进行聚类，利用 Web 服务的地理位置信息聚类，再次压缩原本稀疏的用户-服务矩阵，并采用混合协同过滤方法，根据两次聚类后产生的信息对目标 Web 服务的未知 QoS 值进行预测，将预测结果反馈给请求用户。

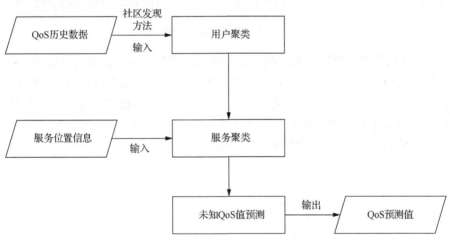

图 4.8　基于社区发现的 Web 服务质量预测框架

将社区发现方法引入 QoS 预测过程中，一方面能够缓解传统协同过滤方法引起的数据稀疏问题，另一方面也能应对新用户带来的冷启动问题。基于社区发现的用户聚类可以分为以下三个步骤：

（1）用户-服务二部图的构造为了更清晰地描述用户聚类的方法，假设原始数据集用 8×16 的矩阵表示，其记录了 8 位用户对 16 个 Web 服务的调用信息。该矩阵是一个稀疏的用户-服务矩阵，因为在没有调用记录的地方，QoS 的取值用 0 代替。首先对这个矩阵进行初始化处理，通过构造用户-服务二部图更直观地得到每一个用户对服务的调用情况。如图 4.9 所示,图中上面的节点代表用户,下面的节点代表 Web 服务,中间的连线代表用户在调用 Web 服务之后得到的 QoS 值。需要注意的是,在进行用户聚类时,根据用户之间同时调用同一 Web 服务次数来寻找相似用户,而并不关心用户对 Web 服务给出的 QoS 值是多少,因此在构造用户-服务二部图时没有将历史 QoS 值作为考虑因素。

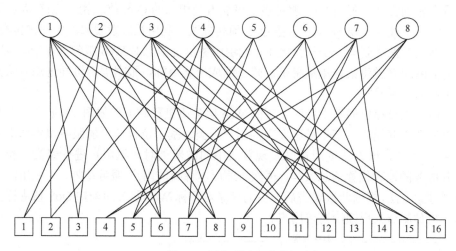

图 4.9   用户-服务二部图

（2）无向有权社区网络图的构造这一步的主要任务是将之前构造的用户-服务二部图转化成一个关于用户的无向有权社区网络图 G,结果如图 4.10 所示,用 $G=(V, E, N)$ 表示该无向有权社区网络图,该图展现了当前整个用户社区的情况。其中,V 表示用户集合,即每一个用户都是一个节点,E 表示边集合,N 表示边的权重,即相邻用户调用相同 Web 服务的总次数。

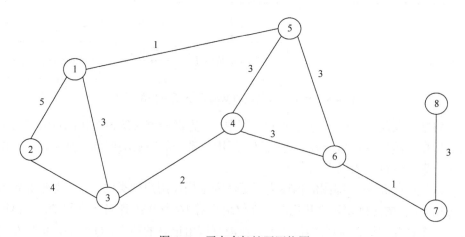

图 4.10   无向有权社区网络图

（3）结合谱聚类和 K-means 聚类方法对相似用户的聚类谱聚类是一种基于图论的社区发现算法，其利用样本数据的拉普拉斯矩阵进行特征分解，得到相应的特征值和特征向量，再使用特征向量进行聚类，以此达到将无向有权图划分成 2 个或 2 个以上最优子图的目的。谱聚类的最优目标函数有两种：一种是单纯的最小割，如 min cut 和 ratio cut；另一种是考虑分割规模的最小割，如 normalized cut。该方法希望得到若干个相似用户集合的规模相当，即聚类之后产生的社区子图相差不多，因此，选择 normalized cut 作为最优化方法。

基于服务位置信息的二次聚类假设在进行基于社区发现的用户聚类之前，原始数据中有 N 个用户和 M 个 Web 服务，那么在聚类之后，原本规模为 $N \times M$ 的样本矩阵变成 $K \times M$ 的矩阵（这里 K 远小于 N），即 Web 服务数量不变，N 个用户变成 K 个用户集合。因为在同一子社区中的用户有着共同的兴趣爱好，这些用户能够从相同 Web 服务处观察到相似的 QoS 值，所以在聚类之后可以使用式（4.15）将独立用户的 QoS 值转换成用户集合的 QoS 值，

$$Q_{U_k, j} = \sum_{i \in U_k} q_{i,j} / n \qquad (4.15)$$

式中，$Q_{U_k, j}$ 表示用户集合 U_k 对 Web 服务 j 的 QoS 观察值，k 的取值为 $1 \sim K$ 的整数；$q_{i,j}$ 表示用户集合 U_k 中的用户 i 对 Web 服务 j 的 QoS 观察值；n 是用户集合 U_k 的用户数量。在转换之后，这个 $K \times M$ 矩阵作为再次聚类的初始矩阵。虽然用户聚类能够为目标用户识别与其拥有相似兴趣爱好的邻居，并可以通过邻居提供的有效信息进行目标 Web 的 QoS 预测，但却忽略了使预测结果更加准确的相似服务有效信息。

在用户聚类的基础之上，研究人员提出基于服务位置信息的二次聚类，其使用 K-means 聚类方法来识别一组在地理位置上类似的 Web 服务，具体细节如下。对于一个 Web 服务 j，其所在的服务集合 S_g 可以表示为

$$S_g = \left\{ j \mid j \in \text{LOC}_g \right\} \qquad (4.16)$$

式中，S_g 表示地理位置处于 LOC_g 的 Web 服务集合。根据数据样本的信息类型和研究性质差异，地理位置的划分范围可大可小，比如国家、省、市等。将国家作为表示 Web 服务地理位置的级别进行研究，并假设同一国家的 Web 服务拥有相同的地理位置。

在第 2 次聚类时，M 个 Web 服务被划分到 Q 个用户集合中，$K \times M$ 的矩阵被压缩成 $K \times Q$ 的矩阵（这里 Q 远小于 M）。通过用户集合的 QoS 值计算获得 Web 服务集合的 QoS 值，公式如下：

$$Q_{U_k, S_g} = \sum_{j \in S_g} Q_{U_k, j} / m \qquad (4.17)$$

式中，Q_{U_k,S_g} 表示用户集合 U_k 对 Web 服务集合的 QoS 观察值，g 的取值为 $1\sim Q$ 的整数；$j\in S_g$ 表示 Web 服务 j 被聚类到集合 S_g 中；m 是集合 S_g 的服务数量。

对于实际生活中复杂的需求，没有一种简单的推荐方法能解决所有问题，因此，需要根据不同的需求组合多种推荐方法，共同完成实际的推荐需求。混合协同过滤方法就是运用这种思想，结合了基于用户的协同过滤和基于项目的协同过滤各自的优点。假设有调用 $P(i,j)$，表示用户 i 对 Web 服务 j 的一次调用。为了获得服务 j 的 QoS 值，首先在 $N\times M$ 的用户-项目矩阵中查找，如果矩阵中 $q_{i,j}$ 有具体值则直接获取；如果没有，则分别使用社区发现方法和 Web 服务位置信息进行二次聚类，调用 $P(i,j)$ 转换成 $P(U_k,S_g)$，说明用户 i 被聚类到 U_k 用户集合中，Web服务 j 被聚类到服务集合 S_g 中。然后继续在 $K\times Q$ 的矩阵中查找，如果有相应的QoS 值就取出来；如果没有，则使用混合协同过滤方法进行未知 QoS 值的预测。图 4.11 为混合协同过滤方法预测 Web 服务 QoS 值的流程，其首先利用聚类信息分别进行基于用户的 QoS 预测和基于 Web 服务的 QoS 预测，然后通过调节参数的方式整合这两种预测方法，得到最终的 QoS 预测值。

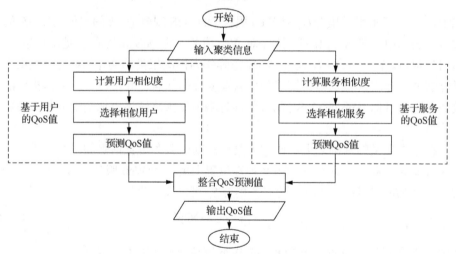

图 4.11　混合协同过滤方法预测 QoS 值的流程

基于用户的 QoS 预测方法根据 QoS 历史数据为目标用户找到相似用户集合，该集合中的用户与目标用户对于同一个 Web 服务拥有相同或相似的 QoS 体验，然后利用这些用户观察到的 QoS 值为目标用户预测目标 Web 服务的未知 QoS 值，具体过程：①找到调用过 S_g 的所有用户集合，它们是 U_k 候选的相似用户集合；②使用皮尔逊相关系数计算 U_k 和这些候选相似用户集合之间的相似度；③比较相似度与阈值的大小关系，假定设置的阈值为 θ，那么只有与 U_k 的相似度大于 θ 的用户集合被认定是真正的相似用户集合；④根据这些挑选出的相似用户集合的

QoS 历史数据去预测 S_g 的 QoS 值，也就是服务 j 的 QoS 值，最后输出预测值。

基于服务的 QoS 预测方法根据 QoS 历史数据为目标服务找到相似服务集合，该集合中的 Web 服务与目标 Web 服务拥有相同或相似的 QoS 值，然后利用相似服务的 QoS 值为目标用户预测未知 QoS 值，相应过程：①找到与 S_g 被同一用户调用过的所有 Web 服务集合，它们是 S_g 候选的相似服务集合；②使用皮尔逊相关系数计算 S_g 和这些候选相似服务集合之间的相似度；③比较相似度与阈值的大小关系，设置的阈值为 β，那么只有与 S_g 的相似度大于 β 的服务集合被认定为是真正的相似服务集合；④根据这些筛选出的相似服务集合的 QoS 历史数据去预测 S_g 的 QoS 值。

将以上两种预测结果相结合，得到最终的 QoS 预测值。

根据实验结果可以得出该方法通过社区发现算法中的谱聚类对相似用户聚类，利用 Web 服务的地理位置信息进行二次聚类，并使用混合协同过滤方法预测未知的 QoS 值。该方法相比其他基于协同过滤的 QoS 预测方法，在预测准确度和时间复杂度上有着更好的性能。在未来的研究中，读者可以将时间信息加入到该方法的预测过程中来提高预测准确度。另外，也可以尝试将大数据技术加入到混合协同过滤方法中进行改进，以更好地满足用户在海量 Web 服务中的选择需求。

4.3.7　基于覆盖随机游走算法对用户信任值的 QoS 预测

在对服务评价过程中，可能会出现一些用户对一些服务进行恶意的评价，即可能对不好的服务给出很高的评分或对好的服务给出很低的评分，进一步降低了预测精度。基于信任的预测方法可以一定程度上缓解恶意评价问题，提高预测精度。然而当数据十分稀疏时，该类方法的预测性能则有待进一步提高。为说明该方法的研究动机，图 4.12 给出一个 Web 服务应用场景，其中 $s_1, s_2, \cdots, s_8$ 代表 Web 服务，每个用户的箭头指向其信任用户，服务图标下方的数字表示用户对服务的评分。假设推荐系统希望预测用户 u_1 对目标服务 s_6 的 QoS 值，当数据十分稀疏时，系统发现用户 u_1 的信任用户中没有用户评价过目标服务 s_6，这将导致预测失败。而实际上用户 u_1 信任用户的信任用户有对服务 s_6 做过评价。如何在 Web 服务 QoS 信息十分稀疏的情况下同时考虑用户信任关系，从而提高 QoS 预测精度是该方法的研究目的。为此，研究人员提出了覆盖随机游走算法（covering random walk algorithm，CRWA）[51]。

CRMA 主要内容：①将覆盖算法应用到 Web 服务 QoS 预测中，利用该算法计算用户信任度和服务关联度。与经典的聚类算法相比，改进的用于聚类的覆盖算法不需要预先指定类的数量和初始质心，从而保证了预测的稳定性。②在聚类结果的基础上，选取每个用户的 top-k 个信任用户，构建用户信任网，进而结合随机游走提出了 CRWA。该算法不仅考虑了用户之间的信任关系，对数据高度稀疏的应用场景同样具有很高的预测精度。

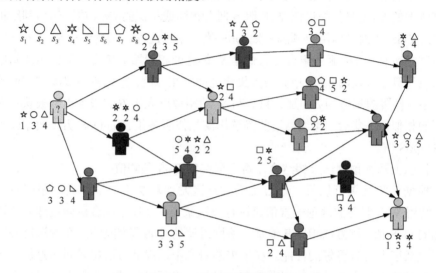

图 4.12　Web 服务应用场景

CRWA 模型总体框架描述如图 4.13 所示。CRWA 主要包括以下几个功能模块。

（1）用户信任网的构建。根据每个服务的 QoS 历史数据使用覆盖算法对用户进行聚类，求出每个用户与其他用户覆盖在同一个类的次数，对该次数从大到小进行排序，接着使用 top-k 机制选取前 k 个用户为信任用户，连接每个用户与其 k 个信任用户建立用户信任网。

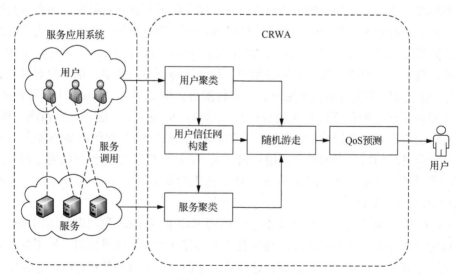

图 4.13　CRWA 模型

将每个用户与其地理位置最近的 k 个用户连接构建用户网，通过用户的经度和纬度计算距离。尽管两个用户在物理距离接近，但他们的网络距离可能很远，从而会影响预测精度，且该方法没有考虑用户信任的问题。所以需要考虑将每个用户和他们最信任的 k 个用户连接起来构建用户信任网，这些用户将会对预测精度提供有意义的信息。如何确定用户之间的信任值是关键问题，所以研究人员提出使用改进的覆盖算法计算用户间的信任值。传统的覆盖算法是由张铃教授和张钹院士等根据神经网络的几何意义提出的[52]，利用 M-P（McCulloch-Pitts）神经元模型，得出了一个领域覆盖的规则，具有识别率高、计算速度快等优点。

然而传统的覆盖算法解决的是分类问题，分类算法属于有监督学习，必须事先明确知道各个类别的信息。在多数情况下该条件无法得到满足，尤其是在处理海量数据的时候，如果通过预处理使得数据满足分类算法的要求，则代价非常大。该方法在构建用户信任网时，计算用户间的信任值是最关键的问题，分类算法无法满足该方法的研究需要，但聚类方法可以很好地解决。因此，本方法改进了传统的覆盖随机游走算法。改进的覆盖随机游走算法与经典的聚类算法相比，不需要预先指定类的数量和初始质心，保证了预测的稳定性。根据传统覆盖算法的分析，我们改进了该算法，可以得出使用覆盖随机游走算法进行聚类，该算法将数据点 $D=\{d_1,d_2,\cdots,d_g\}$ 划分成多个覆盖，其中 $g<m$，m 表示样本点的个数。在对这种迭代算法的描述中，每次迭代时新产生的覆盖被称为当前覆盖，当前覆盖的覆盖中心用 C_{cr} 表示，覆盖半径用 r_{cr} 表示，D_{uc}（$D_{uc}\in D$）表示未被覆盖的样本点集合。算法的主要步骤如下：

步骤 1　求出 D_{uc} 的重心 $CD=(\overline{x}_1,\overline{x}_2,\cdots,\overline{x}_p)$，其中 $\overline{x}_p=\dfrac{\sum\limits_{i=1}^{g}x_{i,p}}{g}$，$x_{i,p}$ 表示集合 d_i 的第 p 维坐标。

步骤 2　确定 D_{uc} 中离重心 CD 最近的样本点 C_{cr}（$cr=1$），并将其作为第一个覆盖 C_1 的中心：

$$\min\sqrt{\sum_{j=1}^{p}\left(x_{i,j}-x_{D,j}\right)^2}, \quad \forall d_i\in D_{uc} \tag{4.18}$$

式中，$x_{D,j}$ 表示 CD 的第 j 维坐标。

步骤 3　计算 D_{uc} 中所有样本点到 C_{cr} 的平均距离 r_{cr}，并把 r_{cr} 作为当前覆盖的半径：

$$r_{cr}=\dfrac{\sum\limits_{d\in D_{uc}}\sqrt{\sum\limits_{j=1}^{p}\left(x_{d,j}-x_{c,j}\right)^2}}{\left|D_{uc}\right|} \tag{4.19}$$

步骤 4 计算出 D_{uc} 中离当前覆盖中心 C_{cr} 最远的样本点作为下一次覆盖的中心 C_{cr}：

$$\max \sqrt{\sum_{j=1}^{p}\left(x_{i,j}-x_{c,j}\right)^2}, \quad \forall d_i \in D_{uc} \qquad (4.20)$$

从 D_{uc} 中删除当前覆盖内所有的样本点。

步骤 5 重复步骤 3 和步骤 4，直到 D_{uc} 为空为止。

对于调用同一个服务的不同用户，如果他们对服务的 QoS 值越相近，当使用覆盖算法聚类时，他们被分在同一个覆盖中的可能性越大。也就是说，根据每个服务的历史 QoS 值使用覆盖算法对用户进行聚类，在同一个覆盖内用户间的相似度大于不同覆盖的用户间的相似度。因此我们对每个服务的不同用户进行聚类，求出每个用户与其他用户覆盖在同一个类的次数，并对该次数排序。如果两个用户被聚类到同一覆盖中的次数越多，说明这两个用户之间的信任度越高，用户 u 和用户 v 聚类在同一覆盖的次数记为 $t_{u,v}$。选取与每个用户覆盖次数的 top-k 个用户为该用户的信任用户，通过连接每个用户与其信任用户构建用户信任网。用户信任网可以被定义为 $G' = \langle U, TU \rangle$，其中 $TU = \left\{(u,v) \mid u \in U, v \in NU_u\right\}$。

（2）随机游走。根据每个用户的历史 QoS 值使用覆盖算法对服务进行聚类。基于用户与用户、服务与服务的聚类次数，在用户信任网进行随机游走。该算法不仅考虑了目标服务的 QoS 值，同时也考虑了相似服务的 QoS 值。一次随机游走返回用户 u 对目标服务 i 的一个 QoS 预测值。

假设从原用户 u_0 开始随机游走，在随机游走的第 k 步，到达某一用户 u，如果用户 u 已经对目标服务 i 做过评价，则停止随机游走并返回 $r_{u,i}$ 作为本次随机游走的结果。如果用户 u 未对目标服务 i 做过评价，则有两种选择：①按照概率 $\phi_{u,i,k}$（随机游走第 k 步到达用户 u 并停止的概率）k 停止随机游走，随机选择用户 u 评价过的与目标服务 i 相似的服务 j，并返回 $r_{u,j}$ 作为本次随机游走的结果；②以概率 $1-\phi_{u,i,k}$ 继续随机游走到用户 u 的某一信任用户 v 随机游走第 k 步到达用户 u 并停止的概率。如果决定在用户 u 继续进行随机游走，则不得不选择该用户的某一信任用户并走向他。

对于随机游走的每一步，有如下三种停止条件：①到达某一用户，该用户对目标服务已评价，则返回该用户对目标服务的 QoS 值作为本次随机游走的结果；②到达用户 u 并决定在该用户停止，选择该用户已评价的某一服务，返回用户 u 对该服务的 QoS 值作为本次随机游走的结果；③一次随机游走可能一直走下去。为了防止这种情况，需要限制随机游走的深度。根据社交网络中"六度分离"的思想，可以设置最大深度为 6。

（3）QoS 预测。进行多次随机游走，将多次随机游走返回的所有评分汇总，预

测用户 u 对目标服务 i 的 QoS 值 $\hat{r}_{u,i}$。在用户信任网进行随机游走搜索，并且在服务选择部分考虑相似服务的 QoS 值以避免在信任网中过度深入。我们的方法优先选择信任用户与原用户更相似来提高准确率。为了预测原用户 u_1 对目标服务 i 的 QoS 值，首先咨询用户 u_1 的信任用户的 QoS 信息，如果该信任用户对目标服务 i 做过评价，则该 QoS 值将作为用户 u_1 对目标服务 i 的一个 QoS 预测。否则，选择该信任用户已评价的与目标服务相似的服务的 QoS 值作为对服务 i 的 QoS 预测，或继续咨询该信任用户的信任用户。每次随机游走返回一个评分，进行多次随机游走，将不同随机游走返回的所有评分汇总视为预测评分 $\hat{r}_{u,i}$。

　　根据实验可以表明该方法的 QoS 预测精度与以往方法相比有显著提高，不仅能解决用户信任问题，同时也解决了数据稀疏性高的服务质量预测问题。在未来的研究工作中，可以考虑 Web 服务的动态特征，研究基于 Storm 大数据平台的服务质量实时预测方法，并开发相应的原型系统。

4.4　本章小结

　　QoS 的 Web 服务发现和选择得到了学术界和工业界的广泛关注。通过对本章的学习，读者可以对服务质量和质量预测有一个详细全面的了解。随着面向服务架构框架的发展，对于没有经验的服务使用者来说，选择合适优质的服务是一种挑战。为此服务框架需要为用户提供建议选择。因此基于 QoS 对 Web 服务的预测和算法研究变得越发重要。通过 Web 服务的相关技术建立服务运行调度框架，依靠对 QoS 的处理形成一套预测和推荐的机制，使得服务系统能够完整和高效运行。我们在本章中指出了 QoS 预测的常用方法并举出实例易于读者理解，列举了 QoS 预测在实际中的应用，方便读者在未来工作中对 QoS 预测进一步研究。

第 5 章

服务选择和服务推荐

近年来，服务选择和服务推荐越来越成为各大主流互联网应用平台实现的热门项目，尤其是在大数据分析与提取快速发展的今天，海量的数据分析资源，为服务选择和服务推荐提供了分析的支持和动力，同时伴随计算机性能的提升，海量的数据挖掘也成为可能。服务选择和服务推荐就是在这样的背景下发展起来的，本章主要介绍基于深度学习的服务选择和服务推荐系统，以及基于深度学习的服务选择和服务推荐系统的意义。

深度学习是机器学习领域一个重要的研究方向，其应用近年来在图像处理、自然语言理解、语音识别和在线广告等领域取得了突破性进展。将深度学习融入推荐系统中，研究如何整合海量的多源异构数据，构建更加贴合用户偏好需求的用户模型，以提高推荐系统的性能和用户满意度，成为基于深度学习的服务推荐的主要任务。本章将呈现和分析近些年来在深度学习领域中有着显著性能表现的几种成熟的服务选择和服务推荐方法，特别是在神经网络模型的应用中，选择和推荐都是能够体现深度学习能力的一个重要的方向；分析其与传统推荐系统的区别以及优势，并对其主要研究方向、应用进展等进行概括、比较和分析；最后，对基于深度学习的服务推荐的常用方法进行介绍和分析，探究服务选择和服务推荐的意义。

■5.1 什么是服务选择和服务推荐

近年来，大量的分布式系统部署环境不断向云环境迁移，越来越多的服务开始以云服务的形式展现，服务的用户也呈现出几何量级式快速增长，并且这种趋势仍在加剧。然而，随着大量云服务的出现，诸如服务提供者的虚假恶意行为、服务使用高峰时所出现的网络瓶颈以及云环境的动态性等都会造成信息质量发生动态变化，甚至对用户变得不可知。因此，当前摆在服务应用面前的最大挑战已经转变为如何最大化地利用服务资源并且充分保证用户的满意度，对服务质量进行预测并推荐适当的服务成为解决问题的关键[53]。因此，服务选择和服务推荐方法在解决以上问题方面正发挥着越来越重要的作用。同时这也已经成为学术界和工业界的关注热点并得到了广泛应用，形成了众多相关研究成果。

最经典的协同过滤方法（collaborative filtering）是服务推荐的一种信息推荐方法，在学习用户偏好以及预测用户兴趣等方面得到广泛应用，并且取得了非常好的应用效果。在数据挖掘和数据分析的基础上，基于协同过滤的服务选择算法计算用户之间的相似性，从而进行过滤推荐，有效地对新用户进行服务选择和服务推荐。这样的服务选择算法使得新用户在开始使用互联网时，可以寻找合适的服务资源，以获取用户的偏好设置为前提，对用户的行为进行进一步的分析，并以长短期的依赖作为分析的前提和条件，对于用户可调用服务的选择先进行预测和推荐。

通俗地来说，服务选择和服务推荐就是依托大数据和计算机技术发展的应用产物。服务选择和服务推荐在分析相应的数据之后，为用户推荐和选择最优服务，以达到推荐系统应用的目的。

■ 5.2　服务选择的常用方法

5.2.1　常用方法的深度学习预备知识

本节将重点介绍与深度学习相关的服务选择方法，目前深度学习在图像处理、自然语言理解和语音识别等领域取得了突破性进展，已经成为人工智能研究领域的一个热潮，为服务选择和服务推荐系统的研究带来了新的机遇。一方面，深度学习可通过学习一种深层次非线性网络结构，表征用户和项目相关的海量数据，具有强大的从样本中学习数据集本质特征的能力，能够获取用户和项目的深层次特征表示。另一方面，深度学习通过从多源异构数据中进行自动特征学习，从而将不同数据映射到一个相同的隐空间，能够获得数据的统一表征，在此基础上融合传统推荐方法进行推荐，能够有效利用多源异构数据，缓解传统推荐系统中的数据稀疏和冷启动问题[54]。基于深度学习的推荐系统研究受到学术界和工业界越来越多的关注，美国计算机协会（Association for Computing Machinery，ACM）推荐系统年会在 2016 年专门召开了第一届基于深度学习的推荐系统研究专题研讨会（DLRS'16），研讨会指出推荐系统是深度学习应用的下一个重要方向，DLSR'17 也已经在意大利的科莫举行。计算机领域的数据挖掘和机器学习顶级会议［如国际知识发现与数据挖掘大会（ACM Special Interest Group Conference on

Knowledge Discovery and Data Mining，SIGKDD）、神经信息处理系统大会
（Conference and Workshop on Neural Information Processing Systems，NIPS）、信息
检索特别兴趣组（Special Interest Group on Information Retrieval，SIGIR）、国际万
维网大会（The International Conference of World Wide Web，WWW）、美国人工智
能协会（The Association for the Advance of Artificial Intelligence，AAAI）等]论文
中，基于深度学习的推荐系统研究的文章逐年增加。国内外许多大学和研究机构
也对基于深度学习的推荐系统开展了广泛研究。基于深度学习的服务计算研究目
前已经成为服务计算领域的研究热点之一。

1. 深度学习的基本数学知识

要理解深度学习框架下的服务选择和服务推荐，首先需要了解基于深度学习
的神经网络的相关知识，同时也需要对神经网络中用到的数学知识有进一步的理
解，才能更深入了解神经网络方法。

（1）线性代数。学习深度学习，需要透彻理解线性代数的知识。这是因为深
度学习的根本思想就是把任何事物转化成高维空间的向量。强大无比的神经网
络，简单来说就是无数的矩阵运算和简单的非线性变换的结合。把图像、声音
这类的原始数据层层转化为数学上说的向量，不同类型（通常称为非结构化数
据）的数据最终成为数学上不可区分的高维空间的向量，即所谓的归一化的处理。
线性代数就是这一类高维空间运算的默认操作模式，可谓是神经网络中最优秀的
语言。

需要掌握的线性代数的核心是线性组合和线性空间的各类概念、矩阵的各种
基本运算、矩阵的正定和特征值等。

使用向量［如式（5.1）］和矩阵［如式（5.2）］是完成深度学习计算的基本要
求，如向量的加法、向量的内积、矩阵和向量的加法、矩阵的乘法等，这里就不
再一一列举这些方法的公式。

$$a = \begin{bmatrix} a_1 \\ a_2 \\ \vdots \\ a_n \end{bmatrix} \tag{5.1}$$

$$\begin{bmatrix} a_{11} & a_{12} & \cdots & a_{1n} \\ a_{21} & a_{22} & \cdots & a_{2n} \\ \vdots & \vdots & & \vdots \\ a_{m1} & a_{m2} & \cdots & a_{mn} \end{bmatrix} \tag{5.2}$$

（2）概率论。概率论是机器学习和深度学习的核心，因为它们所做的事情均是预测未知。预测未知就一定要对付不确定性，人类对不确定性的描述都包含在了概率论里面。

要理解和运用概率方法，首先要了解频率主义和贝叶斯主义，然后了解概率空间这一描述不确定事件的工具，并在此基础上，熟练掌握各类分布函数对于不确定性的不同描述。我们最常用的分布函数是高斯分布函数，但是高斯分布函数是数学里的理想状态，而对于真实世界的数据，指数分布和幂函数分布也很重要，不同的分布对机器学习和深度学习的过程会有重要的影响，比如它们影响我们对目标函数和正则方法的设定。懂得了这些操作，会对理解机器学习和深度学习的原理大有裨益。

与概率论非常相关的领域——信息论也是深度学习的必要模块，理解信息论里关于熵、条件熵和交叉熵的理论，有助于我们了解机器学习和深度学习的目标函数的设计，比如交叉熵为什么会是各类分类问题的基础，以及在深度学习误差处理的阶段各种熵所起到的效果。

在概率论中，用到最多的目标函数就是如何估计样本分布函数，最直接的办法便是极大似然估计。假设有一批样本，一个分布函数 $p_\theta(x)$，然后只要用足够的样本去估计参数 θ，那么分布便出来了。

这里简单介绍一下极大似然估计的基本原理：一个随机试验如有若干个可能的结果 $x, y, z, \cdots$，假设在一次试验中，结果 x 出现了，那么可以认为试验条件对 x 的出现有利，即 x 出现的概率 $p(x)$ 较大。一般说来，事件 x 发生的概率与某一未知参数 θ 有关，θ 取值不同，则事件 x 发生的概率 $p(x|\theta)$ 也不同，当我们在一次试验中事件 x 发生了，则认为此时的 θ' 值应是 θ 的一切可能取值中使 $p(x|\theta)$ 达到最大的那一个，极大似然估计法就是要选取这样的 θ' 值作为参数 θ 的估计值，使所选取的样本在被选的总体中出现的可能性为最大。我们最终只要估计得到出现概率最大的 θ，然后便得到了一个最可能出现的分布。那么根据贝叶斯公式：

$$p(\theta|x) = \frac{p(x|\theta)p(\theta)}{p(x)} \tag{5.3}$$

事件 x 发生的概率最终转换为最大化所观测到的联合概率，就相当于求解似然函数的最大值，该形式与交叉熵一致，这便是估计分类模型分布时为何使用交叉熵作为损失函数的原因。

（3）微积分。微积分和相关的优化理论算法是深度学习第三个重要的模块。线性代数和概率论可以称得上是深度学习的语言，那微积分和相关的优化理论就是工具了。在深度学习中，用层层迭代的深度网络对非结构数据进行抽象表征，这不是凭空出现的，这是优化出来的，用比较通俗的话说就是调参。整个调参的基础都在于优化理论，而这又是以多元微积分理论为基础的。

2. 深度学习与神经网络的发展

在深度学习的分支中，神经网络无疑是最耀眼的明星之一，在任何的应用中，都可以看到它的身影。近年来，深度学习（deep learning）算法渐渐成为人工智能热点研究领域。因此，如何改进深度学习算法、优化现有算法的性能是众多学者一直致力于解决的问题。其中，激活函数可以将非线性因素引入深度神经网络中，以此模拟非线性函数，使得神经网络可以任意逼近任何非线性函数，这样神经网络就可以应用到众多的非线性模型中，大大提高了模型的泛化能力。因此，学习深度学习不只是要学习深度学习神经网络的框架，更是要学习神经网络的具体更新流程。下面将介绍深度学习与神经网络的发展经历，让读者能更好地从发展的角度去看待神经网络与深度学习的作用和意义。

在深度学习的发展过程中，与之相关的就是早期的浅层学习（shallow learning）。浅层学习是机器学习的第一次浪潮：20世纪80年代末期，用于人工神经网络的反向传播（back propagation，BP）算法的发明，给机器学习带来了希望，掀起了基于统计模型的机器学习热潮，这个热潮一直持续到今天。人们发现，利用BP算法可以让一个人工神经网络模型从大量训练样本中学习统计规律，从而对未知事件做预测。这种基于统计的机器学习方法比过去基于人工规则的系统，在很多方面显出优越性。这个时候的人工神经网络，虽也被称作多层感知机（multi-layer perceptron，MLP），但实际是一种只含有一层隐藏层节点的浅层模型。

20世纪90年代，各种各样的浅层机器学习模型相继被提出，例如支撑向量机（support vector machines，SVM）、Boosting、最大熵方法（如逻辑回归）等。这些模型的结构基本上可以看成带有一层隐藏层节点（如SVM、Boosting），或者没有隐藏层节点（如逻辑回归）。这些模型无论是在理论分析还是应用中都获得了巨大的成功。相比之下，由于理论分析的难度大，训练方法又需要很多经验和技巧，这个时期浅层人工神经网络反而相对沉寂。

深度学习是机器学习的第二次浪潮。2006年，加拿大多伦多大学教授、机器学习领域的泰斗Geoffrey Hinton和他的学生Ruslan Salakhutdinov在 Science 上发表了一篇文章，开启了深度学习在学术界和工业界的浪潮[55]。这篇文章有两个主要观点：①多个隐藏层的人工神经网络具有优异的特征学习能力，学习得到的特征对数据有更本质的刻画，从而有利于可视化或分类；②深度神经网络在训练上的难度，可以通过"逐层初始化"（layer-wise pre-training）来有效克服，在这篇文章中，逐层初始化是通过无监督学习实现的。

当前多数分类、回归等学习方法为浅层结构算法，其局限性在于有限样本和计算单元对复杂函数的表示能力有限，针对复杂分类问题其泛化能力受到一定制约。深度学习可通过学习一种深层非线性网络结构，实现复杂函数逼近，表征输入数据分布式表示,并展现了强大的从少数样本集中学习数据集本质特征的能力,多层的好处是可以用较少的参数表示复杂的函数。

深度学习的实质是通过构建具有很多隐藏层的机器学习模型和海量的训练数据,来学习更有用的特征,从而最终提升分类或预测的准确性。因此,"深度模型"是手段,"特征学习"是目的。区别于传统的浅层学习,深度学习的不同在于:①强调了模型结构的深度,通常有 5 层、6 层,甚至 10 多层的隐藏层节点;②明确突出了特征学习的重要性,也就是说,通过逐层特征变换,将样本在原空间的特征表示变换到一个新特征空间,从而使分类或预测更加容易。与人工规则构造特征的方法相比,利用大数据来学习特征,更能够刻画数据的丰富内在信息。

3. 深度学习与神经网络的关系

深度学习是机器学习研究中一个新的领域,其动机在于建立、模拟人脑进行分析学习的神经网络,它模仿人脑的机制来解释数据,例如图像、声音和文本。

深度学习的概念源于人工神经网络的研究,含多隐藏层的多层感知机就是一种深度学习结构。深度学习通过组合低层特征形成更加抽象的高层表示属性类别或特征,以发现数据的分布式特征表示。

深度学习是机器学习的一个分支,可以简单理解为神经网络的进一步发展。神经网络曾经是机器学习领域特别火热的一个方向,但是后来却慢慢淡出了,原因包括几个方面:比较容易过拟合,参数比较难训练,而且需要不少技巧;训练速度比较慢,在层次比较少(小于等于 3)的情况下效果并不比其他方法更优。中间有大约 20 多年的时间,神经网络很少被关注,这段时间基本上是 SVM 和 Boosting 算法的天下。此后,Hinton 等[55]又提出了深度信念网络(deep belief network,DBN),深度信念网络是基于受限玻尔兹曼机构建的。

受限玻尔兹曼机(restricted Boltzmann machine,RBM)是一种玻尔兹曼机的变体,但限定模型必须为二分图。模型中包含对应输入参数的输入(可见)单元和对应训练结果的隐单元,图中的每条边必须连接一个可见单元和一个隐单元。与此相对,"无限制"玻尔兹曼机(Boltzmann machine,BM)包含隐单元间的边,使之成为递归神经网络。BM 由 Hinton 等[56]在 1985 年发明,1986 年 Smolensky[57]命名了 RBM,但直到 Hinton 及其合作者[55]在 2006 年左右发明快速学习算法后,受限玻兹曼机才变得知名。

1986 年,Rumelhart 等发表文章"Learning Representations by Back-Propagating Errors"[58],重新报道这一方法,BP 算法才受到重视。BP 算法引入了可微分非线性神经元或者 Sigmod 函数神经元,克服了早期神经元的弱点,为多层神经网络的学习训练与实现提供了一种切实可行的解决途径。

1988 年,继 BP 算法之后,Broomhead 和 Lowe 将 RBF 引入到神经网络的设计中，形成了 RBF 神经网络[59]。RBF 神经网络是神经网络真正走向实用化的一个重要标志。

深度学习与传统的神经网络之间有相同的地方，也有很多不同。二者的相同在于深度学习采用了与神经网络相似的分层结构，系统由输入层、隐藏层（多层）、输出层组成多层网络（图 5.1），只有相邻层节点之间有连接，同一层以及跨层节点之间相互无连接，每一层可以看作是一个逻辑回归模型。这种分层结构是比较接近人类大脑的结构的。

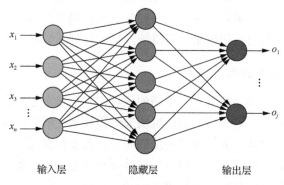

图 5.1　神经网络简化层

为了克服神经网络训练中的问题，深度学习采用了与神经网络不同的训练机制。传统神经网络（这里主要指前向神经网络）中，采用的是 BP 的方式，简单来讲就是采用迭代的算法来训练整个网络，随机设定初值，计算当前网络的输出，然后根据当前输出和标签之间的差去改变前面各层的参数，直到收敛（整体是一个梯度下降法）。而深度学习整体上是一个层级的训练机制。这样做的原因是如果采用 BP 的机制，对于一个深层网络（7 层以上），残差传播到最前面的层已经变得太小，出现所谓的梯度扩散。

4. 深度学习的训练过程

如果对所有的层同时训练，时间复杂度会太高；如果每次训练一层，偏差就会逐层传递。这会面临跟监督学习中相反的问题，会严重欠拟合（因为深度网络的神经元和参数太多了）。2006 年，Hinton 等提出了在非监督数据上建立多层神经网络的一个有效方法[55]，简单地说就是分为两步，一是每次训练一层网络，二是调优，使原始表示 x 向上生成的高级表示 r 和该高级表示 r 向下生成的 x' 尽可能一致。具体步骤是：①逐层构建单层神经元，这样每次都是训练一个单层网络；②当所有层训练完后，使用 wake-sleep 算法进行调优。

将除最顶层的其他层间的权重变为双向的，这样最顶层仍然是一个单层神经网络，而其他层则变为了图模型。向上的权重用于"认知"，向下的权重用于"生成"。然后使用 wake-sleep 算法调整所有的权重。让认知和生成达成一致，也就是保证生成的最顶层表示能够尽可能正确地复原底层的节点。比如顶层的一个节点表示人脸，那么所有人脸的图像应该激活这个节点，并且这个结果向下生成的图像应该能够表现为一个大概的人脸图像。wake-sleep 算法分为醒（wake）和睡（sleep）两个部分。

（1）wake 阶段：认知过程，通过外界的特征和向上的权重（认知权重）产生每一层的抽象表示（节点状态），并且使用梯度下降修改层间的下行权重（生成权重）。

（2）sleep 阶段：生成过程，通过顶层表示（醒时学得的概念）和向下权重，生成底层的状态，同时修改层间向上的权重。

最终的深度学习训练过程是：使用自下上升非监督学习（就是从底层开始，一层一层地往顶层训练）。采用无标定数据（有标定数据也可）分层训练各层参数，这一步可以看作是一个无监督训练过程，是和传统神经网络区别最大的部分（这个过程可以看作是特征学习过程）。具体来说，先用无标定数据训练第一层，训练时先学习第一层的参数（这一层可以看作是得到一个使得输出和输入差别最小的三层神经网络的隐藏层），由于模型 capacity 的限制以及稀疏性约束，使得得到的模型能够学习到数据本身的结构，从而得到比输入更具有表示能力的特征；在学习得到第 $n-1$ 层后，将 $n-1$ 层的输出作为第 n 层的输入，训练第 n 层，由此分别得到各层的参数。

自顶向下的监督学习（就是通过带标签的数据去训练，误差自顶向下传输，对网络进行微调）：基于第一步得到的各层参数进一步调整整个多层模型的参数，这一步是一个有监督训练过程；第一步类似神经网络的随机初始化初值过程，由于深度学习的第一步不是随机初始化，而是通过学习输入数据的结构得到的，因而这个初值更接近全局最优，从而能够取得更好的效果。所以深度学习结果的效果好很大程度上归功于第一步的特征学习过程。

5. 深度学习的优化方式

为了使人们能够更加深入了解激活函数的性能、工作原理以及激活函数存在的不足，研究者调研了现阶段主流的几种激活函数 Sigmoid、Tanh、ReLU、P-ReLU、L-ReLU，并在不同的深度学习算法下测试激活函数的效果[60]。绝大多数深度学习中的目标函数都很复杂，因此很多优化问题并不存在解析解，而需要使用基于数值方法的优化算法，进而可以找到近似解。这类优化算法一般通过不断迭代更新解的数值来找到近似解。其中，最常用到的技术就是梯度下降的反向传播。

提到深度学习的优化算法，就不得不提到训练策略中的批量算法和小批量算法。使用这样策略的原因是，促使从小数目样本中获得梯度的统计估计的动机是训练集的冗余。大量样本可能对梯度做出了非常相似的贡献，以及可能是由于小批量样本在学习过程中加入了噪声，它们会有一些正则化效果。梯度下降沿着整个训练集的梯度方向下降。小批量样本可以使用随机梯度下降很大程度地加速，沿着随机挑选的小批量数据的梯度下降。

优化问题一直是神经网络研究的重要组成部分。神经网络的特殊性导致其优化问题看上去似乎很简单，但实际上非线性函数组合的原因而变得非常复杂。打开神经网络的"黑箱"，其内部结构宛若一个庞大的迷宫。如果能够理解它们并且合理地利用它们，我们将获得非常强大的工具。但现有的非线性优化理论远远不足以解释神经网络训练的实际行为。一些实践看似简单的方法，虽然有很好的效果，但无法借助现有的理论来解释它们的有效性。本节将重点关注前馈神经网络的优化器选择问题。神经网络的优化问题可以分为三个步骤：第一步是确保算法能够运行，并能收敛到一个合理的解；第二步是使算法尽可能快地收敛；第三步是确保算法收敛到例如全局最小这样的更好的解，即收敛性、收敛速度和全局质量。

关于优化器的功能，这就得说到梯度爆炸和梯度消失。梯度爆炸和梯度消失是训练神经网络过程中最普遍的问题，这类问题会导致收敛速度过于缓慢。在梯度的反向传播过程中，输出层的误差将被传回前一层，继而调整权重以减少误差。在一系列传播过程中，梯度有可能在每一层被放大从而爆炸，或者在每一层被缩小从而消失。这两种情况都会导致权重的更新出现问题。那么如何解决梯度爆炸/消失问题呢？对于一维优化问题，可以在"盆地"内部选择一个接近全局最小值的初始点开始迭代更新过程。而对于一般的高维问题，一种类似的解决方法也是在"好盆地"内选择一个初始点，这样可以加快迭代速度。这就与初始点的选择问题紧密相关。

在初始点的选择范围内，有一大片区域会造成梯度爆炸以及消失，这些区域被称为梯度爆炸和消失区域。那么如何确定哪里是梯度爆炸和消失区域，哪里又是好的区域呢？第一种方法是尝试一些简单的初始点，像是全零初始点，或者是只有一小部分非零权重的稀疏初始点，抑或者是从某些随机分布中抽取权重。然而这种尝试并不具有稳健性，因而另外一类具有规则的初始点选择方法得到广泛运用，例如 Bouttou 和 LeCun 提出的具有特定方差的随机初始化法、预训练法、基于此改进的 Xavier 初始化法、Kaiming 初始化法、层序单位方差初始化法、基于 Kaiming 衍化法的带一般非线性激活函数的无限宽网络法、针对不同网络种类的动态等距法以及元初始化法[61]。

第二种解决梯度爆炸/消失的方法是在算法过程中进行规范化。它被认为是前一种方法的扩展，因为除了改进初始点之外，还要改进后续迭代过程的网络。一种代表性的方法是批处理规范化（BatchNorm，BN），其目标是对样本中每一层的输出进行规范化，将规范化过程视作一个非线性变换"BN"，并将 BN 层添加到原始神经网络中。BN 层与激活函数和其他网络层发挥相同的作用。BN 方法被证明在理论上具有显著的优点，例如减少了利普希茨常数、增加了学习率等。其缺点在于，BN 使用小样本的均值和方差来作为样本总体的均值与方差的近似，从而导致训练具有不同统计量的小批量样本时表现不佳。因此研究者提出了另外一些标准化法，如权重标准化、网络层标准化、实例标准化、群标准化、谱标准化以及可换标准化。

第三种解决方法是改变神经结构。

目前有几种方法可以训练非常深的网络（比如说超过 1000 层），并在图像分类任务中取得不错的准确性。除了这三个技巧之外，还有相当多的影响神经网络表现的设计选择，例如数据处理、优化方法、正则化、神经结构和激活函数等。

6. 深度学习的激活函数

S 系激活函数是神经网络中最早提出的一批激活函数，由于它与生物神经元的激活率有相似的表达，因此广泛应用于早期的神经网络中，也是深度学习中最广为人知的几种激活函数之一。它对于想要研究深度学习的激活函数的原理的研究人员起到了很积极的推动作用。S 系激活函数主要有两种类型：Sigmoid 函数和双曲正切函数（Tanh）函数。S 系激活函数是一个增长函数，它在线性和非线性行为之间保持平衡。Sigmoid 函数的取值范围为 0～1，Tanh 函数则关于零点对称，取值范围为-1～1。Sigmoid 和 Tanh 激活函数如下：

$$\text{Sigmoid}(x) = \frac{1}{1 + e^{-x}} \tag{5.4}$$

$$\text{Tanh}(x) = \frac{e^x - e^{-x}}{e^x + e^{-x}} \tag{5.5}$$

式中，x 为输入，是之前网络层的输出。如上面的公式所示，Sigmoid 激活函数存在饱和区域和非原始对称的缺点，当数据处于饱和区域时，反向传播的梯度更新非常缓慢，非原点对称的问题会阻碍和减慢训练。激活函数克服了非原点对称的缺点，但也存在饱和区问题，如 Sigmoid 和 Tanh 的激活函数在反向传播时会出现梯度爆炸或梯度丢失的问题，因为它们的梯度相乘可能很大，也可能很小。

通过导数计算得到 Sigmoid 激活函数导数最大值为 0.25，Tanh 激活函数导数最大值为 1。通过梯度的叠加计算，由于 Sigmoid 的导数小于 1，因此多个小于 1 的导数相乘导致梯度非常小。同理，Tanh 函数虽然要优于 Sigmoid 函数，然而其梯度仍然小于 1，因此存在梯度消失的问题，导致模型难以收敛。

针对上述问题，研究者提出了 ReLU 激活函数，ReLU 是一个分段函数，当输入为负时，输出为 0；否则，输出等于输入。ReLU 的梯度为 1，如式（5.6）所示，不会导致梯度爆炸或梯度消失的问题，但会导致输出总是大于 0，忽略了负的输入。式（5.7）为 ReLU 的导数形式。

$$\mathrm{ReLU}(x)=\begin{cases} x, & x\geqslant 0 \\ 0, & x<0 \end{cases} \tag{5.6}$$

$$\mathrm{ReLU}'(x)=\begin{cases} 1, & x>0 \\ 0, & x\leqslant 0 \end{cases} \tag{5.7}$$

针对 ReLU 激活函数的不足，研究者提出了许多改进的 ReLU 激活函数，如 Leaky ReLU（L-ReLU）、参数 ReLU（P-ReLU）。而 P-ReLU 函数的参数和指数线性单元（exponential linear units，ELU）函数的参数是可变的，因此它们可以更加适应不同的数据集，L-ReLU 的参数是固定的，因此它泛化性略有欠缺。同时，另一种新的激活函数方法——截断线性单元，这种方法可以更好地捕捉到嵌入信号的结构，这些信号通常具有极低的图像内容信噪比，但如果截断值很小，就会导致性能下降。新的组合激活函数可以通过结合基本的激活函数以数据驱动方式，分层组合基本激活函数集成适应不同的输入。近几年几种新的组合的激活函数，如可训练的激活函数和多层结构多层 Maxout 网络，其具有非饱和区的特点并且可以近似任何激活函数，这样可以适应任何输入，并且可以解决梯度爆炸或梯度消失问题，然而需要付出的代价是大量的计算。针对图像处理问题的一种双边 ReLU 激活函数，比传统 ReLU 精度更高，然而在某种程度上却增加了 ReLU 函数梯度爆炸和梯度消失的风险。

在实验阶段，在 MNIST 数据集上测试了部分激活函数的有效性，各个激活函数的平均准确率高达 99.3%。同时，在循环神经网络的实验测试中，不同的激活函数对算法的精度同样有很大的影响。使用 Tanh 激活函数时，对测试集的预测达到 85%的精确度，而在 P-ReLU 激活函数下，达到 93%的预测精度，结合 S 系激活函数存在较大饱和区的特点和最终的预测精度来看，S 系激活函数应用在传统的循环神经网络（recurrent neural network，RNN）中，造成的梯度消失问题严重地制约了算法的精度。同时通过实验对比可得，ReLU 系激活函数的收敛时间可能更长，而其由于没有梯度消失与梯度爆炸的问题，使得算法的精度要优于 S 系激活函数。

不同激活函数对深度学习算法的性能影响很大，选取不同的激活函数，对同一实验可能也会产生比较大的影响，现阶段在激活函数的改进上还没有指导性的理论原则，因此激活函数的优化仍然是改进深度学习的重点领域。针对深度学习现有激活函数的不足，研究者下一步的研究方向是提出一种新的激活函数来优化深度学习算法。

7. 深度学习的训练通用算法

随机梯度下降（stochastic gradient descent，SGD）法：在第 t 次迭代中，随机选择一组小批量样本的梯度进行更新 $\theta_{t+1}=\theta_t-a_t\nabla F_i(\theta_t)$，其中 a_t 表示步长（学习

率），$\nabla F_i(\theta_t)$ 表示梯度方向。在最简单的 SGD 版本中，步长是恒定的，这种随机梯度下降法也被称为 vanilla SGD。在非恒定步长的情况下，学习率也有不同的变换形式。例如，学习率的"预热"在深度学习中被广泛使用，其含义是在多次迭代中先使用非常小的学习率，然后增加到"常规"学习率。另一种变化是循环学习率，基本思想是让步长在下限和上限之间跳跃。

固定学习率与递减学习率的比较与分析一直是 SGD 理论分析的重点。理论分析表明，神经网络优化具有特殊的结构，因此经典优化理论可能不适用于神经网络。梯度下降的收敛加速问题也是理论研究的重点。相关实验证明，SGD 相对于普通梯度下降的收敛速度有所加快，但这种加速效果也取决于许多其他因素。

带动量的 SGD 法如下：在第 t 次迭代中，随机选取小批量样本，并通过以下方式更新动量项和参数：$m_t = \beta m_{t-1} + (1-\beta)\nabla F_i(\theta_t)$，$\theta_{t+1} = \theta_t - am_t$，其中 m_t 表示 t 时刻动量，β 表示梯度加权参数，a 表示动量参数。这种方法在机器学习领域得到了广泛的应用，它们在实际应用中的收敛速度比一般的随机梯度法要快，而且在处理凸问题或二次问题中也具有理论上的优势。带动量的 SGD 法的优异表现仅适用于批处理方法（即每次迭代使用所有样本）。但在实际应用中，这种理论上的优势也难以达成。有两种方法可以得到比 SGD 更快的收敛速度。第一种方法是通过利用诸如方差缩减之类的技巧，更高级的优化方法来实现动量与 SGD 这一组合在收敛速度上的理论提升。但这种方法有些复杂，在实践中并不流行。第二种方法是通过考虑问题的更多结构和更简单的 SGD 变体来实现加速。上述两种方法仅适用于凸问题，因此不能直接适用于非凸的神经网络问题。近些年有许多理论性新方法的设计，使其收敛速度在一般非凸问题上比一般的随机梯度法还要快，但这些方法尚需进一步应用与检验。

8. 深度学习神经网络的全局优化

训练神经网络的通用算法的主要功能可以概括为，用来求解局部最优参数。但由于机器学习的优化问题具有非凸性，这些方法难以保证求得全局最优参数。目前越来越多的研究正在试图解决全局最优问题，例如，算法何时能收敛到全局最小值？是否存在次优局部极小值？优化环境有哪些特性？如何选择一个初始点来保证收敛到全局最小值？这些问题分属于以下的细分领域。

（1）可处理的问题。什么样的问题是可处理的？人们通常认为非凸问题无法处理，但实际上许多非凸优化问题可以被重新表示为凸问题，因此可处理与不可处理问题的界限并不清晰，可以猜想一些神经网络问题属于"易处理的"问题。

（2）全局优化。旨在设计和分析算法，找到全局最优解。

（3）非凸矩阵/张量分解。这是与神经网络全局优化最相关的子领域，尝试解释为什么许多非凸矩阵/张量问题可以容易地求解到全局最小值。

关于这样的实证的探索从很早期的阶段就开始进行了，像是神经网络的高维损失函数构成了一个损失曲面，也被称为优化地形。研究者在早期的论文中表明，没有在神经网络的优化地形上发现糟糕的局部最小值。在一些二维可视化研究中，随着宽度的增加，优化地形变得"更平滑"，并且添加跳转链接也会使这个地形更加平滑。尽管很难精确地做出高维表面的表征，但在神经网络领域，人们发现了深度神经网络的一个几何性质，即"模式连通度"。研究者又独立地发现两个全局最小值可以通过等值路径连接。另一个与优化地形密切相关的研究方向是训练更小的神经网络（或称为"高效深度学习"）。网络修剪方法表明，许多大型网络可以被修剪以获得更小的网络，而测试精度只下降很少。然而，在网络修剪过程中，小网络通常必须从具有良好性能的大网络的解中继承权重，否则从头开始训练小网络通常会导致性能显著下降。研究者发现，在某些情况下，一个好的初始点可以被相对容易地找到。对于一些数据集，经验表明一个大型网络包含一个小型子网和一个特定的"半随机"初始点，因此从这个初始点训练小型网络可以获得类似于大型网络的性能。可训练的子网被称为"中奖彩票"，因为它赢得了"初始化彩票"。彩票假说指出，这样的中奖彩票总是存在的。关于网络修剪和彩票假说的工作大多是经验性的，还需要更多的理论论证。

优化地形长期以来也被认为与泛化误差有关。一个常见的猜想是一个平且宽的极小值比陡峭的极小有更好的泛化性，这一猜想也被相关的实验所验证。也有人认为陡峭的极小值可以通过重新参数化的方法变成平宽的极小值，从而提高泛化性。因此，如何严格定义"宽"和"尖"，继而如何寻找较宽的极小值，成为目前重要的课题。

在深度神经网络的优化理论中，也有很多学者进行了深入的研究。对于超宽网络的梯度下降问题的理论分析在三类深层神经网络取得了积极的结果，它们分别是深度线性网络、深度过度参数化网络和改进的网络。深层线性网络几乎没有表示能力，但在非常宽松的条件下，深层线性网络的每一个局部最小值都是一个全局最小值。深度过度参数化网络是典型的非线性网络，人们普遍认为"超出必要范围的参数"可以使优化地形变得平滑，但这种猜想没有得到严格的证明。实验发现，深度过度参数化不能消除坏的局部极小值，只能消除不良的"盆地"（或虚假的山谷）。网络的改进问题主要是研究初始的神经网络的变化对优化地形带来的影响。目前为止，我们仍然无法确保所有的神经网络都能成功训练，神经网络失效的风险与网络的结构有关。例如，许多研究表明带 ReLU 激活函数的网络具有很差的局部极小值。

好的优化地形使得优化问题本身具有良好的属性，但不能保证优化算法也能有好的结果。对于一般的神经网络来说，对算法进行收敛性分析是极其困难的。在线性网络和超宽网络这两种主要深度网络中，大量算法的收敛性得到了证明。浅层网络的研究主要集中在单隐藏层神经网络的全局地形分析、双层神经网络的算法分析以及单隐藏层神经网络的算法分析中。

基于复杂度和容量的方法分析深度学习泛化性。根据假设空间的复杂度，传统的统计学习理论建立了一系列泛化误差（泛化界）的上界，如 VC（vapnik-chervonenkis）维、Rademacher 复杂度、覆盖数。通常，这些泛化范围明确地依赖于模型的大小。一些研究者认为，控制模型的大小可以帮助模型更好地泛化。然而，深度学习模型庞大的模型规模也使得泛化范围显得空洞。因此，如果我们能够开发出与大小无关的假设复杂度度量和泛化边界是非常值得期待的。一种有前景的方法是刻画深度学习中可以学习的"有效"假设空间的复杂性。有效假设空间可以明显小于整个假设空间。因此，我们可以期望得到一个小得多的泛化保证。

随机梯度下降及其变体模型的随机偏微分方程（stochastic partial differential equations，SPDEs）在深度学习优化算法中占主导地位，这些 SPDEs 的动态系统决定了训练神经网络中权值的轨迹，其稳定分布代表了学习网络。通过 SPDEs 及其动力学，许多工作为深度学习的优化和泛化提供了保障。"有效"假设空间正是"SGD 能找到的"假设空间。因此，通过 SGD 研究深度学习的普遍性将是直接的。此外，这一系列的方法部分受到贝叶斯推断的启发。这与前面的变异推断相似，后者以优化的方式解决了贝叶斯推断，以解决缩放问题。这种随机梯度方法和贝叶斯推断之间的相互作用将有助于这两个领域的发展。

高度复杂的经验风险曲面的几何结构驱动动态系统的轨迹。损失曲面的几何形状在驱动 SPDEs 的轨迹方面起着重要作用：①损失的导数是 SPDEs 的组成部分；②损失作为 SPDEs 的边界条件。因此，理解损失曲面是建立深度学习理论基础的关键一步。通常，"正则化"问题的可学习性和优化能力是有保证的。正则化可以用许多术语来描述，包括凸性、利普希茨连续性和可微性。然而，在深度学习中，这些因素不再得到保障，至少不是很明显。神经网络通常由大量的非线性激活组成。激活过程中的非线性使得损失曲面极其不光滑和非凸，所建立的凸优化保证失效。损失曲面令人望而却步的复杂性，使社区长时间难以接触到损失曲面的几何形状，甚至深度学习理论。然而，损失曲面复杂的几何形状恰恰表征了深度学习的行为，是理解深度学习的"捷径"。

深度神经网络的深度过度参数化作用。深度过度参数化通常被认为是通过基于复杂性的方法为深度学习开发有意义的泛化边界的主要障碍。然而，最近的研究表明，深度过度参数化将对塑造深度学习的损失曲面做出主要贡献——使损失曲面更加光滑，甚至"类似"凸。此外，许多研究也证明了神经网络在极端过参数化情况下与一些更简单的模型（如高斯核）等效。

以上阐述了现有的与神经网络优化相关的理论成果，尤其关注前馈神经网络的训练问题。目前，依据以上阐述可简单理解初始点的选择对稳定训练的影响，也对深度过度参数化对优化地形的影响有了相应的理解。而在网络的设计问题上，受到理论研究的启发而产生的算法已经成为非常实用的工具。此外，一些在实验中出现的有趣的现象，例如模式连通性和彩票假说，需要进行更多的理论研究。总体来说，神经网络优化理论有相当大的进步，尽管仍有许多挑战，尽管尚不知道我们是否触及神经网络优化理论的天花板，但就像优化理论发展史所揭示的那样，我们需要的只是时间。

5.2.2　Web 服务的研究方向

随着互联网技术的迅猛发展，软件的开发过程越来越倾向于提高软件的集成性和可扩展性。在此基础之上，一种 SOA 以其高度灵活、松耦合以及扩展性高等特性逐渐出现在商业软件的开发领域中。Web 服务是实现 SOA 的主流技术，它是基于网络的、分布式的、自描述的、模块化的组件[62]。不同的 Web 服务执行特定的任务，执行一定的技术规范，并且实现在 Internet 上的统一注册、发现、绑定和集成机制。这种机制逐渐受到工业界和学术界的广泛认可。

SOA 是一种组件模型，它将应用程序的不同功能单元（称为服务）进行拆分，并通过这些服务之间定义良好的接口和契约联系起来，从而有效控制系统和软件代理交互时的人为依赖性。SOA 最初的概念由 Gartner 公司在 20 世纪 90 年代末提出，将其定义为 C/S 结构的设计理念。SOA 的应用程序由服务请求方和服务响应方组成，SOA 对各组件之间的松耦合性要求更高，从而使它使用的接口更加独立分散，这也是 SOA 系统的主要优势。目前，网络上的 Web 服务越来越多，但是功能都比较单一，已经无法满足复杂应用的需求，需要通过一定的技术将这些 Web 服务组合起来，形成功能强大的服务。Web 服务组合的前提是服务选择，随着 Web 服务数量的不断增多，服务选择问题变得越来越复杂，如何从海量的候选服务中选出开发人员满意的服务，成了 Web 服务选择领域的研究热点。

Web 服务被定义为"支持网络间不同机器互操作的软件系统"[63]，是一种面向服务体系结构的网络交换技术。它解决了以往的服务应用不能跨平台操作和跨组织调用的难题。Web 服务是一种具有可编程、自包含、平台独立特点的应用程序，在不同的网络平台下，Web 服务通过大部分编程语言都可解释的可扩展标记语言（XML），对 Web 服务具有的功能、调用服务时需要的参数以及服务注册的网络地址进行了标准化的描述，以实现配置服务、描述服务、协调服务、发现服务和发布服务等功能，帮助服务在不同平台与组织下实现服务的相互调用和资源共享。同时 XML 还对信息交互格式和传递数据的方式（并行或顺序）进行了规范。Web 服务描述语言是对如何访问具体的接口进行描述的专用语言。通常通过

HTTP 进行底层的调用和响应，这种约定又称为简单对象访问协议（SOAP），用来描述传递信息的格式。因此，Web 服务基于 WSDL、SOAP 和 XML 实现了跨语言、跨平台、跨系统的低耦合交互，对 Web 服务在不同平台上的应用提供了技术支撑。

服务提供者，一个可通过互联网查找到的实体，实现接收和执行来自服务请求者的请求。除此之外，把自身所包含的服务和接口契约发布到服务注册中心，以便服务请求者发现和访问该服务。服务请求者，一个功能模块或需要服务的软件系统。它发起对服务中介中服务的查询，通过传输指定服务，执行服务功能，服务请求者根据接口契约来执行服务。而服务中介，实现服务请求者和服务提供者之间的中转代理，包含一个可用服务的存储库，并允许相关服务请求者查找服务提供者接口。服务协议，服务的发布、请求、调用以及响应进行标准化，使服务请求者和服务提供者之间的交互变得规范化，为彼此间的通信奠定基础。

WSDL 协议将服务提供者对所提供的产品服务的功能说明和服务内容描述、注册到 UDDI。UDDI 可理解为一种目录服务，用来管理、分发和查询 Web 服务，通过描述、发现与集成服务实现 Web 服务的注册与发布；服务请求者通过 WSDL 协议中描述的服务请求内容，向服务中介发送自己对服务的请求；服务中介将服务请求者的请求进行解析，寻找已发布的、符合服务请求者需求的服务提供者。当需求的服务被发现后，服务中介将服务请求者与服务提供者的信息进行匹配。服务请求者与服务提供者通过 SOAP 进行通信，并在底层通信的基础上搭建上层的 HTTP 或超文本传输安全协议（hypertext transfer protocol secure，HTTPS）来进行数据交换。服务请求者通过 SOAP 向服务提供者发出调用服务的请求，并运行被调用的相关服务，然后通过 SOAP 将服务运行的结果和数据返回给服务请求者，以实现服务请求者的服务功能需求。

Web 服务应用已由传统的单个 Web 服务形式发展为多个 Web 服务聚合的形式，以满足用户不断提升功能的需求。在 Web 服务发展的初期，网络上发布的 Web 服务大多都是结构简单、功能单一。如今一个或少数几个 Web 服务很难满足用户的业务需求。这就需要聚合网络上已经存在的功能简单的 Web 服务，组合成功能相对强大、复杂度相对较高、满足用户需求的服务。Web 服务的相关技术标准也在随着 Web 服务技术的迅猛发展不断完善，开发部署也不再是十分困难的技术，不同服务提供者生产的 Web 服务广泛发布在网络上，供用户自由选择。网络服务已经改变了人们的生活和生产方式，人们越来越习惯于从网络上获得满足自己需求的 Web 服务。Web 服务组合的应用给网络运营商带来了无限的商机，其服务组合的质量好坏直接影响到运营商的经济效益。因此，将不同平台上的 Web 服务按照不同要求进行组合，形成新的大规模的满足用户需求的定制服务，是推动智能化建设和繁荣经济的重要手段，也是学术界和工业界始终十分关注的研究问题。

开发人员在选择服务时，往往需要按照自己的需求去选择，但是如果只按照开发人员需求选择时，往往会忽略服务潜在的性能。有研究人员提出了一种自适应主客观权重的度量算法，很好地解决了这种忽略性的问题。Web 服务选择和遗传算法的特点，对遗传算法中的编码、适用度函数中的权重、交叉和变异都做了一定的改进，使改进后的遗传算法在结果满意度和算法收敛性方面都有一定的提升。

与此同时，Web 服务已经成为军事、医疗、教育、商业等社会各个领域的技术支撑力量，各种不同功能的服务组合创造出了更多新的增值服务，为各个行业注入了难以估量的发展之力。然而，随着网络技术的不断发展和 Web 服务应用场景的不断变化，Web 服务在广泛应用的基础之上，不断适应新的网络环境，应对各种新的应用挑战。人们对 Web 服务的关注点也从实现服务功能向提高服务质量发生了转变。虽然 QoS 在描述 Web 服务的性质方面一直备受用户的高度重视，但是人们关注的角度已经与以往大不相同。人们从对单一的、细节性的 QoS 属性研究逐渐转向对多角度、整体性的 QoS 属性研究，并对 Web 服务选择与组合在各种不同网络形式中的应用特点，进行不断的改进完善。

在基于用户反馈评价的 Web 服务信誉度度量方法研究中，信誉度作为 QoS 能够体现 Web 服务整体质量的属性，成为人们进行服务选择的重要依据。它从一定程度上简化了 Web 服务质量的评判，信誉度好是选择 Web 服务的前提条件。基于人们对信誉度的关注程度，供应商为了在服务选择中处于优势，会采取不正当的竞争手段，提高自己发布的服务的候选概率，自己或雇佣他人给自己的信誉度高度评价，给竞争对手的信誉度恶意差评。这些不可信的评价都会对 Web 服务的实际 QoS 值造成较大的偏差，从而影响 Web 服务选择的准确性。

Web 服务的 QoS 值并不始终稳定在一定的范围内，而是有高有低，有的甚至较大地偏离了正常范围。QoS 值始终具有不确定性，造成这种现象的原因多种多样。然而，在服务组合、选择的过程中，除了确保服务是值得信赖的以外，稳定性高的服务也是保证服务组合呈现高性能的前提，具有较高准确性和可靠性的 Web 服务 QoS 度量方法将会对整个组合服务的质量和性能产生巨大的影响。针对这一问题，研究人员提出了面向 QoS 不确定性的 Web 服务选择方法。通过变异系数来计算 QoS 不确定性，以此过滤掉稳定性差的服务，再运用混合整数规划算法解决服务选择的优化问题。在移动互联网广泛应用的环境中，人们访问 Web 服务时用户上下文时常发生变化。这种变化会导致用户在使用同一个服务时产生不同的 QoS 值。这种情况下人们对同一服务的体验存在明显差别，但是即使网络环境发生了变化，人们也想得到服务质量高且符合自己需求的服务。针对该问题，研究人员对面向用户的移动 Web 服务推荐方法展开研究。

在现如今复杂的网络服务评价体系中，服务的提供者和服务的使用者都有可能存在不可信的情况，网络服务的 QoS 普遍存在不确定性，用户上下文的多样性对 QoS 的影响越来越明显，这些都使得人们基于 QoS 度量进行 Web 服务的选择的结果会与用户的需求有差距，增加了服务选择失败的风险。因此，研究人员需要研究一种旨在提升 QoS 度量可信性和准确性的 Web 服务选择方法。Web 服务研究方向的进展将会围绕 Web 服务 QoS 度量的准确性和可信性两个关键的科学问题，结合新的网络服务应用场景，通过对几种造成 QoS 不准确的情况进行分析，研究相应的对策方法。例如，依据服务的信誉度对 QoS 数据的真实性进行筛选，去除对服务的恶意反馈，保留相对真实公平的 QoS 评价进入后续的服务选择计算中，然后基于 QoS 的不确定性，针对稳定性差的服务对选择造成的时间和计算成本的过度消耗，快速选择出可靠稳定的服务，最终基于用户上下文的变化向用户推荐符合用户个性化需求的候选服务，以此进一步提高 Web 服务选择与推荐的准确性和可信性。

5.2.3　Web 服务选择的应用

传统的服务推荐和 Web 服务推荐有很大不同。传统的服务推荐主要是以用户的主观兴趣为推荐依据，如网购、视频和音乐等生活娱乐方面的推荐；而 Web 服务推荐主要是以客观的服务质量为推荐依据。在当前网络上存在着大量功能相同、质量良莠不齐的 Web 候选服务的情况下，QoS 毫无疑问地成为 Web 服务推荐的重要参考指标。同时推荐系统又常常担负着向用户推荐新服务的任务，即向用户推荐用户可能从未使用过的 Web 服务。此时，推荐系统中并没有用户关注的某些 QoS 属性的历史数据，因此必须要对缺失的 QoS 数据进行预测，才能对 Web 服务进行准确的推荐。

例如，针对恶意反馈现象，研究人员提出了基于用户反馈评价的 Web 服务信誉度度量方法。当前各种网络形式层出不穷，市场竞争异常激烈，在对网络服务进行评价时，要想度量出准确可信的 QoS 值，用户反馈数据的真实性是一个重要的前提。虚假的数据对于 QoS 的度量是没有意义的，只会增加计算的负担。而在实际的网络环境中，网络服务的 QoS 评价存在着许多欺诈等恶意行为，由于缺乏严格的身份验证和信任机制，QoS 是否值得信赖用户难以做出评判。用户或者服务提供者给服务做出的评价无法做到始终客观、准确、可信，如有些服务提供者为了提高自身所提供的服务被选中概率，增加服务的使用率，获取更多的收入，故意在反馈评价中给其他相同功能服务的 QoS 打低分，降低别人的好评率；而有些用户也可能被服务提供者收买，故意给这些服务的 QoS 打高分，这样的用户反馈信息的可信性是较低的。这就需要我们在对 QoS 进行度量时，利用用户的信誉度来区别对待这些反馈数据，避免信誉度不高的服务评价数据对 QoS 值的影响过大。QoS 值出现不准确的原因还可能由于评价信息不全面，例如，由于节点在评价另一个节点过程中只考虑了自身直接观察而得到的信息,而自身观察得到的信息并不是对服务的全面看法,需要结合其他网络用户对服务观察得到的间接信息才是相对客观的评价,在计算目标服务的信誉值时也是十分必要的。一些研究人员针对信誉度对 QoS 产生的消极影响,提出了基于用户反馈评价的 Web 服务信誉度度量方法,引入时间折扣因子和直接信任权重因子,以及推荐信息聚合方法等,通过分别计算服务的直接信誉和间接信誉来得到节点的综合信誉,这样才能够客观准确地评价服务的信誉度,有效抵御服务评价的恶意反馈行为的影响,使得服务 QoS 数据的可信度提高,并使其在作为服务备选对象时具有明显优势,使得 QoS 值的度量更加贴合实际情况,更容易被选择成为服务备选对象,以此显著提高 Web 服务 QoS 的准确性和可信性。

针对 QoS 的不确定性,研究人员提出了一种可靠高效的 Web 服务选择方法。当前网络环境中普遍存在着 QoS 高度波动的情况,这使得用户难以高效地选出可靠性高、稳定性好的 Web 服务。随着服务组合的规模越来越庞大,服务选择的情况变得越来越复杂,需要基于 Web 服务的 QoS 属性进行快速可靠的服务选择。

尽管许多已有的 Web 服务选择方法对解决上述问题取得了一定的效果,但是由于已有的 Web 服务选择方法对于 QoS 的不确定性和 Web 服务选择的冗余性的忽视,导致 Web 服务 QoS 计算的时间成本过高,选择结果经常与实际需求存在一定的差距,所选择的服务可靠性低,选择过程时间消耗大,选择效率低下。因此,研究人员根据服务选择时要具有快速、可靠的要求,基于对 QoS 不确定性的计算,降低服务选择的搜索空间、弱化 QoS 不确定性产生的影响,提高服务选择的效率和可靠性。在运用变异系数理论对候选 Web 服务 QoS 的不确定性进行建模的基础上,过滤掉 QoS 不确定性较高的、稳定性较差的候选服务,为服务组合系统快速高效地找到可靠性高的服务;然后,利用混合整数规划选择服务,将它们组成最贴近用户需求的组合服务。同时,通过实验验证了方法的优越性,结果表明,该方法与其他方法相比,在服务组合过程中时间消耗少、可靠性高。

针对用户上下文的变化,研究者提出了一种基于 QoS 预测的 Web 服务推荐方法。在移动互联网高速发展的今天,用户上下文的多样性对服务的 QoS 评价产生着巨大的影响[64]。例如,与传统的互联网不同,移动用户在不同的基站之间频繁切换,这往往使得服务 QoS 值偏离其在移动互联网中的实际价值。然而许多现有的服务 QoS 度量方法没有充分考虑用户的移动性所造成的影响。针对此问题,研究人员对用户 QoS 的缺失数据进行补充,并根据用户的移动性进行服务推荐。这种方法首先计算用户或基站的相似性,根据相似性选择 top-k 相似性最高的用户或基站,然后计算 QoS 值,并依据预测的 QoS 值进行服务推荐。这种方法在用户上下文发生变化的情况下,提高了 Web 服务推荐的准确性。

5.2.4　服务选择的 QoS

QoS 是 Web 服务中重要的综合性指标，用于衡量使用一个服务的满意程度，体现了用户十分关注 Web 服务的非功能属性。许多服务的选择与组合都是根据用户对 QoS 的属性值的需求进行的。QoS 的研究成果与成熟应用推动了面向服务架构系统的普及，如果没有 QoS 用户就无法考证服务的质量，这样会给 Web 服务应用带来各种各样的使用风险。例如，计算结果不准确、安全性不够高、性能不够好等。在一个 QoS 概念缺失的面向服务架构系统中，用户会因为遇到大量质量低于预期的服务而放弃使用服务，面向服务体系结构将会没有发展的潜力。如果无法计算出准确的 QoS 属性值，并根据用户的要求形成全局约束，大部分用户将会从一开始就不会使用这种无法满足用户需求的面向服务架构系统。因此，虽然 QoS 并不涉及 Web 服务功能的描述，但也是面向服务架构研究领域中非常重要的组成部分。在基于 QoS 属性的 Web 服务选择方法中，需要重点分析服务类中候选 Web 服务的 QoS 属性，选择的依据是各个 QoS 的属性值。当前，互联网上 Web 服务的数量依然保持着迅猛的增长趋势。功能类似的服务长期处于饱和状态，服务开发的水平、网络环境等因素的差异造成了同类 Web 服务产品其各自的 QoS 属性不尽相同，任何一个服务提供者都无法保证发布的服务产品所有的 QoS 属性都优于其他服务。因此，在服务选择的过程中，要根据用户的具体需求，在同一类 Web 服务中，以用户最为关注的服务产品的 QoS 属性特点为选择的依据进行选择，才能更加符合用户全面的业务需求。但是，在候选服务数量过大或服务类别很多的情况下，会造成 Web 服务选择运行的时间耗费很多、效率很低等问题。另外，由于网络环境的开放性、动态性和多样性，使得 Web 服务 QoS 值产生了本身固有的不确定性，如用户的恶意差评、响应时间上下浮动等。用户在这种条件下，无法选出真正质量过硬、符合预期的 Web 服务，常常出现服务选择的结果与实际预期不符的现象，严重的更会影响服务组合的成功与否。因此，对 QoS 属性值的准确度量对 Web 服务技术的研究有重要的基础性意义。

QoS 模型是一个可扩展属性的向量，可以从多个方面对 QoS 进行描述，如可用性、可靠性、响应时间、吞吐量、服务价格、可扩展性、准确性、并发处理能力、赔偿率、安全性等，这些属性分别从不同方面对服务质量进行了评价。每个分量都有自己单独的计算方法和度量单位。下面给出几个常用的 QoS 属性的作用。

（1）信誉度：描述 Web 服务的身份和行为的可信程度，是一个整体性的衡量参数。

（2）响应时间：主要用来度量从用户发出执行请求，到 Web 服务返回处理结果的总时间和，它包括 Web 服务处理事件的时间和通信过程耗时。

（3）服务价格：完成一次 Web 服务交易所需要的费用。

（4）可靠性：表征单位时间内 Web 服务执行情况成功的概率。高质量的 Web 服务具有较高的稳定性和可靠性，稳定的服务值得信赖，更容易被作为候选服务，可靠性的高低直接影响用户对服务提供者的评价。

（5）稳定性：描述 Web 服务接口更换的频率。

（6）完整性：描述 Web 服务的原子特性。

（7）可用性：描述当前 Web 服务的使用状况和 Web 服务是否存在等。

（8）安全性：描述所提供的 Web 服务是否可信、真实、完整。

Web 服务的 QoS 属性可以分为两类：一种是消极属性，另一种是积极属性。人们对消极属性的预期是越小越好，相应的属性主要有价格、延迟时间、响应时间等。人们对积极属性的预期则是越大越好，相应的属性主要有吞吐量、信誉度、可靠性、可用性等。通常情况下，一个 Web 服务具有多个属性，有些是消极属性，有些则是积极属性。在进行 QoS 度量时需要对其中一种类型的属性取负值，使 QoS 所有属性同时具有一种标准趋势，然后再对 Web 服务的 QoS 属性进行比较和计算。通常，一个候选服务可能含有多个不同类别的 QoS 属性，通过定量的计算可以得到这些 QoS 属性值。

在 Web 服务选择中，候选服务通常具有多个 QoS 属性，各个 QoS 属性值的表示范围和数值单位均有不同，从 QoS 全局最优的角度分析，这样并不便于对候选服务的 QoS 属性值进行整体的评估和计算，需要利用 QoS 效用函数来描述 QoS 整体的属性值。因此，对候选服务 QoS 的不同属性值的单位进行统一化，取值范围进行规范化，然后考虑最优的全局 QoS 属性，来实现 Web 服务的选择计算。也就是说，将每个服务类别中的各个候选服务的 QoS 向量映射成为一个实数，通过该数值将所有的候选服务进行排序和分类，使之能够选择满足 QoS 约束条件的服务。例如，简单加权法的 QoS 效用函数是将 Web 服务中候选服务的 QoS 值与其相应的最小值或最大值进行对比，归一化处理每个 QoS 属性值，将其值控制在 0 到 1 范围内。这样得到的 QoS 属性值是一个综合衡量的实数值，而不是具有独立单位或表示范围的 QoS 值，另外利用加权值代表用户优先级或个人偏好，加权值的范围也在 0 到 1 之间。

5.2.5 基于 QoS 的 Web 服务选择相关研究综述

服务选择的常用方法都是基于 QoS 基础之上的实现方法的改进。在正式介绍服务选择方法之前，相应行业的研究综述就显得非常有必要。

为了在众多相同功能的 Web 服务中选择符合用户需要的服务，在考虑功能需求的前提下，也要注重服务的非功能属性，其中包括响应时间、花费、可用性和信誉度等。同时，QoS 度量的准确性和可靠性直接影响用户在进行服务选择时的决定。因此，基于 QoS 度量在 Web 服务选择和组合等领域引起了许多研究者的注意，他们的研究成果有些也获得了较好的效果。然而在开放的 SOA 环境中，WLAN、P2P、Ad-Hoc 等网络不断出现，市场上网络产品众多，竞争的压力巨大，Web 服务受到资源管理和逻辑流程等因素的限制，无法确保所有服务提供者发布的服务 QoS 值都是真实可信和全面客观的。因此，在使用服务后，由用户给出的反馈评价统计得出的 QoS 信誉度值，是用户对服务可信程度的直观印象，也是用户进行选择服务时需重点参考的指标之一。候选服务除了要满足用户对于如响应时间、费用等常规的 QoS 需求外，还需要符合用户对服务 QoS 信誉度的要求。所以，研究基于用户反馈评价的 Web 服务信誉度度量方法的准确性和客观性具有重要的现实意义。

当前网络上部署的 Web 服务数量依然日渐增长，由于相同功能的服务众多，但这些具有相同功能的服务表现出来的质量却各不相同，当用户有着各种业务需求需要多个服务共同完成的时候，就不得不对服务进行选择和组合，而这种服务选择的过程通常是在对服务的信息掌握不完全或对信息掌握不准确的情况下进行的。例如，当用户在网络上搜索酒店预订服务时，可以搜索到几十种类似的酒店预订服务。然而对于大多数用户来说，由于用户体验的时间有限，有些服务还需要支付一定的费用才能使用，因此受到这些使用费用、时间等相关因素的限制，用户无法对这些服务逐一进行体验后再选择自己最为满意的服务，实际上用户可能仅对其中的一种或少数几种服务进行过试用，为了应对众多类似的服务选择问题，用户通常的做法是凭借自己的经验去选择已使用过的类似服务。另外，其他用户对某一服务的评价也左右着用户对服务的选择，大多数用户评价较高的服务通常被认为是更好的选择，而评价较低的服务被选中的概率必然降低[65]。对 QoS 的评价也是重要的服务选择依据之一。为了方便用户挑选出质量最优、最能满足需求的酒店预订服务，反馈数据对 QoS 的参考意义重大，反馈数据的真实性是对数据进行处理的前提，而信誉度是对反馈数据真实性的客观反映，因此基于用户反馈评价的 Web 服务信誉度度量方法研究是 Web 服务选择的重要依据之一。

当前用户反馈数据中存在着恶意反馈的现象。一些用户也许会通过正常身份或女巫攻击方式，给某些服务过高或过低的恶意反馈，在市场上的不良竞争中占据优势，以此获得更多的商业非法利益，这些现象导致反馈数据中存有恶意行为和虚假行为。这些虚假的评价数据与正常的评价数据掺杂在一起作为 QoS 值的基础计算数据，无法得出 Web 服务的真实信誉度。这样的反馈数据带有明显的恶意性，通常大多数方法都是假设用户的反馈是真实可信的，常用的求 QoS 平均值的方法就是在这种假设的理想状态下采用的方法，因此它无法过滤和削弱这些恶意行为造成的不良反馈数据，得出的结果也与实际情况有很大出入。

如果无法解决上述用户反馈数据中存在恶意反馈的问题，会影响我们获得准确、可靠的 QoS 度量结果，影响用户对服务的选择，以及服务组合的效果。在以往的研究中，学者研究了相应的解决办法，在信誉度度量方面也已取得了一些成果。Ardagna 等[66]提出了一种使用混合整数规划模型来解决服务组合问题的方法。该方法综合考虑了多种 QoS 属性对服务选择结果造成的影响，其中就包括信誉度，具有很强的自适应能力。当无法满足用户的 QoS 请求时，用户与服务提供者之间进行服务协商，对 QoS 进行二次寻优，以发现端到端的满足 QoS 需求的组合服务。虽然这种方法的自适应性较好，能够初步选择出较为符合用户需求的服务，但是由于研究人员提出的解决方案中缺少对用户反馈评价真伪的评估，由此计算得出的 QoS 值容易受到虚假数据的影响，使得 Web 服务选择的结果的准确性下降。同时，用户需要的信誉度无法与组合服务的实际信誉度保持一致，服务组合的最终结果仍然无法满足用户对信誉度的要求，从而无法达到用户预期的服务组合效果。虽然在该方法中的用户与服务提供者的服务协商能够起到一定的弥补作用，但如果服务提供者自身也有虚假行为，例如通过提供虚假恶意服务或对其他服务进行恶意评价等，以此来追求不光明的非法利益，依然会导致之后的组合服务与用户的需求有偏差。

Conner 等[67]提出了一种基于信誉度的面向开放式分布环境的服务可信管理框架，其核心是信任管理服务（trust management services，TMS）。TMS 在支持不同实体之间信任关系的同时，还采用不同的信誉度评价函数对不同实体评估同样的反馈数据。该方法在支持多种信誉度评估方面具有显著的效果和较高的实用价值。然而这种方法的缺点在于以下两点：一是虽然 TMS 在信誉度评估中用到了服务被使用后产生的历史记录，其中包含客户端、服务、反馈评价和最优属性集四种元素，比之前的文献中直接计算获得的信誉度反馈评价显得更加准确、合理。但是面对用户反馈数据中的用户主观感受和偏好等因素对用户反馈评价造成的影响，该方法无法就此进行发现、记录和计算，导致这些主观因素干扰着用户信誉度评估，造成 QoS 信誉度的准确率急剧下降。二是该方法缺少对用户上下文的支持。在不同的用户上下文环境下，对同一服务给出的反馈也存在区别。忽略用户上下文在信誉度评估中对反馈评价的影响，缺乏对用户上下文环境区别的考虑，将导致信誉度评估欠缺客观性。

Kamvar 等[68]提出了一个名为 EigenTrust 的全局信任模型，这是一个分布式环境中的文件共享系统。在 EigenTrust 模型中，服务节点的全局信誉度被认为取决于所有曾经与它交互的节点对它的局部评价的聚合。这种方法对于简单的恶意攻击、共谋攻击具有很好的抑制作用。然而，EigenTrust 模型只计算了单个节点，这说明全局迭代算法具有高复杂性，导致系统的可行性降低了。

在基于 QoS 属性的 Web 服务选择方法研究中，人们更愿意关注搜寻 Web 服务选择的近似最优解。这种观点失之偏颇，在服务选择中，不必始终在所有的候选服务中寻找最优的候选服务。可以采取先缩小候选服务选择的范围，淘汰掉一部分明显不具备候选条件的服务，再寻找近似最优的服务组合。这种方式可以更容易找到满足用户需求的 Web 服务，同时，还可以大幅缩减服务选择运行中的时间成本。例如，叶世阳等[69]也提出了一个寻找 Web 服务选择近似最优解的方法，其目的主要是减少时间成本，他们提出了两个与 QoS 属性相关的服务选择模型：一个是图模型，另一个是联合模型。混合整数规划模型是这两种模型主要运用的方法，目的都是来寻求近似最优解。显然这两种模型的时间复杂度不是一个级别，图模型的时间复杂度是指数级的，而联合模型的时间复杂度是多项式级的，但是它们在实验中都取得了良好效果。当然，这些研究也有自身的不足：一是随着候选 Web 服务的增多，指数级别的时间复杂度会在服务选择的过程中消耗巨大的时间成本，服务选择的实时性较差；二是候选服务依然是全域服务，缺乏对候选 Web 服务 QoS 的内在不确定性的考虑。因此，当不确定性高、稳定性差的候选服务存在一定比例时，统计得到的 QoS 值结果会与实际值有偏差，导致 Web 服务选择的结果不符合用户需求，甚至服务选择的失败。

以上研究，在 Web 服务信誉度度量以及基于信誉度的 Web 服务选择方法上从不同的方面提出了许多解决方案，但是在度量的准确性上仍然存在以下问题：一是缺乏从时间维度考虑信誉度的变化，通常情况下服务在上线运行后改进完善速度很快，一个良性发展的 Web 服务具有的 QoS 值始终是不断提升和变化的，时间的跨度对于信誉度历史记录的参考意义也应被纳入统计计算中；二是度量的角度欠全面，多数 Web 服务选择中只考虑来自系统记录的信誉度历史记录值，或只凭借自身经验对 Web 服务进行选择，然而在对事物的评价体系中，主观加客观共同作用才是对事物全面认识的手段。在对服务信誉度度量中，不仅要考虑自身对某项服务的使用经验，同时还要考虑其他用户使用过该服务后给出的信誉度参考值。并且，主观评价和客观评价有一定的权重之分。结合以上两点考虑对信誉度的度量才是全面、准确的。

5.2.6　常用方法

针对研究人员提出的各类研究方法，下面介绍几种在当下科技发展现实中服务选择的常用方法及其相关的技术特点。

1. 基于综合 QoS 评价的加权服务选择

通过前期的数据预处理，此类方法[70]可以从新的处理过的数据中得出可靠的服务提供者的 QoS 值和服务使用者评价的 QoS 值，可基于综合 QoS 评价进行服务选择。在进行服务选择时，需要综合全面考虑服务的 QoS 值，通常采用加权平均的方法。权重的设置可以采用如下几种方式：一是由用户完全给出每个属性的权重，即主观权重；二是根据 QoS 值，通过一定的算法求出权重，即客观权重；三是既考虑服务的主观权重又考虑服务的客观权重，通过主观权重和客观权重再加权求得。

以上三种方式均有各自的优点。对于第一种加权方式来说，用户可以根据自己真实的需求对不同 QoS 属性做出正确判断，从而对相应的属性赋予满足真实需求的权重。对于第二种加权方式来说，由于服务对于用户而言有可能是一种全新的服务，在使用服务时对于不同 QoS 属性并不知道如何关注。如果用户在不了解服务的情况下随意赋予权重值，由此选择出的服务很可能并不是最优的。针对此问题，此时就可以采用客观权重。对于第三种加权方式来说，用户对某些服务并不熟悉，虽然对某些 QoS 属性有要求，但是并不能确定用自己的方式设置的权重选择出来的服务是最优的，所以需要参考下属性的客观权重，使主观权重和客观权重各占一定的比例，用户自己完全可以根据个人需求设置该比例大小。如果希望用户自己设置的权重大，即将主观权重的比例调大一点；如果希望客观权重大些，即将客观权重的比例调大。综合上述可知，采用第三种方式更具优势。

服务质量矩阵可以表示为

$$x = [x_{ij}]_{m \times (n_1 + n_2)} \tag{5.8}$$

式中，m 为可选服务的数量；$n_1 + n_2$ 为服务的属性个数。

对于客观权重，即 $cw = [cw_1, cw_2, \cdots, cw_{n_1+n_2}]^T$，采用熵值法进行计算。由熵值法可知，某个属性信息的价值取决于 1 和该属性熵的差，这个差影响属性权重大小，信息的价值越大，对评价结果的影响就越大，属性权重值也得到相应增大。因此，熵值法确定某个属性的权重是利用该指标属性的价值系数来计算，该值越高对评价的影响就越大，则权重越大。

由于所采用的权重是主客观合成的权重，假定用户给出的主观权重为 $zw = [zw_1, zw_2, \cdots, zw_{n_1+n_2}]^T$，通过以上方法求得客观权重为 $cw = [cw_1, cw_2, \cdots, cw_{n_1+n_2}]^T$，则合成权重 sw_j 的计算方法为

$$sw_j = a \times zw_j + (1-a)cw_j \tag{5.9}$$

式中，a 的值可以由用户自己设置。a 设置得大，说明用户认为自己设置的主观权重比较重要，a 设置得小，说明用户认为 QoS 的属性客观权重比较重要。当 a 为 1 时，表示合成权重完成参考用户主观权重，一般情况下设置为 0.5。sw_j 表示第 j 个属性的权重值，可以由服务消费者自己给出。

最后，将原始数据矩阵和合成矩阵相乘得到最后的服务选择结果。

这类服务选择的方式，为了向目标用户提供全面可靠的 QoS 选择依据，研究人员提出了一种基于 QoS 综合评价的服务选择方法。对于来自服务提供者描述的 QoS，基于历史数据的统计对服务提供者描述的 QoS 数据加以修正[71]；对于来自用户反馈的 QoS 评价，通过计算用户之间以往反馈的相似程度，同时引入用户领域相关度、时间系数和服务个性化等概念对用户相似程度进行修正，得到最终推

荐度，然后由用户推荐度所占的比重作为权重计算出最终评价值；在计算出所有的结果后，针对目标用户对主观给出的各 QoS 属性权重值可能不太确定的现状，采用熵值法计算客观权重并结合用户的主观权重加权进行整合，从而进行服务选择。研究人员通过实验验证了基于 QoS 综合评价的服务选择方法的有效性，服务选择的准确性被进一步提高。下一步工作中，研究人员拟结合数理统计理论对相似度计算公式进行深入研究。

2. 基于偏好推荐的可信服务选择

基于偏好推荐的可信服务选择（trustworthy services selection based on preference recommendation，TSSPR）方法[65]，首先搜索一组偏好相似的推荐用户，并通过皮尔逊相关系数计算用户的评价相似度，然后基于用户的推荐等级、领域相关度和评价相似度等对用户的推荐信息进行过滤，从而使推荐信息更为可信。模拟实验结果表明，通过正确的参数设置，该方法能够有效地解决推荐算法中冷启动、推荐信息不准确等问题。

所谓可信，就是用户对于服务本身的信任，是其在参与或者使用服务过程中所形成的一种主观感受[72]。但是，人们的主观感受很难被客观地描述和获取，且对同一服务的不同使用者，由于自身偏好的不同而有着不同的使用体验，导致用户评价服务可信程度的准则也相应地不同。可信的概念为满足用户主观上的预期，而用户评价信息正是用户对于服务行为是否符合预期的一种打分，因此，评价值的高低可以较好地反映用户使用服务的主观感受。同时，在收集评价信息的过程中要考察评价用户与自身评价准则的相似程度，这样便于用户通过赋予不同的权重表达对评价信息不同的接受程度。

服务推荐不同于传统的推荐方法，用户具有明确的应用需求，只是在面对大量同种功能服务时很难判断服务符合自身偏好需求的程度。近年来，大量的研究工作已经或者正在围绕利用历史经验信息判断服务质量优劣的问题展开，但这些研究工作并未过多地考虑人的因素：多数研究依赖于不同用户对同一服务的反馈信息来评估服务可信程度，同等地看待每个用户的评价，或仅仅考虑了用户评分的相似度，并未考虑用户的领域相关性与推荐信息的可信程度。因此，在尽量避免用户的个人倾向或偏见造成的主观随意性的同时，不仅要考虑用户在评价方面的相似程度，还需要有一种方法来确定用户对领域知识的熟悉程度以及推荐信息的可信程度。

对服务运行环境认知的缺乏以及不可信任的服务提供者等因素，是服务选择所面临的最大难题。因此，有的研究人员提出了基于 agent 的体系结构，用户仅能与 agent 交互，agent 作为服务和应用的代表负责收集并共享服务信息。该方法的特点是，服务 QoS 值的描述并不由服务提供者或者用户决定，而是通过多个 agent 之间的协商来确定。服务的 QoS 属性被分为客观和主观两种，可信度

（trustworthiness）作为一种主观服务 QoS 属性，将随着时间和交互体验的增加而发生变化[73]。在现实社会中，大多数具有相同兴趣和知识背景的用户往往具有相同或相似的行为特征和评价准则。这意味着，相似用户在对某事务的认知和评价上应该处于一个相同或者相近的水平。因此在推荐系统中，当考察其他用户对服务的评价信息时，不能用平等对待的观点。理想的做法是，在一大群评价用户中找出与我们自身相似的一小群人，并确定这一小群人在品位方面与自身的相似程度。这样，就能找到对自身而言最为可信的评价信息。

同时也可以利用皮尔逊相关系数来指导计算用户评级指标的相似度。服务的本质在于开放，不能期望服务提供者和服务请求者相互熟知，也不能要求服务请求者具备专业知识。

因此在开放系统中，基于偏好推荐的可信服务选择是一种最为合理、有效的手段，已成为目前主流的研究方向之一。面向开放的 Internet 环境，研究人员提出了基于用户推荐信息的可信服务选择方法。该方法根据用户的查询请求搜寻一组推荐用户，并通过推荐用户的领域相关度、推荐等级和评价相似度对用户进行过滤和筛选，力求推荐信息可信且满足用户的偏好。实验结果表明，与传统的推荐系统相比，该方法不仅避免了需要将一个用户与所有其他用户进行比较的要求，而且较好地解决了冷启动等问题；随着用户评价信息的增加，其所获得的推荐信息质量也将逐渐增加。

3. 基于信任的组合服务选择

面向服务的环境中存在大量功能性相同的 Web 服务给服务选择带来了很大的挑战，这导致了服务请求者在选择 Web 服务的时候不仅要考虑服务的功能性属性，还要考虑服务的非功能性属性[74]；又因为 Web 服务的动态性、异构性、分布性会引发各种不确定因素，从而导致 Web 服务不能安全可靠地执行，影响用户的信任。因此，有必要从 Web 服务的可信度出发，在满足请求者信任需求的基础上，从社会学的角度来解决 Web 服务的选择问题[75]。基于信任的组件服务选择问题已得到广泛研究[76]。例如，在对单一功能的组件服务选择方面，有的研究人员提出了一种基于全局信誉的方法来选择服务，该方法通过聚合所有用户的评分作为该服务的信誉值，请求者根据信誉值的高低来选择服务。其他研究人员提出了一种基于分布式网络的信任模型 PeerTrust，该方法考虑了反馈者的可信度，通过聚合请求者对推荐者的可信度与推荐者的直接经验来形成对目标服务的信任值。针对上述研究现状，研究人员提出了贝叶斯网络与服务网络相结合的组合服务信任评价模型，此类模型能够有效评估组合服务的可信度，为组合服务的选择制定决策[77]。

选择服务的先决条件是组合服务信任评估模型生成的数据，这些数据使服务的选择更加精确。上述所介绍的服务信任评价模型中，构成信任关系的信息来源主要有两种：与服务提供者交互的直接经验信息和其他服务请求者提供的推荐信息。例如，当服务请求者与某服务无直接交互经验时，也就是对该服务未知时，则只能通过推荐信息来获得该服务的可信度。

可信度的评价方式分为直接信任和推荐信任。表示直接信任的方式可以是简单的评级、经验、主观信念等，但这些都只能表示对单个组件服务的信任度，而不能充分表达对能满足用户需求的组合服务信任程度。一种解决方法是基于现代统计学的贝叶斯网络来计算在用户不同需求条件下对服务的信任度，并结合贝叶斯公式计算出交互前组合服务的直接信任度。虽然推荐信任和直接信任的信息来源都是服务请求者的反馈评级，但两者是有区别的。直接信任是请求者根据历史交互经验自发形成的一种主观信念[76]，而推荐信任是根据推荐者的角色和可信度而被动接受的一种推荐信息。因此，在计算推荐信任的时候，还需要考虑推荐者的可信度。在计算可信度时，我们首先利用评价相似度来建立请求者之间的信任关系，从而构建基于信任的服务网络，再利用基于有向图的信任传播算法来计算推荐者的可信度。在确认推荐者的可信度后，再整合所有推荐者对组合服务（composite service，CS）直接信任信息，便可得到对组合服务的推荐信任。

根据现实世界中人与人的关系和社会网络理论，可以把关于某一特定领域中的服务请求者利用信任关系连接成一个有向图结构的网络，又根据研究人员的分析，用户配置文件之间的相似度可以决定用户之间的信任关系，因此可以基于规则构建一个服务信任网络。

在上述方法的仿真实验中，将为组合服务信任评估模型设立一系列的实验来分别验证其有效性、抗攻击性和鲁棒性。首先根据面向服务架构建立用户模型，然后模拟用户的各种恶意行为来验证信任模型的抗攻击性，最后再进一步验证信任模型在稀疏网络中的有效性。将此方法同其他两种方法（基于皮尔逊相关系数的推荐算法和简单的平均方法）进行比较。第一种方法是目前推荐系统中最常用的方法，第二种方法是目前 eBay、亚马逊、淘宝等服务平台所采用的全局信誉评级方法[78]。实验结果表明，组合服务信任评估模型具有良好的有效性及抗攻击性。但是，上述实验都是在交互较多、可利用数据充足的情况下进行的，而很多时候，能利用的数据可能很少，从而导致了整个服务网络的稀疏性。因此，能解决网络稀疏性问题是判断一个信任系统是否优越的重要标准之一。综上所述，此模型能有效满足不同服务请求者对组合服务的可信度需求，并对多种恶意行为具有较高的抵抗能力，而且在数据稀疏的情况下能表现出较强的鲁棒性。

基于上述研究成果，研究人员把信任的概念和信任度引入到组合服务中来，讨论信任感知的组合服务选择问题，并根据所提出的问题建立了数学模型。研究人员分别使用贝叶斯理论与服务网络的概念来计算对目标服务的直接信任值与推荐信任值。仿真实验表明，该模型具有良好的推荐性、抗攻击性与鲁棒性。未来的工作将为信任模型加入时间因子、服务网络的角色信息等因子来进一步提高模型的精确度和鲁棒性。

■ 5.3　服务推荐的常用方法

5.3.1　服务推荐方法简介

随着 Web 2.0 的到来，数据呈现爆炸式增长，数据过载问题引起越来越多的关注，推荐系统应运而生。通过对用户的历史交互信息进行分析抽取，得到用户偏好，最终将用户最感兴趣的内容推荐给用户。用户和标的物的交互信息较少，产生了数据稀疏的问题，当有新的用户或者新的标的物进入系统时，系统无法对其进行精确的推荐。近年来，深度学习的浪潮正传播到各个研究领域中[79]，在过去的几年里，深度学习逐渐被应用到各个领域，推荐系统从单一的传统推荐算法开始过渡到基于深度学习的推荐算法，对于解决数据稀疏性和冷启动问题颇有成效。

随着互联网的迅速发展，网络中的信息量呈现指数级增长，用户难以从海量的信息中挑选自己需要的内容。为了提高用户体验，推荐系统被应用到诸多领域，如音乐推荐、电影推荐、书本推荐、在线购物和兴趣点推荐等。在传统的推荐系统中，最为通用的是基于内容的推荐算法和协同过滤的推荐算法。基于内容的推荐算法利用了与用户相关的信息来构建模型，通过分析标的物的类别、文档的内容等辅助信息来进行推荐。协同过滤的推荐算法利用用户和标的物之间的交互信息来进行推荐。混合推荐算法通过结合以上两种推荐算法来提高推荐的性能。当遇到数据稀疏或冷启动问题时，传统推荐算法的性能会受到制约，基于深度学习的推荐算法在一定程度上缓解了这个问题。基于深度学习的推荐算法从大量的数据中自动获取用户和标的物的潜在特征，不仅消除了繁重的手工工作，而且显著提高了推荐系统的性能。基于深度学习的推荐算法用到了一系列深度学习的体系结构，主要包括多层感知机（multilayer perceptron，MLP）、自编码器（auto-encoder）、卷积神经网络（convolutional neural network，CNN）、循环神经网络（RNN）、注意力机制、图网络等。

传统推荐算法的分类主要有基于内容的推荐算法、协同过滤的推荐算法及混合式推荐算法。协同过滤的推荐算法主要是对用户-标的物的历史交互信息进行分析，进而得到用户对标的物的喜爱程度。历史的交互信息包括显式的反馈（如点击、评分等级）和隐式的反馈（如未点击、浏览情况、打卡情况）。协同过滤的推荐算法又分为两大类，分别是基于内存的方法和基于模型的方法。依据基于协同过滤的推荐算法的分类，基于内存的方法通常对原始的交互信息进行分析，进而得到相似的用户或者相似的标的物的聚类结果，从而预测用户对未被访问过的标的物的喜爱程度。基于模型的方法假设用户的偏好或者标的物的特征可以被映射成一个低维的向量。具体地说，分析用户-标的物矩阵，从而学习到用户和标的物的潜在特征向量，通过对用户和标的物的特征向量做内积来得到用户和标的物的相似度，进而得到最终的推荐结果。研究表明，基于模型的推荐算法在多数情况下比基于内存的方法获得的精确度高。然而，当用户-标的物矩阵的历史交互信息不多时，协同过滤推荐算法无法解决冷启动等问题。

基于内容的推荐算法综合利用标的物的辅助信息、用户的相关属性、用户和标的物的历史交互信息来产生推荐结果，如利用标的物的辅助信息来推断用户对标的物的偏好。其基本过程是利用用户购买过的商品或者喜欢的历史物品的描述来构建用户的大致轮廓，通过辅助信息如类别、标签、品牌和图像等来构建标的物的描述性特征。依靠相关辅助信息，在一定程度上解决了数据的稀疏性问题和冷启动问题。

为了解决历史交互数据不多带来的数据稀疏性问题和冷启动问题，混合推荐算法被提出。其主要融合了基于内容的推荐算法和协同过滤推荐算法。混合推荐算法将显式的内容（文本、图片）和用户-标的物交互数据结合起来[80]，将它们作为一个整体统一输入到推荐算法中，进而提高推荐系统的有效性。也有推荐算法专门针对每种信息建立各自独立的推荐系统，在生成推荐的基础上再将这些系统进行结合生成最终的结果。一般情况下，相比于上述两种方法，混合推荐算法更优，特别是在解决数据的稀疏性问题和冷启动问题上。

多层感知机由一层或者多层神经元所组成[81]。数据开始被送到输入层，可能存在提供抽象级别的一个或多个隐藏层，最后在输出层上进行预测。神经协同过滤（neural collaborative filtering，NCF）框架在 2017 年被提出，它融合了广义 MF 模型和多层感知机模型，综合 MF 模型的线性优点和多层感知机的非线性优点，对用户-标的物潜在结构进行建模，让模型的表达能力更强。同年，基于神经网络结构的深度 MF 模型也被提出。深度 MF 模型同时考虑了用户对标的物的显式评分和非偏好隐式反馈，通过历史交互信息将用户的特征和标的物的特征映射到一个低维的空间，并进行反向学习，最终得到用户和标的物在低维空间的表示，利用余弦相似度算法来计算二者之间的相似度，从而得到推荐结果。

CNN 算法可视为多层感知机的一个变体，带来了包括医学图像在内的图像模式识别的突破。通常，CNN 将输入的数据视为图像，经过一系列的操作，可以捕捉局部特征。深度协作神经网络（deep cooperative neural networks，DeepCoNN）模型在 2017 年被提出，该模型主要的思想是从评论文本中共同学习项目属性和用户行为。它由两个并行的 CNN 组成，其中一个网络专注于学习用户写的评论，另一个网络则从为该项目写的评论中学习项目属性。该模型在顶部引入了一个共享层来将这两个网络连接在一起，以达到利用评分标签来监督用户隐特征以及项目隐特征来进行训练的目的。卷积序列嵌入推荐模型在 2018 年被提出，它由垂直卷积层、水平卷积层和全连接层组成[82]。

　　上述分析了现有的推荐系统的相关算法，虽然很多新的模型相继被提出并被用于推荐，但是在进一步提升推荐系统的性能上，仍然存在着很多挑战，研究热点方向有跨域推荐、众包任务推荐、基于强化学习的推荐和基于对抗学习的推荐等。跨域推荐系统主要是针对数据的稀疏性问题而提出的。当一个域内的用户-标的物的历史交互信息不足时，无法产生高精度的推荐结果。此时，充分利用知识迁移策略，通过将相关数据集的有效信息以某种方式迁移到当前数据域，可以得到很好的推荐效果。基于矩阵的跨域推荐方法在 2019 年被提出，该模型将来自不同领域的用户和标的物放入一个图中，并利用用户和标的物的交互信息来进行跨域推荐。众包任务推荐是指在众包平台上，将发布的任务依据相关模型来为用户推荐与之匹配度最高的任务（如到指定地点打卡、完成拍照任务等）。同时满足任务的时间、位置等的约束，如何将众包任务精准地推荐给感兴趣的用户（如滴滴打车的司机、美团外送人员等），成为亟待解决的问题。李洋等[83]在 2018 年提出了运用树分解算法解决带有最晚时间约束的众包工人的时空众包任务分配问题。童永昕等[84]在 2017 年对所有针对时空众包任务最优分配的算法进行了统一实现。现有推荐系统的推荐过程大部分都是静态的，忽略了用户对于标的物的偏好的动态变化。基于强化学习的推荐解决了上述两个问题，将推荐问题视为序列决策问题，通过和环境的不断交互，选择一系列的行为让整体获得的收益最大化。深度强化学习（deep reinforcement learning，DRL）模型在 2018 年被提出，主要对用户未来的预期奖赏进行建模，将深度强化学习应用于新闻推荐领域。DRL 模型使用深度 Q（deep Q network，DQN）网络来有效建模新闻推荐的动态变化属性，并最终得到相关的新闻列表。基于深度学习的推荐模型在图像生成、语音生成、状态预测等方面表现出来的结果不尽如人意，缺乏实用性。生成式对抗网络的提出为推荐系统中的隐式反馈信息建模指明了另一种方向。Wang 等[85]在 2017 年提出了信息检索生成对抗网络（information retrieval generative adversarial network，IRGAN）模型。IRGAN 模型把生成模型和判别模型统一在生成式对抗网络框架内，采用策略梯度下降算法优化模型，完成高质量的推荐。对于对抗学习推荐系统的研究还处于起步阶段，仍有许多工作尚待展开。

　　随着深度学习、强化学习、对抗学习等技术在各个领域取得的突破性进展，在工业界和学术界中，当前的研究热点之一就是将深度学习、强化学习和对抗学习等技术综合应用到服务推荐系统中，提升服务推荐的性能。5.3.2 节对现有推荐系统中相关的推荐算法进行归纳，进一步讨论推荐系统未来的研究发展方向。

5.3.2　常用方法分类

1. 基于深度学习的服务推荐方法

RNN 主要用于对短序列进行推荐。相比于传统神经网络，RNN 的优势是能够处理序列变化的数据，即前面的输入信息和后面的输入信息存在着一定的关联。由于 RNN 无法解决长序列学习预测问题，长短期记忆（long short-term memory，LSTM）模型被提出。该模型适合于处理和预测时间序列中间隔和延迟相对长的重要事件。语义丰富的循环模型（semantics-enriched recurrent model，SERM）在 2017 年被提出，被用于下一个兴趣点的推荐。该模型联合学习了多个特征的嵌入，如用户、位置信息、时间、从文本中提取的关键字，以统一的方式捕捉时空规律、活动语义和用户偏好。嵌入层将所有的特征转换为低维度的表示，然后将其连接成统一的表示作为 RNN 的输入来进行推荐。

注意力机制最早被应用于视觉图像领域，在自然语言处理领域也相当受欢迎。注意力机制从本质上说就是给予需要特别关注的目标区域更重要的注意力，例如文档中的单词。使用注意力机制可以估计其与其他单词的相关程度，并将其总和作为目标的近似值。通过用户-标的物的历史交互序列来预测用户下一个可能发生交互的标的物时，最常用到 CNN 和 RNN 来进行序列捕捉，RNN 中标的物间的长期关系被保存在隐藏层状态中，CNN 通过卷积核的窗口滑动来捕获标的物之间的关系。但是，这两种方法对于标的物之间的关系都没有显式的建模，所以常常使用注意力机制来帮助 RNN 更好地记忆非常长的依赖关系或者帮助 CNN 将精力集中投入在重要的部分。DeepMove 模型在 2018 年被提出，该模型是一种结合 RNN 和注意力机制的考虑周期性的模型，使用 RNN 来捕获当前轨迹下的转换顺序，同时运用提出一个历史注意力模型，从长历史记录中捕获移动的规律。

图神经网络（graph neural network，GNN）在社交网络、推荐系统、知识图谱等方面都得到了越来越广泛的应用。它在对图节点之间依赖关系进行建模时拥有强大功能，用户和标的物可以被视为图的顶点，用户对标的物的评分可以视为边，而用户和标的物的特征可被视为分布在顶点集上的信号。从而，推荐问题便转化成了图的链接预测问题。传统的图嵌入方法包括 TransE、TransR、TransH 和 TransD。用于知识图增强推荐的多任务特征学习（multi-task feature learning for knowledge graph enhanced recommendation，MKR）模型在 2019 年被提出，该模型是一个通用的、端对端的深度推荐框架，旨在利用知识图谱嵌入（knowledge graph embedding，KGE）去协助推荐任务。KTUP 模型也在同年被提出，它共同学习用户、标的物、实体和关系的表示，利用隐式偏好表示来捕获用户和标的物之间的关系，揭示了用户对标的物的偏好。

2. 基于传统机器学习的服务推荐方法

传统机器学习推荐方法中，比较经典的有协同过滤和因式分解机[81]。推荐领域最为经典的方法非协同过滤莫属。其基本思想是具有相似历史偏好的用户，未来的选择大概率也是相似的。协同过滤仅使用关于用户或标的物的评分信息来生成推荐，通过查找具有与当前用户或标的物相似的评分历史的对等的用户或标的物，使用该近邻性质生成新的推荐。协同过滤方法可以分为基于记忆和基于模型的两种。基于记忆的方法的典型示例是 User-based 算法[86]，而基于模型的方法的示例是核映射推荐系统。基于协同过滤的推荐方法在用户与标的物的交互数据足够多时性能良好，但仍然存在数据稀疏的问题（也叫作冷启动问题）。协同过滤能够做出准确推荐的前提是对于给定的用户或标的物，存在足够的交互信息。对于新用户或交互记录很少的标的物，系统往往很难做出推荐。

因式分解机模型在线性回归模型的基础上，为每一个特征均引入了 k 维特征向量并通过特征向量之间的点乘来学习特征组合的权重，进而可以学习到更多的交叉特征组合。域感知因式分解机（field-aware factorization machine，FFM）模型则在因式分解机模型的基础上[87]，为每一个特征引入了领域的概念，使得每个特征针对不同领域都有不同特征向量。以因式分解机为代表的传统机器学习方法在进行商品个性化推荐时，最多只能建模特征之间的二阶关系，为了更进一步建模高阶特征，开始逐渐采用深度学习的方法进行建模，并以 Embedding&MLP 为标准形式提出了一系列深度学习模型。

3. 基于协同过滤的服务推荐方法

协同过滤方法是仅根据用户和标的物之间的过去交互记录以产生新推荐的方法。这些交互存储在被称为"用户-标的物交互矩阵"的矩阵表中。其主要思想是，这些过去的用户-标的物交互足以检测出相似的用户和/或相似的标的物，并基于这些估计的相似度进行预测。

协同过滤方法分为基于记忆的方法和基于模型的方法两类。基于记忆的方法无须模型，可直接与存储的交互值配合使用，推荐时基本上基于近邻搜索（例如，根据目标用户中找到与之最接近的用户群体，并推荐这些近邻用户中最受欢迎的商品）。基于模型的方法假定存在一个基本的"生成"模型，该模型可以解释用户-标的物的交互，尝试找到这样一个模型以便做出新的推荐。

协同过滤的主要优点是它们不需要用户或标的物的相关信息,只要已经存在交互矩阵就可以,因此可以在许多情况下使用。此外,用户与标的物进行交互的次数越多,新的推荐就会越准确:对于一组固定的用户和标的物,随着时间的推移存储的新的交互会带来新信息,并使系统推荐效果越来越有效。

比如,基于记忆的协同过滤、基于用户的 User-User 和基于标的物的 Item-Item 模型的主要特征在于,它们仅使用来自 User-Item 交互矩阵的信息而不采用任何模型来产生新的推荐。为了向目标用户提出新的推荐,User-User 方法尝试寻找具有最相似的行为(最近邻)的用户,以便推荐在这些近邻用户中最受欢迎的而目标用户未点击或评价过的标的物。这种方法被称为“以用户为中心的”,因为它基于用户与标的物的交互来表示用户,并以此来评估用户之间的距离。假设我们要为给定的用户做推荐。首先,每个用户都可以用其与不同标的物的交互向量(交互矩阵中的一行)表示[88]。然后,可以计算出我们感兴趣的用户与其他所有用户之间的某种相似度。这种相似性度量使得在相同标的物上具有相似行为的两个用户被视为接近。一旦计算出与每个用户的相似度,我们就可以将 k 个最邻近的用户保留给待推荐用户,然后建议其中最热门的标的物(仅考虑用户尚未与之交互的标的物)。注意,在计算用户之间的相似性时,需要仔细考虑“公共交互”的数量。在大多数情况下,如果目标用户只有一个相同交互的用户[89],该用户与目标用户在此标的物上具有 100% 的相似度,那么该用户比具有 100 个共同的交互并且有 98 个相同交互行为的用户与目标用户更“接近”。因此,如果两个用户以相同的方式(相似的评分、相似的点击行为等)与许多常见标的物进行交互,那么他们就是相似的。

为了向用户提出新推荐,Item-Item 方法的思想是找到与用户已经“积极”交互过的标的物相似的标的物。如果大多数用户与两个标的物交互都以相似的方式进行操作,则认为这两个标的物是相似的。这种方法被称为“以标的物为中心”,因为它根据用户与标的物之间的互动来表示标的物,并评估这些标的物之间的距离。假设我们要为给定的用户提出推荐,首先,考虑该用户最喜欢的标的物,并通过其与每个用户的交互向量(互动矩阵中的“一列”)来表示该标的物(其他所有标的物也一样)。然后,可以计算“最佳标的物”与所有其他标的物之间的相似度。一旦计算出相似度,就可以保留 k 个选定的“近邻最佳标的物”,这 k 个标的物对目标用户来说是未曾交互过的,然后推荐这些标的物。

为了获得更多相关的推荐,我们可以不仅为用户最喜欢的事物做近邻推荐,还可以考虑用户的 top-n 个喜欢的事物做近邻推荐。在这种情况下,我们可以推荐与若干用户喜爱事物接近的事物。

■ 5.4   本章小结

随着云计算技术的兴起，软件的开发、交付和维护模式正发生着巨大的变革。面向服务的计算作为一种新兴的计算模式，以服务作为构建软件应用的基本元素[90]，引起学术界和工业界的普遍关注。Web 服务是具有标准接口描述的可编程模块，是一种灵活的、标准的服务交付接口技术，常用于云计算平台服务实施中提供各种已经实现的功能或资源。然而，单一的服务所能提供的计算资源和能力是有限的，为满足用户日益复杂的需求，需要从众多分布在不同云平台上的服务中，选择合适的组件服务，并按照一定的业务规则进行组合，构建可伸缩的松耦合的服务选择和服务推荐。

大数据时代下，推荐系统对于提高人们获取信息的效率影响不言而喻。近年来深度学习技术的蓬勃发展，使得应用深度学习技术的推荐效果相比以往更上一个阶梯。

本章先对服务选择和服务推荐进行了系统性描述，再以深度学习的方法学习为延伸，为读者能够更加轻松地去理解整个服务选择和服务推荐的方法框架以及未来的方向提供参考。

第6章

服务组合

近年来，随着 Web 服务相关标准的持续完善和支持 Web 服务的企业级软件平台的不断成熟，越来越多的稳定易用 Web 服务被共享在网络上。然而单个 Web 服务的功能有限，难以满足实际应用中多种多样的需求，为了更加充分地利用共享的 Web 服务，有必要将共享的 Web 服务组合起来，提供功能更为强大的服务。Web 服务组合的研究正是在这种背景下提出的，吸引了工业界和学术界的广泛关注。

■ 6.1　什么是服务组合

6.1.1　服务组合背景

作为信息领域的核心问题——如何实现灵活地集成企业业务，经历了从 EDI 到 EAI 的发展历程。传统的 EDI 试图通过增值网络（value added network，VAN）连接企业和客户、供应商以及合作伙伴。作为企业业务集成领域的先驱，EDI 建立专有系统，实现企业和特定伙伴之间对等的业务连接。但是，这种传统的 EDI 是一种费用高昂、灵活性差和耗时的解决方案。

20 世纪 60 年代到 70 年代期间，企业应用大多是用来替代重复性劳动的一些简单设计。当时并没有考虑企业数据的集成，唯一的目标就是用计算机代替一些孤立的、体力性质的工作环节。到了 20 世纪 80 年代，有些公司开始意识到应用集成的价值和必要性。这是一种挑战，很多公司的技术人员都试图在企业系统整体概念的指导下对已经存在的应用进行重新设计，以便让它们集成在一起，然而这种努力收效甚微。20 世纪 90 年代，企业资源计划（enterprise resource planning，ERP）应用开始流行，市场需要企业资源计划应用能够支持已经存在的应用和数据，EAI 应运而生，主要目的是集成企业内部分散的系统。尽管 EAI 满足了许多企业的一些内部应用集成需求，但是 EDI 和 EAI 都没有实现对涵盖整个价值链的业务流程支持，其交互方式也各不相同，相关集成技术亦随着应用的不同而不尽相同。因此，迫切需要一种新的技术以灵活和标准化的方式实现企业业务集成。

随着分布式对象技术和 XML 技术的发展，出现了 Web 服务技术。Web 服务是指那些由 URI 来标识的应用组件，其接口和绑定信息可以通过 XML 定义、描述和查找；同时，Web 服务通过基于 Internet 协议的 XML 消息，可与其他软件、应用直接交互。换言之，Web 服务就是可以通过标准的 Internet 协议访问的应用组件，它不依赖于特定的硬件、操作系统和编程环境。

由于 Web 服务提供了一种一致化编程模型，从而在企业内外都可以利用通用的信息基础设施以通用的方法进行业务集成。面向服务的计算（service oriented computing，SOC）的核心理念是在交互的软件成分之间，构建松耦合的协同软件体系。SOC 以 Web 服务作为基本组成成分，并采用了一系列标准化的协议进行交互。

面向服务的体系结构解决了如何描述和组织服务的问题，以便服务可以被动态地、自动地发现和使用。而 Web 服务组合作为以 Web 服务为基础的信息基础设施和 EAI 之间的桥梁，将服务模块组合起来成为完整的应用。

在开放的网络环境下实现跨组织的信息共享与业务协同已成为商业、科学研究、军事等各个领域具有广泛需求的基础性研究课题。近年来，随着"服务"成为开放网络环境下资源封装与抽象的核心概念，通过动态地组合服务实现资源的灵活聚合成为技术发展的自然思路。特别是随着 Web 服务技术的出现和推广，Web 服务已成为公认的实现服务的主流技术选择，这使得动态 Web 服务组合技术成为面向服务的计算的核心技术。由于应用领域的多样性、复杂性以及用户需求的动态性，Web 服务组合需要具有服务动态发现、选择与绑定的能力。目前，许多国内外研究机构围绕 Web 服务组合服务质量保障展开研究工作，并取得了一些有价值的探索性成果。Web 服务组合是将若干服务按照一定的业务逻辑进行组装形成组合服务，并通过执行该组合服务而达到业务目标的过程。该过程涉及众多关键问题，可被划分为两大类：服务组合建立时问题和服务组合运行时问题。前者主要包含了服务发现、服务合成、服务组合描述和服务组合验证等问题，后者包含了服务组合执行与监控、服务组合的安全与事务管理等问题。

Web 服务技术的广泛接受使得 Web 服务正逐步成为 Internet 网络环境中资源封装的标准形式。随着部署在 Internet 上的 Web 服务不断丰富，这些可被公共访问和集成的服务构成了一个潜在的巨大的标准组件库。因此，在 Web 服务互操作技术的基础上，提供高层的服务集成手段、实现服务组合成为 Web 服务技术发展的自然需求。

虽然"服务组合"这一术语在许多文献中被反复提及，但是目前并没有对于服务组合的权威定义。几个重要文献中对于"服务组合"解释如下[6,12]：服务组合是指将若干个 Web 服务合并起来提供增值服务的过程；广泛可用和标准化的

Web 服务使得根据特定的业务流程连接多个业务伙伴的 Web 服务来实现 B2B 互操作成为可能，这一实践称为服务组合；服务组合使得开发者在面向服务的计算的描述、发现和通信能力之上创建应用，这些应用可被快速部署，为开发者提供重用能力以及为用户提供对于多种复杂服务的无缝访问。

基于上述对服务组合的阐述，我们认为，服务组合是指基于面向服务的体系结构，根据特定的业务目标，将多个已经存在的服务按照其功能、语义以及它们之间的逻辑关系组装提供聚合功能的新服务的过程，是面向服务的计算范型中实现资源聚合与应用集成的主要模式。

本书将由服务组合构造得到的服务称为"组合服务"（composite service），为组合服务提供子功能的服务称为该组合服务的"组件服务"（component service）。例如，在移动支付电子文献检索案例中，在文献提供商的文献检索服务、移动运营商的移动小额支付服务以及银联的电子银行服务的基础上，组合形成提供聚合功能的移动支付电子文献检索服务。因此，移动支付电子文献检索服务是一个组合服务，而文献检索服务、移动小额支付服务以及电子银行服务是该组合服务的组件服务。

6.1.2　服务组合定义

Web 服务组合方法从组合方案生成方式来分有两大类：静态组合和动态组合。静态组合意味着请求者应在组合计划实施前就创建一个抽象的过程模型。抽象的过程模型包括任务的集合以及任务间的数据依赖关系，每个任务包含一个查询的子句，用来查找完成任务的真正的 Web 服务。而动态组合不仅自动地选择、绑定Web 服务，同时更重要的是自动地创建过程模型。

IBM 将 Web 服务组合定义为一组支持业务流程逻辑的网络服务，该组合服务既可以作为最终的 Web 服务提交给用户，也可以作为新的 Web 服务发布到网络上，Web 服务组合是通过确定组件 Web 服务的执行顺序和各组件 Web 服务之间的交互来实现的。HP 实验室认为 Web 服务组合的主要目的是：服务提供者将网络上已经存在的 Web 服务视为服务的组件或基础模块，并通过一定的顺序重新组合并使用，这种组合可以使得各个组件服务的价值得到增值，这种增值主要体现在所构建的新服务能够满足更加复杂的特定需求的能力，并且能够提供更大的可用性和更高的服务质量保证。由此可以看出，Web 服务组合是针对业务需求，动态地选择、集成和调用已有服务，运用组合机制，提供功能强大的增值服务。Web服务组合是面向服务计算和面向服务体系结构的关键技术，它避免了低效、静态、单一的服务模式给新型业务需求带来的阻力，极大地解决了应用系统灵活性差、适应性低的问题，对系统集成和服务复用起到了很好的技术支撑作用。组合服务是由一系列抽象服务构成的，这些抽象服务被称为服务类。服务类是指多个具有相同功能的 Web 服务集合，网络上的 Web 服务虽然功能重复率较高，但是这些功能相似的 Web 服务各自的 QoS 属性却不尽相同，有的甚至差异很大。这些功能相同质量不同的 Web 服务组成了一个抽象的服务类集合。服务组合时，需要从每个抽象服务类中抽出和调用某一个特定的 Web 服务，这些等待候选的服务被称为候选服务。候选服务是多个满足用户业务需求的 Web 服务。组合服务则是从多个抽象服务类中，将符合用户对 QoS 各个属性综合约束的多个候选服务选择出来并形成一个新的复杂服务，这个新的服务可以完成多个组合功能，具有更强的业务执行能力。

服务组合系统针对用户个性化的业务要求进行组合，作为候选的 Web 服务不必是同一平台或同一组织内的，这一点也充分体现了 Web 服务具有跨平台和跨组织的特点，为用户获取更广泛的选择范围提供了有利条件。但是，由于网络上功能类似的 Web 服务数量太多，在同一领域具有相同功能的 Web 服务数不胜数，用户可供选择的余地越来越大。服务组合的方式多种多样，但归根到底其主要目标是快速灵活地选择出满足用户需求的服务组合，这是 Web 服务组合技术中重点要解决的问题。只有适应用户的需求，在服务组合中不断做出调整，Web 服务的应用才能真正地发挥其特点和作用。因此，如何从不同平台的环境中选择合适的候选 Web 服务是 Web 服务组合过程最重要的一步，这个选择的过程被称为服务选择技术。

Web 服务技术的日渐成熟使得越来越多方便稳定的 Web 服务能够在网络上共享，但是单个的 Web 服务所提供的功能有限，为更加充分地共享 Web 服务，有必要对其进行 Web 服务组合，通过组合服务来提供更完善的服务功能，更加便捷地满足用户需求。在复杂多变的实际应用中，把多个功能单一的 Web 服务按照一定的规则有机结合在一起，形成粒度更大、功能更强的组合服务的过程，即是 Web 服务组合。

Web 服务发现是指根据用户对目标服务的需求，通过服务发现算法从服务注册中心查找到满足用户需求的服务集合，它是实现 Web 服务组合的前提条件。当前，Web 服务发现相关的研究成果层出不穷，可将其大致划分为两大类：基于关键字的 Web 服务发现和基于语义的 Web 服务发现。前者以统一描述、发现和集成协议为典型代表，仅支持关键词匹配，所以服务发现效果不佳；后者则是 Web 服务与语义网相结合而产生的，被视为最有前景的服务发现方法。此外，还有一部分工作是针对特定应用而提出的，如基于统一建模语言（UML）的服务发现方法、基于用户以往的服务选取记录和系统日志进行服务推荐的方法等。Web 服务本体语言 OWL-S 是美国 DAML 计划在 OWL 基础上提出的一个服务本体语言，它以描述逻辑（DL）为基础，将 Web 服务的本体分成三个上层本体：service profile、service model 和 service grounding。其中 service profile、service model 和描述逻辑被研究人员广泛应用于服务发现中。Web 服务建模本体 WSMO 和 Web 服务建模语言 WSML 是欧洲语义系统计划在前期 Web 服务模型框架（web service modeling framework，WSMF）的工作基础上提出的一个语义 Web 服务的建模本体和描述语言，并提出在此框架下实施 Web 服务发现的工作草案。该草案在分析了自动 Web 服务发现涵盖的主要概念问题之后，提出了在 WSMO/WSML 的框架下实施 Web 服务发现的概念模型，并重点介绍了两种 Web 服务发现方法：基于简单语义描述的 Web 服务发现和基于丰富语义描述的 Web 服务发现。前述两类基于语义的 Web 服务发现方法均建立在全新的语义 Web 服务模型的基础上，在现有的大量采用 Web 服务描述语言描述的服务中需进行一定的预处理工作。因此，很多研究人员提出了基于 WSDL 的语义扩展进行服务发现。其中，以美国佐治亚大学大规模分布式信息系统实验室（Large Scale Distributed Information Systems Lab，LSDIS）与 IBM 联合提出的 WSDL-S 最具影响力。除上述三类方法之外，还有其他基于语义的服务发现方法，其中包括采用流程本体刻画服务语义，Klein 等[91]提出了流程查询语言（process query language，PQL），从而将服务匹配问题转化为语言模式匹配，进而采用基于模式匹配的算法实现服务匹配，基于本体论和词汇语义相似的 Web 服务发现方法等。Web 服务发现是实现服务组合的一个重要前提，尽管当前不同学者从各自的应用领域提出了众多的方法，但如何进一步提高服务发现的准确率和召回率，且有效降低方法的复杂度，从而提高方法的可用性，是当前服务发现需要解决的重要问题。

　　Web 服务组合是根据业务规则将若干服务组合成大粒度服务的过程，组合方法可分为业务流程驱动的服务组合和即时任务求解的服务组合两大类。其中，代表性的方法有基于情态演算、基于规划领域定义语言（planning domain definition language，PDDL）、基于层次任务网（hierarchical task network，HTN）、基于定理证明的方法等。虽然已有学者提出基于 HTN 的服务自动组合方法，但是这些方法没有考虑如何从多种可用分解中做出选择，这将导致最后得到多种解决方案。Markov 决策过程（Markov decision process，MDP）为决策制定建模提供了一个数学框架，其输出结果部分是随机的，部分是决策者所控制的，适用于解决在大范围内选优的问题。有研究者将一个服务组合任务形式化为约束满足问题，提出了以一致性为基础的服务组合方法，该种方法为服务组合问题形式化生成通信顺序进程（communication sequential processes，CSP）建立了一系列基本规则，包括服务组件建模、组件接口不均匀化、组合数据类型建模、流程约束和控制约束等。还有研究者提出了基于启发式搜索的服务自动组合算法，该算法支持服务组合的并行创建，允许在可选择的控制流程中存在初始状态和服务效果的不确定性。同时，该算法还支持在服务组合的过程中创建变量，以确保其在真实环境中的应用性。基于图搜索的方法提供了一条不同于人工智能规划的 Web 服务自动组合的有效途径，这类方法无须过多的形式化表示方法或推理系统，比较容易实施。在基于图搜索的服务自动组合方法中，服务以及服务之间的关系被表示成关系图，服务合成的过程被转化为在关系图中进行遍历，寻找从输入到输出或者从输出到输入的可达路径。RESTful Web 服务作为一种新兴的技术，开始在工业界和学术界受到越来越广泛的关注，相比传统的基于简单对象访问协议的 Web 服务，RESTful Web 服务凭借其轻量级、易访问、可扩展等特点，在进行服务组合时更具有优势。

如何有效组合分布于网络中的各种功能服务，实现服务之间的无缝集成，形成功能强大的企业级流程服务以完成企业的商业目标，已经成为 Web 服务发展过程中一个重要的研究领域。通过 Web 服务组合方法将若干 Web 服务组合，这个组合服务能否正确执行并成功实现用户既定的目标是检验 Web 服务组合方法正确性和可用性的标准。因此，在将组合出来的流程服务正式投入运行之前，对其进行验证是至关重要的。然而，现有的许多 Web 服务及其组合描述语言都是半形式化的，容易出错且不容易对其进行检测以及验证，也没有相应的形式化工具对其给予支持，这就使得 Web 服务组合的正确性很难得到保证。目前，很多的服务组合缺少对正确性的验证，不能保证服务组合内部流程结构是否正确，组合的服务中是否存在死、活锁，是否存在不可达状态，还有是否对语义一致性、服务间行为兼容性、等价性和可替换性等方面进行了验证。一般而言，Web 服务组合验证均基于某种形式化方法进行验证，目前国内外使用最多的三种形式化方法为 Petri 网、自动机理论和进程代数。Petri 网作为一种基于状态的形式化建模方法，具有直观、形象、语义严格且数学分析的优点，是数据和控制流的抽象和形式化建模方法。一些研究者用 Petri 网对服务建模，把服务的操作和服务的输入、输出分别映射到 Petri 网中的转移和库所，提出了服务 Petri 网模型，并针对服务组合中的各种结构进行形式化表达。基于有限自动机的 Web 服务模型与验证也有不少研究成果：有的研究者采用有限状态机对基于 BPEL 描述的服务组合流程进行建模，通过检验流程安全性和活性等属性来验证服务正确性；也有研究者采用有限状态机对 Web 服务行为进行建模，验证了两个服务之间协作的正确性；还有研究者用带注释的自动机定义 Web 服务。进程代数是一类使用代数方法研究通信并发系统的理论的泛称，它可用来对并发和动态变化的系统进行建模，是目前描述 Web 服务的数学理论之一，包括通信系统演算（calculus of communicating systems，CCS）、CSP 和 π 演算等，CCS 和 π 演算在 Web 服务组合分析与验证中使用较多。以 CCS 为代表的进程代数方法，因其概念简洁，可用的数学工具丰富，在并发系统的规范、分析、设计和验证等方面获得了广泛应用。香港科技大学的 Shing Chi Cheung、帝国理工学院的 Dimitra Giannakopoulou 和 Jeff Kramer 首次将 CSP 描述的并发模型应用于可达性分析[92]。他们提出的检测方法被称为组合可达性分析技术，该方法首次应用进程代数等价理论约简并发模型状态空间，一定程度上避免了状态爆炸问题。π 演算是对 CCS 的发展，与 CCS 和 CSP 相比，π 演算允许进程之间传送和接收通道名，因此 π 演算能够方便刻画系统结构的动态变化，它不仅形式简洁，而且具有很强的表达能力，是描述分布式松耦合的移动、交互、并发系统的理论模型，它提供了相关概念、理论、方法和数学工具，是一种对系统进行建模和验证的有效形式化方法。在利用以上各种进程代数方法描述验证 Web 服务的过程中，研究人员提出了基于多种演算的方法和模型。Nakajima[93]描述了如何使用简单的 Promela 解释器（simple Promela interpreter，SPIN）模型检查工具来验证 Web 服务组合；Karamanolis 等[94]将 Web 服务流程转换成有限状态进程（finite state process，FSP）并使用标记的过渡系统分析仪（labeled transition system analyzer，LTSA）进行模型检查；Koshkina 等[95]引入基于 BPEL4WS 的 BPE 演算，使用进程代数编译器（process algebra compiler，PAC）工具和新世纪并发工作台（concurrency workbench of the new century，CWB-NC）工具来建模和验证 Web 服务协作。目前，这方面的研究工作已经引起国内外研究人员的关注，但还需要在对服务行为等动态属性的进一步认识的基础上展开深入研究。

6.1.3　服务组合特点

单一 Web 服务只能提供特定的函数功能完成单一任务，而将多个单一 Web 服务组合起来就可以形成完全不同的函数功能，这就是 Web 服务组合技术的重要作用。通过对近些年国内外研究人员在 Web 服务组合方面研究成果的研究，Web 服务的价值在于服务重用，重用的目的是使服务增值。Web 服务组合是各个小粒度的 Web 服务相互之间通信和协作来实现大粒度的服务功能；通过有效联合各种不同功能的 Web 服务，组合服务开发可以解决更为复杂的问题，达到服务增值的目的。Web 服务组合具有以下特点。

（1）层次性和扩展性。现有的 Web 服务的基本功能已经十分完备，通过组合和重用可产生功能更加强大的新服务，产生的新服务也可与其他 Web 服务进行组合和重用，组合出不同功能的服务，具有很大的扩展性。Web 服务的组合通过重用并组装已有的 Web 服务来生成一个更大粒度的服务，使得组合的 Web 服务具有层次性和可扩展性。

（2）效率性。Web 服务将重用已存在的简单服务，通过模块化组合即可形成一个新的服务，而不用重新开发，极大地提高了开发效率。通过重用已有的服务，并自动化地生成新的服务或系统，极大提高了软件的生产效率。

（3）动态性与自适应性。Web 服务组合是一个动态过程，在符合标准的协议环境下，按照用户需求，将已在 Web 服务库中注册过的 Web 服务进行动态发现、组合和管理。Web 服务组合是一个动态、自适应的过程，它在标准协议的基础上，根据客户的需求，对封装特定功能的现有服务进行动态的发现、组装和管理。

（4）过程自动化。Web 服务组合通过动态的语义分析与服务的自动化匹配，减少了不必要的人工干预，易于实现动态电子商务交易过程的自动化。

6.1.4　服务组合技术

服务组合作为一种构造 SOA 应用的技术，包含一系列与 SOA 应用开发生命周期相关的技术，包括建模、分析和仿真、编程、部署和执行、监控、优化等。

（1）建模技术：建立服务组合模型的技术。服务组合模型类似于业务过程模型，在该阶段，业务过程制定者（通常是业务专家）创建过程的高层模型，该模型通常包括任务和任务的编排、对任务时间和经费开销的估计、任务执行涉及的人员、资源等。如业务流程建模与标注（business process modeling notation，BPMN）、UML 等建模语言。

（2）分析和仿真技术：该阶段包括对服务组合模型的可达性、结构、资源使用、性能等进行定性和定量分析的技术，以及设计业务场景对业务过程进行仿真测试、发现关键路径和瓶颈的技术。

（3）编程技术：在该阶段，高层服务组合模型被转换成可执行的服务组合代码，包括：①手工编码技术，完全通过手工完成服务组合编码；②模型驱动的半自动编码技术，通过软件工具由服务组合模型自动产生服务组合代码的框架，然后手工添加必要的成分；③自动编码技术，在服务具备语义信息的前提下，可通过服务组合代理自动产生服务组合代码。目前 BPEL4WS（BPEL）是 Web 服务组合编程语言的业界事实标准，其他 Web 服务组合编程语言还包括业务流程建模语言（business process modeling language，BPML）和早期的 XLang 及 WSFL。BPMN 规范定义了从 BPMN 模型到 BPEL4WS 的自动转换。W3C 发布的 Web 服务本体语言 OWL-S 可以为基本 Web 服务以及复合 Web 服务添加语义信息，从而支持 Web 服务的自动组合。

（4）部署和执行技术：主要指服务组合执行引擎技术，包括服务组合代码在执行引擎上的部署和执行。

（5）监控技术。

（6）优化技术。

6.1.5　服务组合研究意义及解决思路

在较为复杂的组合过程中，由于进行组合的子服务数量较多，服务间的交互呈指数级增长，极易发生兼容性问题。由于服务冲突问题给服务组合过程带来的严重影响，该问题目前已经成为服务组合的主要障碍，因此，研究 Web 服务组合中的冲突检测技术与解决方法具有重要意义。

针对服务冲突问题目前主要有两种类型的检测方法：动态检测方法和静态检测方法。静态检测方法主要关注服务的逻辑描述，首先利用形式化方法对服务进行抽象，然后利用相应的数学工具进行推导，从而检测不同服务之间是否存在冲突。动态检测方法能够对系统生命周期不同阶段进行检测，通过对运行时的系统进行监测来判断是否会发生冲突。动态检测方法与静态检测方法具有各自独特的优势，但同时也存在一定缺陷。静态检测方法往往需要了解 Web 服务的内部逻辑，而由于 Web 服务开发的独立性，使得这一要求难以得到满足，并且静态方法的推导过程通常较为复杂，需要深厚的数学功底；动态检测方法在系统运行时期进行监测，检测与解决代价较大，甚至可能引起系统崩溃。针对上述问题，研究人员提出一种基于过程挖掘的在线冲突检测框架，并提出基于产生式规则的 Web 服务冲突检测算法。在线服务组合可以通过该框架进行在线冲突检测，该框架能够在不了解内部逻辑的情况下对 Web 服务进行建模，并获得服务的产生式规则，检测算法通过对不同服务规则的分析可以在在线组合发生前进行冲突预测，简化了检测过程。

冲突检测完成后需要进行冲突解决，一种有效的方法是进行 Web 服务回滚，利用备份服务（即与对应的原子服务功能相近的服务）对原子服务进行在线替换，从而实现冲突的在线解决。通常每个原子服务有一个或多个备份服务，并且当原子服务较多时可能同一时间会有多个替换请求，而如何从备份服务中选择满足用户需求的替换服务并且对替换请求进行高效调度对于服务组合系统来说具有重要意义，良好的选择与调度方法对系统的执行效率有着重要影响。针对这一问题，研究人员利用队列调度模型相关知识进行了研究与分析。利用加权轮询队列和回馈机制建立了请求调度模型，能够在线选择满足用户需求的替换服务，保证了替换过程的顺利进行，从而避免冲突的产生，并能够对替换请求进行有效调度。研究人员应用基于回馈的服务等待队列，能够提高服务选择准确率，降低服务请求的时延，保证服务请求的相对公平，同时很好地满足请求的个性化需求。

■ 6.2　服务组合方法

6.2.1　服务组合方法概述

根据 Web 流程管理方式的不同，服务组合可以分为服务编制（orchestration）和服务编排（choreography）两大类。服务编制是通过中心流程来协同服务间的交互；服务编排则没有集中的控制，参与组合的服务都知道需要执行的操作和需要交换的信息。根据服务组合所解决问题类型的不同，可以分为业务流程驱动的 Web 服务组合和即时任务求解的 Web 服务组合。

1. 业务流程驱动的 Web 服务组合

业务流程驱动的 Web 服务组合实现了工作流技术与 Web 技术的结合，将服务组合过程抽象为一组流程模板，并对可执行过程和抽象过程进行建模。通过工作流中的每一个环节分别选择和绑定服务，完成 Web 服务的调用、异常处理等流程活动，从而实现整个流程。目前，面向业务流程的 Web 服务组合主要采用两种系统实现整个流程：①面向业务流程 Web 服务组合：BPEL 由微软公司、IBM 公司和 EBA 公司联合发布，用于商业流程的规范化、标准化，该语言包含了多种网络服务，并能将系统内部和业务伙伴间的信息交换标准化。BPEL 定义了一个流程指定需要使用的服务，并将这些服务进行组合来实现最终目的。②eFlow 是 HP 实验室开发的一个服务组合平台，用来管理、执行和描述服务组合。在系统运行过程中，可以进行流程的自动更新，这种动态更新的方法对于之后的动态生成提供了良好的思路。业务流程驱动的 Web 服务组合易于实现，执行代价也较低，但其动态性和灵活性都比较差，只适用于对少量 Web 服务进行组合。

2. 即时任务求解的 Web 服务组合

即时任务求解的 Web 服务组合的目标是解决用户提交的即时任务，它根据任务需要，通过一些方法和手段，动态地从服务库中自动选取若干服务进行自动组装，以实现功能需求。与业务流程驱动的 Web 服务组合相比，这类服务自动化程度高，所形成的组合服务是一个临时的联合体，一旦任务求解结束，这个联合体也随之解体。基于人工智能（artificial intelligence，AI）理论的 Web 服务组合采用经典的人工智能的规划思想，将服务组合问题转换成人工智能领域中的问题。这种方法依据任务需求，定义服务组合的初始状态和目的状态，然后通过分析输入参数、输出参数、前提和结果等，把其转化为对动作的功能和行为的形式化描述，最后通过状态变迁规则和形式化推理获得服务组合路径。基于 AI 理论的 Web 服务组合方法主要有：基于情景演算的服务组合、基于 PDDL 的服务组合、基于 HTN 的服务组合、基于定理证明的服务组合。基于 AI 理论的 Web 服务组合方法在一定程度上实现了 Web 服务自动、高效的组合。然而，随着服务组合规模的扩大，其复杂度会随之显著提高，可用性也受到挑战，在服务组合过程中，还要考虑用户偏好、约束等，这些问题的解决方案还有待进一步研究。

基于图搜索的 Web 服务组合，使用关系图表示各个服务及它们之间的关系，通过遍历关系图，来寻找可达路径，最后将可达路径合成为可运行的组合服务。基于图搜索的方法比较容易实现，也无须过多形式化表述或推理。但随着服务数量的增多，如何减小关系图的构建代价，加快关系图的处理效率以实现快速组合是这类方法需要解决的关键问题。

上述两类方法通过不同的技术来实现 Web 服务组合，取得了一定成果，有着各自的优点和应用范畴。然而，在不断发展的互联网环境中，难免会出现大量具有相同功能的 Web 服务，这时，对 QoS 的刻画就尤为重要，基于 QoS 的 Web 服务组合是目前研究的热点问题。

6.2.2　使用方法学分类

Web 服务组合的很多技术实际上都是在已有的方法中继承和发展而产生的，可以按照这些 Web 服务组合使用的方法学分类如下。

（1）基于工作流，工作流的研究对 Web 服务的组合产生了很大的影响，典型的基于工作流的方法有 BPEL4WS、eFlow 等。

（2）基于软件工程方法，Web 服务可以看作是一个独立的软件模块，软件工程中的一些原则、技术、思想，同样可以应用于 Web 服务组合。典型的软件工程方法如 Web Components 或者程序自动生成的方法。

（3）基于人工智能的方法，由于传统的 Web 服务描述语言（WSDL）缺乏语义上的描述，所以学术界普遍采用 OWL-S、WSML、WSMO、WSDL-S、Web PDDL 等语义网的方式来增加 Web 服务的语义描述，然后试用人工智能规划、专家系统来自动或者半自动地生成 Web 服务组合。

6.2.3　按照拓扑结构分类

Web 服务组合存在两种典型的拓扑结构：分布式的网状结构与集中式的星形结构。在前者结构中，不存在一个中心，各个 Web 服务均作为对等的一个点，与其他 Web 服务均可以直接通信。而后者结构中，存在一个 Web 服务作为中心点，其他 Web 服务均可以与中心点进行通信，但是不能直接通信，这里中心点负责协调所有的 Web 服务的通信，间接地建立两个 Web 服务之间的通信。

分布式的架构可以为 Web 服务的性能带来提升，但是拓扑结构的变化也相应地增加了 Web 服务组合中的复杂性。因而，目前的研究都是静态生成 Web 服务组合流程，最后再考虑如何将组合后的流程分布到不同的节点中。

6.2.4　按照动态程度分类

根据动态程度的从低到高，Web 服务组合可以分为如下三种类型。

（1）静态 Web 服务组合：参与组合的 Web 服务、组合流程等均是设计时确定的，适合于构建稳定的组合系统。

（2）半动态 Web 服务组合：预先给出当前组合 Web 服务的高层领域模板，

但是运行时由系统根据用户需求和领域模板生成组合 Web 服务的各个步骤，再根据每一步对 Web 服务的需求而选择确定参与的 Web 服务。

（3）完全动态 Web 服务组合：根据客户需求，运行时产生符合这种需求的若干个 Web 服务参与的组合系统。根据上面三种组合方式的说明，显而易见的是动态程度越高，越灵活，不确定的因素越多，组合的难度就越大。但是动态的组合系统更适合高度动态变化的、异构的 Internet 环境和不断变化的需求。需要注意的是，动态性和人工的参与程度有一定的关联。例如，完全动态的组合系统一般是自动组合的，但是两者关注的是 Web 服务组合的不同的两个方面，不可等同。

6.2.5　按照人工参与程度分类

根据组合系统设计人员在组合过程中的参与程度，可以区分为三种类型的组合。

（1）完全的人工 Web 服务组合：组合流程完全是设计人员按步骤制定的，工作流方法就属于完全的人工组合的方法。

（2）交互式 Web 服务组合：设计人员在这种组合过程中是在较高的抽象层次上来表达组合的需求，组合工具产生部分或者全部的组合流程，设计人员可以在此基础上调整，不断反复，完成最终的组合流程的设计。此过程体现出了设计人员和组合工具的交互过程。

（3）自动 Web 服务组合：设计人员仅仅在较高的抽象层次上表达组合的功能和非功能性需求，在此过程之后，组合流程完全由组合工具自动产生。

6.2.6　服务组合方法分类

随着对 Web 服务的业务能力要求的逐渐提高，Web 服务组合理论应运而生。基于 XML 的 Web 服务技术迅速发展，为互联网应用提供了一种共享数据的有效手段。Web 服务的高效执行方式，Web 服务与其他成熟技术的有机结合以及 Web 服务的组合是解决现实应用问题的重要技术。下面我们将对目前常用的 Web 服务组合方法进行分类并介绍其流程以及特点，以发现目前 Web 组合方法的研究关键点及不足之处。当前，学者从不同角度对 Web 服务组合进行了大量的研究，提出了多种 Web 服务组合方法，主要有以下几种。

1. 基于 BPEL4WS 的 Web 服务组合方法

BPEL4WS 是专为整合 Web 服务而制定的一项规范标准。BPEL4WS 流程实际是一个用来表达特定业务的逻辑和算法的流程图，其中的每一步称为一个活动，BPEL4WS 通过 Web 服务调用、操作数据或终止流程等将不同的活动进行连接整合，从而定义出一个新的 Web 服务，进而完成 Web 服务组合。

BPEL 是一种基于业务执行流程，使用 XML 编写的编程语言，是自动化业务流程的形式规约语言，在 Web 服务自动化业务流程中被广泛应用。

BPEL4WS 主要采用为业务流程进行的编制和为业务协作的编排两种服务组合方式，这两个描述方法都被 BPEL 所支持，这样可编写有可执行服务组合过程和定义的服务协议。通过 BPEL 流程，用于表述特定业务的处理逻辑关系和算法，以支持面向过程的 Web 服务组合的方法。通过把现有的服务进行组合，形成一个新的服务，服务就成为一个过程，而参与这个过程组合的称为参与者，消息交换的行为称为活动，参与者则通过 WSDL 进行相互活动。

2. 基于语义的 Web 服务组合方法

如何对 Web 服务的数据和功能等信息进行明确统一的表达，是 Web 服务组合的基础，基于语义的 Web 服务组合通过添加语义信息给 Web 服务，明确表达 Web 服务的数据和功能等信息，使计算机能自行理解并完成相应的操作。语义 Web 服务是为了计算机能够理解 Web 服务采用的一种描述方法，目的是让 Web 服务成为计算机能够理解的实体，使 Web 服务能以开放的方式为应用程序提供服务。语义 Web 服务是由 Web 服务组合和语义 Web 组合而成，是能被本计算机理解和解释的一种服务信息。随着动态 Web 技术的普及，基于语义 Web 服务将大大增强其交互的处理能力，增强其 Web 上资源的管理效率。

语义 Web 服务将 Web 服务技术与语义 Web 的思想结合在一起，把服务赋予了语义的灵魂，语义为 Web 服务的描述加入了足够的信息，使 Web 服务成为计算机实体。进而使 Web 服务能够实现自动化和智能化，是 Web 服务自动组合的必要基础。由于语义 Web 服务拥有足够的语义信息并且它还具备高度可集成和松耦合的能力，服务中资源能够被自动地发现、组合。语义 Web 服务可以通过关键字和内容获得资源，WSMO、OWL-S、Web 服务描述语言语义标注（semantic annotations for web service description language，SAWSDL）等较为成熟的语义 Web 服务描述语言作为服务的本体，自动地去调用、发现、组合、检测服务。利用语义推理技术，在语义 Web 服务的本体语言提供静态知识和 Web 服务能力支持下，查找出限定下满足需求的服务候选集，并将它们组合起来，形成新的功能更强大的服务。

基于语义的 Web 服务可以使 Web 资源通过内容和关键字被获得，DAML 扩展了 XML 和 RDF 来提供一些构架，这些构架能创建机器可读的本体和标记信息。OWL-S（以前被称为 DAML-S）是一个服务的本体，能够自动地发现、调用、组合、执行监测等。

OWL-S 主要用三类本体对服务进行建模：service profile、service model 和 service grounding。

（1）service profile 用来描述用户的需求以及服务能给予用户的说明需求。

（2）service model 用来描述服务怎么工作。

（3）service grounding 给出的是如何使用服务的信息。

过程模型是一个服务模型的子集，通过输入、输出、前提条件、后置条件和自己的子过程进行描述服务。OWL-S 分成三种类型的过程：原子过程、简单过程和组合过程。原子过程没有子过程；简单过程不能被直接调用，也不能被用作一个抽象的元素；组合过程由一系列子过程组成，并由控制流结构描述。

3. 基于 Petri 网的 Web 服务组合方法

Petri 网是一个强连通图，其节点被称为库所和变迁，库所用来描述系统状态，变迁用来描述系统活动，节点间用有向弧连接，基于 Petri 网的 Web 服务组合是比较常见的一种形式化 Web 服务组合方法。Petri 网对具体的服务组合描述语言与形式化模型进行映射，以实现流程描述到形式化模型的转换。但由于该方法过于依赖具体的流程描述语言，所以很难在实际的企业中得到推广。

由于 Petri 网能够表达并发的事件，被认为是自动化理论的一种，被称为所有流程定义语言之母。Petri 网是简单的过程模型，由两种节点库所、变迁、有向弧以及令牌等元素组成的。库所（place）是圆形节点，变迁（transition）是方形节点，有向弧（connection）是库所和变迁之间的有向弧，令牌是库所中的动态对象，可以从一个库所移动到另一个库所，它们之间的活动由一定的规则加以限制。通过对 Petri 网分析我们发现与 Web 服务组合的图形非常相似，我们尝试把一个 Web 服务组合状态图映射为 Petri 网，进而求解。

Web 服务组合使用业务过程语言和编程语言构造，跨域工作需通过工作流模型进行，该模型应具备成熟性、易用性等特点。我们把 Web 服务组合状态图映射为 Petri 网，一个变迁由 Web 服务操作表示，并且有三个端口：输入库所、输出库所和控制库所。Petri 网为 Web 服务组合建立了一个直观的、图形化工具的分析模型。

4. Web 组件法

Web 组件法是将服务看成组件，用来支持重用、细化和扩展等基本软件开发原则，其主要思想是对复合逻辑信息进行封装，使之成为一个定义，即 Web 组件，Web 组件可以公布其公共接口，以实现服务的发现和重用。

Web 组件法将服务看成组件以支持基本的软件开发原则，比如重用、细化和扩展。其主要思想是将复合的逻辑信息封装在一个定义中，一个类定义表示一个Web 组件。Web 组件的公共接口可以被发布，用于服务的发现和重用。

Web 组件法支持一些基本的组合结构：顺序的、顺序可选的、结果同步的并行和并行可选的，它们以 condition 和 while-do 结构扩展。

5. 基于进程代数的 Web 服务组合方法

π 演算是 Milner[96]提出的重点研究进程间移动通信的并发理论，它拓展了 CCS，基于 π 演算的 Web 服务组合也是一种比较常见的形式化的 Web 服务组合方法。名字和进程是其基本计算实体，进程间的通信通过名字的传递来完成。由于 π 演算不仅可以传递 CCS 中的变量和值等，还能传递通道名，这使其具备建立新通道的能力，因此，π 演算可以用来描述结构不断变化的并发系统。

6. 基于 QoS 的 Web 服务组合方法

以上几种是比较传统的 Web 服务组合的研究方法，它们之间相互交叉。这些方法主要是侧重于 Web 服务组合标准方面的功能属性。而对价格、可靠性、执行时间等用户所最关心的非功能属性研究 QoS 尚存在不足。

非功能的 QoS 属性是保障 Web 服务系统运营成功和客户服务选择的重要依据。因此，在 Web 服务组合过程中，我们通常把 QoS 作为组合选择的一个标准。然而，不同 Web 服务具有不同的 QoS，如何从众多的服务候选集中选择出客户需要的 Web 服务最优解并把它组合起来，我们就需要基于 QoS 选择相同的服务。

QoS 作为 Web 服务组合的一种限制条件，根据使用者对 QoS 做出的限制，选择出适合的服务组合，产生的服务组合最终必须满足使用者的一切 QoS 限制条件。那么基于 QoS 的服务器组合选择就应该对具有相同功能的 Web 服务进行组合选择。通常情况下，我们需把基于 QoS 的服务器组合问题转化为数学问题，目前比较流行的是多属性决策问题、带 QoS 约束的单目标组合优化问题、多选择背包问题、整数、线性规划问题这五种方式。

基于 QoS 的 Web 服务选择其核心就是一个优化组合问题，常用的策略方法有以下三种:全局最优策略、局部最优策略、混合策略。全局最优策略是在全部的服务器组合方案中确定出最优的方案，找出全局的最优 QoS 值，这个方法虽然得到了全局最优解，但缺点是算法复杂、资源浪费。局部最优策略致力于对单个抽象服务的组合方案，为每个抽象服务选择出 QoS 值的最优候选服务方案，根据 QoS 限制条件将这些 QoS 值取加权值，再把这些方案组合起来，使之成为一个整体。但由于这些服务相互间存在着不同的抽象联系，实际上并不是一个真正的整体，所以该方法得到的解往往是局部最优，而不是整体最优解。混合策略是把全局最优策略和局部最优策略结合起来交叉使用。具体方法是，先将每个抽象服务的候选策略通过局部最优策略过滤掉，而后再对剩余服务应用全局最优策略。该方法可以得到全局最优解，既节约了时间，又大大减少了系统资源的使用。

7. Web 构件组合方法

Web 构件组合方法借鉴软件工程中的一些原则（复用、泛化、细化和扩展等），将 Web 服务看成一个 Web 构件，给出了一个对应类的定义，将组合逻辑封装在类的定义里面，组合逻辑包括组合类型和消息依赖。一旦 Web 构件类被定义，那么它就可以被复用、泛化、细化和扩展。该方法将复合服务看成一个包含组合构造符号和逻辑的特殊服务，将复用、泛化、细化和扩展原则应用到服务组合中。完整的 Web 构件组合方法包含三个阶段：规划、定义和实现。此方法中还定义了与类对应的基于 XML 的服务组合规范语言（service composition specification language，SCSL），定义了根据成员服务关系（如执行顺序、相互依赖性等）如何构造一个复合服务的服务组合规划语义（service composition planning language，SCPL）以及基于 SCPL 的服务组合执行图（service composition execution graph，SCEG）。

8. eFlow

eFlow 是 HP 实验室开发的一个用于规范、执行、管理服务组合的平台，对服务流程提供了一定程度的自适应性和动态性支持。eFlow 通过图的方式对组合服务建模，图为设计初期人工设定的，但是可以动态更新。图包含节点和边，节点区分为服务节点、判断节点和事件节点。服务节点代表执行一个原子服务或者一个组合服务，判断节点指定了执行流程的变更和控制规则，事件节点使得服务流程收发不同类型的事件，边用于表示节点之间执行的依赖性。服务节点的定义中包含了一个服务选择规则，可以流程实例化时或者运行时查询具体的服务。

9. Sword

Sword 是一种使用基于规则的专家系统构建 Web 服务的开发工具，是斯坦福大学提出的。Sword 主要应用于组合信息提供的服务，并不强调服务输入输出是否匹配的问题。Sword 采用实体关系（entity-relation，ER）模型来规范 Web 服务，Web 服务的输入和输出通过实体与实体之间的关系来描述。一个 Web 服务以 Horn 规则形式化的标识，Horn 规则给出了 Web 服务前置条件（precondition）和满足情况下的后置条件（postcondition）。为了生成一个复合 Web 服务，服务请求者只需要给出复合 Web 服务的最初和最终状态，其他工作由 Sword 处理。Sword 包含基于规则的专家系统，如果确认从已有的服务中可以产生该复合 Web 服务，那么将产生复合 Web 服务的规划。当收到复合 Web 服务的请求时，规划中的服务将被执行。

10. CAT

CAT 是南加州大学提出的一个交互式 Web 服务组合系统。该系统认为在基于工作流的 Web 服务组合的过程中，用户可能犯各种各样的错误，而且用户一开始的需求总是不明确的，所以需要 CAT 系统去帮助用户完成这个工作流的组合，CAT 系统具有如下特征。

（1）检查用户选择服务的各种约束和服务之间的连接约束，如果发现这些约束得不到满足的话，将向用户报警。

（2）CAT 系统中，用户一开始可能没有完整的组合 Web 服务的思路，CAT 系统支持用户采用自顶向下或者自底向上的方式完成 Web 服务组合中的部分工作流，CAT 系统将猜测用户的需求。

（3）在系统管理和生成工作流组合过程中，不同选择点可以有不同的选择，如增加一个链接、替换一个服务，系统将自动生成这些选择点，并且提供给用户进行选择。

11. Self-Serv

澳大利亚新南威尔士大学的 Self-Serv 项目实现了一个分布式的 Web 服务组合执行环境。Self-Serv 项目中，Web 服务以预先声明的方式进行组合，形成的组合系统在对等的环境中分布式执行。Self-Serv 项目将服务分为基本服务、组合服务、服务容器三类。其中服务容器本身也是一种服务，但是通过成员模式维护一个可用的 Web 服务列表，提供一组可以相互替换的 Web 服务。Self-Serv 项目采用状态图（state chart）表示组合系统的业务逻辑，状态图由状态（states）和变迁（transitions）组成，变迁则是根据事件-条件-行动（event-condition-action，ECA）规则标定。Self-Serv 项目中，Web 服务组合由处在对等点（peer）的协调者（coordinators）协调执行，协调者负责接收其他协调者的完成通知，并根据与自身相关联的 Web 服务的前置条件确定 Web 服务什么时候运行，在运行结束时通知其他协调者。而运行时所需要的对等点位置以及控制流路由策略则由路由表（routing tables）管理，通过在路由表预先设置对等点的前置条件和后置条件来控制组合系统中的哪些 Web 服务可以执行，而哪些又不可以执行。Self-Serv 项目还提出了服务质量驱动的 Web 服务选择和组合的全局规划方法。

12. Golog

美国斯坦福大学研究开发了多项基于人工智能规划的技术，采用 Golog 自动组合 Web 服务的系统，每个 Web 服务看作一个行动，原子行动或者是复杂行动，复杂行动是多个原子行动的组合。一个 Web 服务是一系列通过编程语言符号连接的原子 Web 服务集合。对于 Web 服务组合，只需要提供用户高抽象层次的通用过程请求和客户化用户限制。Golog 是一种基于情景演算（situation calculus）、支持动态系统中复杂行动的指定和执行的逻辑编程语言，增强的 Golog 被用于形式化的描述目标和进行推理，产生合适的规划。在这个组合系统中还需要对 Web 服务语义进行标记、建立本体库、代理知识库等工作。

13. 基于 WSDL 扩展的语义 Web 服务发现方法

前述两种基于语义的 Web 服务发现方法均建立在全新的 Web 服务模型的基础上，因此在应用方面存在一定的局限性。因此，研究人员提出了基于 WSDL 的语义扩展进行服务发现。以 WSDL-S 为服务描述语言，从领域本体和领域无关本体两个角度进行服务匹配，并将两方面的匹配结果综合起来度量最终的服务匹配结果。在 Web 服务描述中引入语义、功能和行为约束以及服务质量，并对 WSDL 进行扩展，一些研究人员运用轻量级 Web 服务描述语言 QWSDL，针对现有匹配算法过多依赖逻辑推理和缺乏匹配灵活性，而构造相似函数度量服务相似的程度，将 Web 服务匹配问题转化成数值计算，进而提出 Web 服务匹配模型，该模型将服务匹配划分成基本匹配、基调匹配、规约匹配三个层次和精确、可替代、包含、相交、松弛五种类型的匹配。

14. 基于 WSMO/WSML 的语义 Web 服务发现方法

该方法是由 WSML 工作组提出的关于在 WSMO/WSML 框架下实施 Web 服务发现的工作草案。它深入分析了自动 Web 服务发现涵盖的主要概念问题之后，提出了在 WSMO/WSML 的框架下实施 Web 服务发现的概念模型。该模型严格区分服务发现和 Web 服务发现两个概念，强调前者是由用户需求到目标发现、到 Web 服务发现、最后到实际服务发现这三个过程组成，而 Web 服务发现只是服务发现中的一个步骤。两者的区别表明在 WSMO 中，服务是指实际上提供功能的物理服务，而 Web 服务只是代表一类功能的抽象服务描述。在明确了两者的区别后，该工作草案重点介绍了该概念模型中的两种 Web 服务发现方法：基于简单语义描述的 Web 服务发现和基于丰富语义描述的 Web 服务发现。这两种方法均是建立在集合论的基础之上，实现抽象用户目标与 Web 服务语义之间的匹配。与文献[97]相类似，概念模型也支持 Exact、Subsumes、Plug-In 等不同程度的匹配。该工组草案的提出，奠定了在 WSMO/WSML 的框架下实施 Web 服务发现的基本过程和方法。

■ 6.3 服务组合相关研究

本节将首先介绍 Web 服务组合的执行流程，接着详细描述 Web 服务组合的相关技术，包括服务的描述和服务的匹配。综合已有的各种定义，我们对 Web 服务组合提出一个更为通用和完整的定义：利用 Internet 上分布的现有 Web 服务，根据用户的应用需求，自动地选择合乎需要的服务，在服务组合支撑平台的支持下，按照一定的规则协同完成服务请求。Web 服务组合可以利用较小的较简单的且易于执行的轻量级服务来创建功能更为丰富、更易于用户定制的复杂服务，从而能够将松耦合的分散在 Internet 上的各类相关 Web 服务有机地组织成一个更为可用的系统，支持企业内外部的企业应用集成和电子商务等网络应用。

通过对早期研究成果的分析，Web 服务组合的研究可以简单地按照组合的时机划分成静态组合和动态组合两种。静态组合是事先预测客户的需求，以此建立对应的组合好的服务，并提供给用户直接调用；动态组合是根据运行时具体的客户需求，动态地利用当前可用服务组合出合乎需求的服务供给用户使用。

围绕服务组合这个问题，研究者已经进行了相当广泛和深入的研究。对通信服务间消息数据模式的一致性问题，采用基于文法的处理方法来解决。在服务组合的 QoS 方面也有研究者对其进行了形式化的描述度量并提出了支持服务组合的 QoS 模型，并对 QoS 约束问题应用了线性规划的方法进行求解和优化处理。

6.3.1 服务组合的工作流程

我们可以把工作流看作是一种具有不同功能的相连的任务。在目前的 Web 服务组合中，有三种技术来进行相应的操作，分别是 Web 服务的业务流程执行语言、业务流程建模语言和 W3C 的 Web 服务编排定义语言。

Web 服务的业务流程执行语言本质上是一套语法，它是一套调用服务的控制流。它的工作过程是由两个部分组成的，分别是执行流程业务模式和抽象流程业务模式。执行流程业务模式主要是指在业务的运行中一个参与者的信息行为。抽象流程业务模式主要是指在业务的运行中，多个信息使用者对于信息相互交换的行为。业务流程建模语言是一种能够组建企业在日常运营中所有业务的一种模型，这种模型涵盖了企业的所有日常业务，其目的是促进企业电子商务的管理。

W3C 的 Web 服务编排定义语言定义了交互信息的几种类型和信息在交互时

所需要的一些序列和条件。一个编排描述指一个多方的合约，从全局的视点描述多个客户间的客观可观察的行为。

工作流可以被定义为具有各种不同功能的、活动相连的一组有相互关系的任务。服务组合过程和工作流有很大的相似性，当前在该研究方向规范正在趋向于统一，主要存在如下三种技术：XLANG 和 WSHL 合并而成的 Web 服务的业务流程执行语言（BPEL4WS/BPEL）、BPML、W3C 的 WS-CDL。

BPEL 基于 CSP 概念，规定了一套语法描述服务调用的控制流。BPML 由两个部分组成：执行流程模拟业务交互中一个参与者的实际行为；抽象流程则描述业务协议中各个参与方相互可见的消息交换行为。

WS-CDL 早期称为 WSCD 协议，来源于π演算，抽象定义了交互信息的类型以及信息交互的序列和条件，关注于可观察的服务与用户间的交互。

BPML 规范的目标在于利用业务流程管理系统的技术，促成标准的电子商务流程管理。其提供了一个表示业务流程和支持实体的抽象模型，规范地描述了抽象并可执行的流程，该流程涉及了企业业务流程的所有方面。

可以看到，上述三种技术清楚地区分了公开流程和私有流程：BPML 集中关注描述某个参与者内部的私有流程；Web 服务编排窗口（web service choreography interface，WSCI）/WS-CDL 则重点在公开的服务编排和交互上；BPEL 相对最为全面，其抽象流程对应了公开流程，执行流程则对应着内部私有流程。

服务组合过程普遍可分为两个步骤：第一步是服务组合，第二步是确定执行顺序，保证各个组合的服务有条不紊地执行。在 Web 服务组合框架中主要包含翻译器、执行引擎、组合管理器、服务库和服务匹配器这五个模块以及服务请求者和服务提供者这两个重要的角色。Web 服务组合的运行流程如图 6.1 所示。

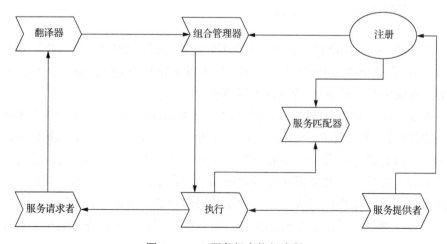

图 6.1　Web 服务组合执行流程

具体的执行步骤如下：

（1）服务提供者向注册信息中心注册服务，并发布服务信息到服务数据库。

（2）翻译器对服务请求者传来的信息进行翻译，用基于语义的 Web 服务描述语言对服务进行描述。

（3）翻译后的服务描述信息被传给组合管理器。

（4）组合管理器结合服务描述信息与服务请求者的要求，生成 Web 服务的组合方案，并传给执行引擎。

（5）执行引擎将组合管理器确定的组合方案转发给服务匹配器。

（6）服务匹配器从候选服务集中选取适当的服务。

（7）服务匹配器将匹配后的 Web 服务反馈给执行引擎。

（8）执行引擎结合组合方案以及反馈回来的信息，运行整个 Web 服务组合。

（9）运行结束后将最终的结果返回给服务请求者。

6.3.2　服务组合的服务描述

与程序重用（开发者可以通过改变源代码来更改或扩展程序）有所不同，开发者通过服务的描述和规格说明来实现服务的重用。对于服务描述，现在人们最常用的是 Web 服务描述语言（WSDL）。不过，WSDL 仅仅能够构建满足通信和调用使用的语法接口。由于 WSDL 缺少服务的正规语义描述和元数据，所以研究语义的团体提供了服务规格本体［如 Web 服务的本体语言（OWL-S）］，Web 服务建模本体 WSMO 和 Web 服务描述语言语义标注（SAWSDL）来精确地描述服务的语义，经过定义合适的领域本体可以促进服务的自动操作。

WSDL 和服务的语义本体都有复杂的说明规格和实现细节，所以为了简便，研究人员经常将服务表示为元组的形式，而忽略琐碎的实现细节。例如，WSDL 在抽象层使用了输入和输出元组描述一个服务，即服务接收和发出的简单对象访问协议（SOAP）消息。在语义接口，元组会更加丰富，包括输入、输出、前提条件、效果、能力（input，output，pre-condition，effect，capability，IOPEC）和非功能性属性（non-functional properties，NF）。IOPEC 是功能性元组，合起来表示一个服务的功能，非功能性属性是服务的参数（如 QoS 等），QoS 参数的语义描述在服务组合中是很必要的。WSDL 申明了一个完整的系统，其中包含表达语义服务的类、服务质量参数以及与之相关的知识，在多目标时往往借用 NF 来描述，对 Web 服务进行搜寻时使用输入输出元组对的本质特征。

这些元组尤其是功能元组中，一个隐含的假设是元组经常由多个相似的简单元素组成，每个元素是定义在特定领域本体上类的实例，但是实际应用中这条假设并不成立。WSDL 中每个输入输出元素都可能是一个复杂的 SOAP 元素，有深度嵌套的定义，而 WSDL 对应的语义版本 SAWSDL 与 WSDL 也有着相似的复杂结构。虽然语义服务可以实现自动服务组合，但仍然有几个严重的问题，其中一个问题就是本体的语义推理时间复杂度很高，这样每个元组不能含有过多复杂的元素。使用预处理和特定数据结构来储存服务信息的研究可以加速语义任务，改善组合的质量。

6.3.3　服务匹配

服务匹配研究元组之间的功能相似性和兼容性。服务匹配可以分为两类：服务之间的匹配和服务接口匹配。服务之间的匹配和服务接口匹配本质上是一致的，它们的核心都是比较两个服务元组中的相应元素是否兼容。

第一种匹配是计算服务与服务之间，服务与任务之间或服务与组合请求之间的匹配程度。服务可以被 IOPEC 元组清晰地描述；任务代表服务的功能，也可以用 IOPEC 元组描述；组合请求也可以用 IOPEC 元组表述。因此，无论比较的是服务、任务或请求，都可以被视为具有相同规格，都可用相同元组表示。因为服务匹配必须保证服务满足用户的预期和需求，所以它对其他相关研究（如服务发现和服务检索）也是至关重要的。

第二种匹配类型是计算先后服务之间接口的匹配，如前驱服务的输出与后继服务的输入之间的匹配计算，这种匹配的目的就是确认两个服务是否可以连接。判定两个服务是否能连接在一起，就是判定一个服务的输出能否连接到另一服务的输入，也就是计算前驱服务输出的元素与后继服务输入的元素是否一致或兼容。这样，第二种匹配与第一种匹配实质上是一样的，接口匹配也是服务合成的基础。

两大类匹配都包含在内的全新服务组合方式是指将首次以普适信息社区组织（pervasive information communities organization，PICO）这个概念为基准的语义层以及语法层进行组合，将服务的输入、输出类型申明成语义层，同时把服务的输入与输出格式定义成语法层。一些研究着重于满足服务匹配下的服务选择问题，忽略了服务组合的非功能性参数要求。

6.3.4　服务合成

服务合成可以通过实现复合服务的骨架来满足服务组合的功能需求。在服务合成的研究中，每个方案和算法均是不同的，它们可以被分为两种不同的机制。第一种机制创建抽象工作流模板，然后发送给服务选择方法。第二种机制中，组合人员直接按照工作流将已知的可用服务合成可执行的复合服务。相比较而言，前者属于自顶向下的方式，后者属于自底向上的方式。

在自顶向下的方式中，设计者收到服务组合请求并按照应用领域和工作流分析该请求，然后设计者依据领域知识和专业技能创建一个过程来满足请求。一个过程是一批任务的集合，其中每个任务都需要一个服务来实现。设计者创建的过程可以通过工作流或任务图的形式来描述，所以自顶向下的方式关键在于设计者的领域知识。如果要自动化这一过程，那么系统需要有一个知识表达模型从领域专家那获取领域知识。

在自底向上的方式中，设计者知道哪些服务可用，以及这些服务的细节参数，这些都存储在一个服务目录中。在收到服务请求时，设计者尝试过滤、选择并连接合适的服务组成服务组合路径。服务之间的连接依靠数据流、接口匹配等技术。自底向上方式相比自顶向下方式的优点是其输出的是一个可执行的复合服务。

6.3.5 服务组合研究现状

1. 面向流程的服务组合

服务组合过程和传统的工作流程有很大的相似性。当前，基于工作流的服务组合研究主要集中在 Web 服务执行流程，有以下几种技术。

BPEL4WS 是 IBM、微软和 BEA 公司在 2002 年提出的一个基于工作流的 Web 服务组合描述语言。BPEL 通过一个流程将 Web 服务组合起来，流程的每一步称作活动（activity），BPEL 定义了原子活动和结构化活动控制流程，定义了伙伴（partner）和伙伴链接（partnerLink）用于将各个不同的 Web 服务纳入流程，BPEL 流程是 Web 服务组合的集中控制点。另外 BPEL 还支持异步消息处理、异常处理、事务处理和业务生命周期管理，并且 BPEL 流程本身也可以作为一个 Web 服务发布。当前存在多个工具支持 BPEL 流程的开发和执行，例如 Oracle 公司的 Oracle BPEL Process Manager 以及开放源代码 ActiveBPEL。BPEL 是当前 Web 服务组合的工业界主流描述语言，直接采用 BPEL 进行 Web 服务组合是一种完全的人工组合方法，由于 BPEL 的描述都是 XML 格式的，故而使用 BPEL 组合 Web 服务效率不高，容易出错，但是 BPEL 可以作为其他 Web 服务组合方法的基础。

BPML 更多地从业务流程出发，目标在于利用业务流程管理系统的技术，促成标准的电子商务流程管理。BPML 提供了一个表示业务流程和支持实体的抽象模型，规范地描述了抽象可执行的流程，该流程涉及了企业业务流程的所有方面，包括不同复杂性的活动、事务及其补偿、数据管理、并发、异常处理和操作的语义。

WS-CDL 中客观可观察的行为被定义为 Web 服务与用户之间交互消息的有

无。编排描述主要被用来精确描述一系列协同服务之间的交互序列，尽可能简单地达到以下目的：推进参与者间的共同理解、一致性验证、保证互操作能力、增加鲁棒性、可生成代码框架。Web 服务编排的关键组成部分包括：参与者和角色、通道（关系到消息的传送）、交互（表示消息交换模式）、活动和控制结构（表示交互的序列）、编排（对组合的全局性描述）。

2. 面向组件的服务组合

这个方向主要研究在新的面向服务的环境下，如何利用软件工程中软件合成（software synthesis）领域获得的研究成果（更主要的来自组件技术），有效地支持 Web 服务组合。按照 Nierstrasz 等[98]的定义，软件合成是组件通过它们的软件插口连接起来构造应用的过程，其中"软件插口"是组件用来相互作用和通信的方法。Shaw[99]指出软件合成是组件通过它们的界面的相互通信。面向组件的 Web 服务组合是将从属于某个问题领域的 Web 服务系统地构造应用软件（或更大粒度 Web 服务）的过程，关心的问题是怎样把若干个 Web 服务组装在一起，以实现所希望的功能。

Web 构件组合方法在定义了一些规范与语义基础上，还提出了两种类型的检验：一致性检验和适应性检验。两个服务 S1 和 S2，若能力相同，并且 S1 可替代 S2，则称 S1 与 S2 一致；若组合中，服务 S3 的输出可以作为服务 S4 的输入，则称它们相互适应。

TCART 是加拿大卡尔顿大学提出的一个可支持动态服务组合的方法，它强调在运行时从一系列服务组件中创造新的服务。其认为服务组件是一个自我包含的单元，涉及了服务的资源供应和管理，封装了一些服务功能和相关的数据，并且可能与其他服务组件组合形成不同的服务。服务组件有一个明确定义的接口、属性来描述组件和它的行为。服务组件的属性包含：操作约束、对其他组件或基础设施的依赖、可能被重用或与其他组件组合的一系列操作（称为混合方法）、组件功能描述、可以与其他组件形成的一系列已知关系，以及其他相关的信息。服务说明也可以包含服务组件的行为描述，通过使用一种规范语言来描述所包含的操作或方法。通过外部用户（人或一个外部软件系统）可以把"服务组件"与"服务"的概念区别开来：一名外部用户能使用一个服务，而不是服务组件，只有系统基础设施被允许可以直接与服务组件交互并把它们组成复合服务。另外，服务功能的一些组成可能有两种属性：当它由一名外部用户使用时我们认为它是一项"服务"，而在它被作为复合服务的一部分使用时则称它为一个"服务组件"。

廖渊等[100]针对 Liquid 操作系统中服务构件的特点，给出了一种基于 QoS 的服务构件组合方法，定义了能够适应于动态环境的服务模型和 QoS 模型，提出了三种基于 QoS 的构件选择启发和协商算法，改进了对动态资源状态的适应性。由于协商算法运用了整数规划方法，具有较高的计算时间复杂度，因此限制其应用范围。廖渊等[101]还针对资源动态变化系统，给出了一种面向构件系统的 QoS 管理模型（QoS management model for component system，QuCOM）及其集成到构件框架的方法，当资源状态发生变化时，能够通过合约控制和合约协商使构件应用主动适应于动态变化的资源状态。

3. 面向人工智能的服务组合

由于传统的 WSDL 缺乏语义支持，所以学术界普遍采用 OWL-S、WSMO、WSDL-S、Web PDDL 等语义网的方式来增加 Web 服务的语义描述，然后使用人工智能规划、专家系统来自动或者半自动地生成 Web 服务的组合。

Rao 等[102]利用线性逻辑提出了一种方法，在给定一系列服务和功能、非功能属性后，可以找到一个原子服务的组合来满足用户需求。首先，WSDL 被转化成线性逻辑里的额外逻辑公理，用户需求表达成待证明的结果；然后，利用 Mill 证明机来推导确定是否满足需求；若满足则最后创建 BPEL 格式的流程模型。

Sword 是一种使用基于规则的专家系统构建 Web 服务组合的开发工具，主要应用于组合信息提供，并不强调服务输入输出是否匹配的问题。

简单层次有序规划 2（simple hierarchy ordered planner 2，SHOP2）是一种人工智能规划方法，它针对某个特定的领域，提供一个通用的、高层的 Web 服务组合模板，还可针对不同的用户需求，对这一模板进行客户化。高层的 Web 服务组合模板使用 DAML-S（后来演化为 OWL-S）的描述方式，然后将其转化成层次，HTN 的领域模板，接着对高层的、抽象的任务按照用户的需求进行分层分解，最终得到一系列原子任务。最后将这一系列的原子任务映射成 Web 服务的组合。在将高层的任务分解成低层的任务时，同一个任务往往有很多不同的分解方式，根据用户当前的状态，针对不同的用户需求选择不同的任务分解方式，这就是 Web 服务组合模板客户化的关键所在。

从模型检查的角度展开工作，具体也是将语义 Web 服务的描述 DAML-S 转换到状态演算/情景演算和 Petri 网的形式进行检验和仿真。一些研究人员从类似的方向对服务组合进行了证明研究，具体方法是将流程说明转换成 FSP 的形式，同时引入一些额外的规则和属性集，以消息序列图的形式进行相关的证明和检验。为了转化成 FSP 形式，研究人员还对 BPEL 的流程标志进行了分类，分成 structured、concurrent、primitive 和 compensation 四大类，并对主要的前两类的流程标志提供了相应的转化定义。

一些研究人员针对 WSCI 规范，使用进程代数的方法（具体选择了较为简单的 CCS），对其加以形式化；随后利用模型检查的技术进行了兼容性（compatibility）

和可替换性（replaceability）的检验，并提供了一个工具，可以自动生成中间适配器来调解不兼容问题。

林满山等[103]提出了基于 QoS 的启发式 Web 服务自动集成规划，把 Web 服务自动集成问题转化成状态空间搜索问题，利用模糊集设计了合成 Web 服务的 QoS 评估方法并据此设计了基于 QoS 的启发函数。

4. 人工组合方式

Triana 是典型的人工组合框架，在该框架中，用户需要通过图形或者文本编辑器来产生一个工作流，然后提交给工作流执行引擎来执行。Triana 提供了一个图形化的用户界面，用户从工具箱里选择所需的服务并将它们拖放到布局管理器中。这些服务可以通过关键词检索从 UDDI 中得到。另外，在 Triana 中可以使用本地工具来进行服务的组合。用于 Java 的 Web 服务业务流程（business processes in web service for Java，BPWS4J）提供了一个 Eclipse 插件让用户在 XML 层次上来组织一个工作流图。这个工作流图以及跟组合相关的服务的 WSDL 提交给执行引擎。Self-Serv 允许用户通过服务构造器来建立一个工作流。服务构造器跟 UDDI 进行交互来发现所需的服务，使用一个基于 P2P 的执行模型，组合圈（一个被标注的状态圈）被执行。该系统的一大特色是引入了服务容器的概念，容器中存放着具有相同功能的服务集合。在运行时，服务容器根据成员模式和一个评估服务来选择实际所需的服务。

以上这些系统都存在着一定的不足：第一，当提供的服务的数目增长时，发现和选择服务方法不能及时获知，因此不具有可伸缩性；第二，它们需要用户具有底层的知识，比如在 BPWS4J 中，用户要在 XML 层次上建立一个工作流，虽然 Triana 提供了一个图形化的拖放界面，但是对大型的工作流，它们不太适用；第三，如果某个服务出现问题，整个工作流的执行都会失败。

5. 半自动化的组合方法

采用半自动化的组合技术，对服务的选择考虑了语义的一些特征，但是用户仍然需要从适当的服务列表中选取自己所需的服务并按照约定的顺序来连接这些服务。Sirin 等[104]给出了一个系统，能使服务的选择在每个阶段上都保持语义一致性。Cardoso 等[105]提出了一个框架，能向用户推荐符合用户需求的服务，主要是通过匹配用户指定的服务模板（service template，ST）和服务对象（service object，SO）。Chen 等[106]则提出一种基于知识的框架，能在用户构建工作流的时候提供建议，该系统允许用户储存工作流，所以有利于工作流的复用。这些系统虽然解决了人工组合的部分问题，但是当有海量的服务供用户选择的时候，它们仍然不具有伸缩性。另外，在这些系统中几乎没有容错机制。例如，在 Cardoso 等提出的框架中，如果一个 ST 和一个 SO 匹配失败，整个组合过程也将会失败。同样地，在 Sirin 等提出的框架中，组合的工作流被发送给执行引擎，如果在这个阶段某个服务不可用，执行也会失败。除此之外，其他系统对工作流不同层次的粒度也支持不够。

6. 自动化的组合方法

自动的工作流组合技术通过使用人工智能或相关技术来自动化整个组合过程。Mcllraith 和 Son 是一个基于 Agent 的服务组合框架，它通过使用类属过程和语义化的服务来引导组合。Agent 代理充当 Web 服务的网关并负责服务的选择和调用。该框架假定一个类属过程的存在。如果缺少了类属过程，组合不能进行。另外，如果 Agent 代理不能匹配一个服务，执行也会终止。Sword 通过使用基于规则的服务描述来自动化服务的组合。用户指定初始和最终状态，然后 planner 试着将一系列的服务形成一个满足需求的链。这里要求用户要能给出状态，并且它里面没有自动的服务发现机制。同样地，组合也是基于特定服务的执行，当某个服务不可用时，也很难保证整个过程的顺利执行。

在组合工作流中一个重要的方面就是服务的发现。这方面的研究主要集中在用 DAML-S 来描述服务，匹配器比较服务请求者和服务提供者的 DAML-S 描述。Sycara 等[107]提出了一个基于 DAML-S 匹配器和 DAML-S 虚拟机的框架。该框架没有使用工作流仓库技术，所以当收到一个请求时，工作流每次都需要重新计算。另外，它没有区分执行时和非执行时工作流。所有的工作流都是建立在被执行的服务是可用的基础上的，结果就是它所建立的工作流不能被复用也不能被共享，因为谁也不能保证现在可用的服务将来一定还是可用的。

7. 服务组合当前研究分析

Web 服务的出现为企业之间、企业和客户之间的交互方式提供了崭新的解决方案。Web 服务作为当前的一种热门技术，正在越来越广泛和深入地应用到企业的业务系统和商业流程的构建中，并给企业带来直接的经济效益。Web 服务在企业的业务流程构建等诸多方面吸引了越来越多的重视，但在应用逐渐深入的同时，现有的 Web 服务在应用中的问题也逐步显现出来。例如，传统的 Web 服务资源搜索方法不支持客户希望的基于语义查找，此外更重要的是在面对客户需求日趋复杂的应用环境下，单个的服务常常不能满足客户的需要，客户需要的服务通常需要不同服务提供者提供的服务来协作共同达到客户的需求。这样做到了资源的充分利用，又节约了开发的成本，使得构建新的服务更加灵活。显而易见的是，帮助用户发现和组合已有的服务，最终提供给客户满足其最新需求的服务就变得日益重要。另外，随着 Web 服务应用的日趋广泛和深入，企业对服务应用的各个方面都提出了更高的要求。面对大量的 Web 服务，如何快速发现部署较高质量的服务，以满足客户的个性化需求，也是待解决的问题。

从上述分析可以看出，Web 服务正在不断地把 Web 从一个信息的集合变成一个分布的计算环境，但具体应用的复杂性带来了对 Web 服务功能的多样性要求。因此，在服务组合领域建立更高层次的 Web 服务组合框架、业务流程自动化及服务质量体系是各个标准化组织正面临的难题。在这些方面的进展还远未成熟，各种议题仅仅提出了或正在提出一些草案，各种技术草案或解决方案也正在不断地竞争和融合之中。目前，Web 服务组合领域的研究主要存在以下一些问题。

1）在 Web 服务组合中对全局服务质量的研究不深入

可以看到，对 Web 服务组合的研究，它们的侧重点各不相同：工作流程研究方向从以前的工作流研究成果出发，重点对服务组合的执行和监控提供支持；组件研究方向从软件工程角度探讨更有效的开发方法，集中在服务组合系统的具体开发工作；而形式化研究方向侧重对流程的建模和验证支持方面。它们有着各自的优势和应用范围，在不同的方面对服务组合问题进行了有益的探讨。但它们对 Web 服务组合中的全局服务质量研究却较少提及，而在基于 QoS 的服务组合中，具有全局 QoS 限制的服务组合占有相当比例。用户对服务组合所提的 QoS 需求将成为由 Web 服务构成的整个组合逻辑的全局 QoS 限制，这个问题在服务选择中具有普遍的代表意义。因为在日益增多的 Web 服务当中，不可避免地大量出现具有相同功能和不同 QoS 的服务，这些 Web 服务会组合出成千上万的具有相同功能与不同 QoS 特征的服务组合方案。如何从这些方案中选出最优方案，是 Web 服务组合必须解决的关键问题，否则将影响服务组合应用的进一步推广。

2）对自动构建 Web 服务功能流程缺乏适用方法支持

企业应用的进一步深入发展迫切需要 Web 服务组合的自动化处理。目前应用广泛的工作流技术还主要停留在描述层面和执行流程，对 Web 服务功能流程并没有提供推理机制和工具的支持。功能流程设计完全是设计人员一步一步制订的，属于完全的人工组合方法。

采用组件技术实现自动组合更多的是从软件工程角度考虑问题。采用这种方式的优点在于这种规范化的软件开发方法能够避免传统开发过程中的大量重复劳动，在很大程度上提高了软件的生产率，也可以使系统的稳定性和可靠性得到很大提高。但是，组件技术也存在其固有的局限性，基于组装方式的分析较为固化，使得这种方式不能适应需求的动态变化，在服务的动态组合方面不能够提供更好的支持。

使用人工智能实现服务的自动组合需要 Web 服务的语义信息，通过逻辑推理来完成。随着物理 Web 服务数量剧增，并且 Web 服务本身也具有动态性，使得语义模型需要经常变化以适应 Web 服务的动态特征，导致组合模型复杂、效率低、直观性差、不易理解，限制了其应用范围。另外，人工智能方法主要对基于物理 Web 服务的执行流程的自动构建研究较为深入，而对基于逻辑 Web 服务的功能流程的自动建模研究很少。

3）缺乏对基于 QoS 的 Web 服务自动组合框架的支持

我们在全面研究 Web 服务组合系统的基础上，重点考察了基于 QoS 的 Web 服务自动组合框架，发现现有服务组合系统都按照各自的系统模型来实现，隐藏了内部实现机制和运行机理，不提供对 QoS 的全面支持，并且大多数未对 Web 服务组合框架进行总结、抽象和提升，而抽象出的 Web 服务组合框架对设计具体系统具有指导意义。

■ 6.4　服务组合算法在实际中的应用

关于服务组合问题，首先是一个优化问题，这个问题的显著特征是需要从非常大的搜索空间中获得最优结果。此外，为了能在较短的时间内获得最优的解决方案，需要使用组合算法进行求解。从服务组合选择的角度进行分析，服务组合算法主要为整数线性规划法；从服务组合优化的角度看，可以将组合算法分为穷举算法和智能算法两类。智能算法又称为启发式算法，通过模仿自然界的规律来对问题进行求解，常用的智能算法有遗传算法、蚁群优化算法等。下面对这些算法做简要介绍。

1. 整数线性规划法

线性规划是对线性目标函数在连续线性条件下进行最优解求解。在云服务组合问题中，变量为云服务在云服务候选集中的编号，只能取整数值，所以需要使用整数线性规划法进行求解。整数线性规划法通常只适合小规模的云服务组合问题。整数线性规划法对问题求解时问题的适应函数及变量都必须是线性的，这就使得在求解云服务组合问题时，要对云服务的 QoS 属性值的计算方法做一定的处理，大大增加了算法的复杂度。此外，整数线性规划法只能对顺序关系的服务组合模型求解，然而实际的服务组合模型除了顺序关系外，还包含选择关系、并行关系和循环关系。因此，使用整数线性规划法对云服务组合模型求解时需要将云服务组合模型中的其他结构全部转换成顺序结构。

2. 穷举算法

使用穷举算法求解云服务组合模型时，将所有的云服务组合路径的方案全部列举出来，然后计算组合服务的 QoS 属性值并进行比较，根据组合云服务的 QoS 属性值把最能满足用户需求并且 QoS 最优的云服务组合路径选出来。采用穷举算法求解云服务组合模型虽然可以一目了然地看出满足用户需求的最优组合方案，但是缺点非常明显，当候选云服务数量很大时，使用穷举算法求解的计算量非常大，效率也会很低，所以穷举算法不适用于求解大规模的云服务组合问题。

3. 遗传算法

遗传算法是模仿达尔文的生物进化论中自然选择和生物进化的自然规律，演变而来的一种搜索算法。在使用遗传算法对云服务组合模型进行求解时，先对目标信息进行编码，然后通过使用算子的选择、交叉、变异等操作和种群的迭代逐渐接近满足用户需求的最优解。采用遗传算法求解云服务组合模型十分简单，能进行全局的搜索。但是其运行结果不稳定，可能出现早熟。所以在对云服务组合模型求解时，可以对遗传算法进行改进，从而提高云服务组合模型的求解准确性。

4. 蚁群优化算法

蚁群优化算法是模仿蚂蚁在寻找食物过程中发现路径的自然规律，采用分布式计算和信息正反馈机制的一种优化算法。其基本思想为：蚂蚁在找到食物后会向周围环境释放一种挥发性的信息素，信息素会随时间慢慢消失，其他蚂蚁根据这种信息素也能找到食物，同时会在食物周围产生更多的信息，这样后面蚂蚁找到食物的概率也就更大，表现出信息素的正反馈。使用蚁群优化算法对云服务组合模型求解时使用网状图路径寻优的方法，在该方法中，图中两点之间的连线表示一个云服务，云服务 QoS 值当作信息素，将模型转换成最短路径问题进行求解。虽然蚁群优化算法具有很好的自适应性，但求解时间花费较高，且容易出现局部解。

下面将介绍蚁群优化算法、粒子群优化算法以及融合了粒子群优化算法和蚁群优化算法的粒子蚁群优化算法的思想和原理，并详细介绍粒子蚁群优化算法求解 Web 服务组合问题的各个步骤。

6.4.1　蚁群优化算法

意大利学者 Dorigo 等在 1991 年的文章 "Positive Feedback as a Search Strategy" 中首先提出了一种正反馈算法。在此基础上，Dorigo 在其博士论文 "Optimization，Learning and Natural Algorithms" 中提出了蚁群优化算法[108]。该算法运用启发式寻找路径策略，模拟自然界中蚂蚁觅食的方法构造用于找到最优解的随机优化算法。蚁群优化算法不需要任何先验知识，最初随机地选择搜索路径，随机地对空间进行"了解"，搜索变得有规律，并且逐渐逼近直至达到全局最优解。

　　蚂蚁是群居型的昆虫，虽然单个蚂蚁的行为十分简单，但是蚁群整体却能表现出比较复杂的行为特征，能够协作完成一项比较复杂的工程；与此同时，蚁群还有比较强大的环境适应能力，在经常获取食物的道路上若有障碍物，它们会迅速找到另外一条最优觅食路径。动物学家发现，每个蚂蚁交流信息靠的是一种称为外信息素的物质，所以能够互相帮助，确保复杂任务万无一失地完成。蚂蚁个体在寻找食物过程中，能将信息素释放在曾经走过的道路上，与此同时蚂蚁个体还能够感受到所走道路上已经存在的信息素浓度的高低，它以信息素来指导自己的道路选择决策，某条道路上信息素浓度越高越能够吸引蚂蚁选择这条道路。所以，蚁群靠信息素寻找食物路径的决策是一种自我启发反馈的模式，某条道路上走过的蚂蚁越多，那么这条道路上的信息素浓度就越大，后来寻找食物的蚂蚁也就会越来越倾向走这条道路。蚂蚁之间就是靠这种正反馈的模式来寻找食物。

　　为清楚地说明蚁群优化算法（ant colony optimization algorithm，ACOA）的原理和思想，我们借助于经典的旅行商问题（travelling salesman problem，TSP）来配合描述。n 个城市的 TSP 就是寻找已经确定起点和终点，并通过 n 个城市的最短路径。其中除了起点之外的每个城市都只被访问一次。

　　设 $\tau_{ij}(t)$ 为 t 时刻城市 i 到城市 j 路径上的信息素浓度，在问题开始阶段，各条路径所含有的信息素都为某个常数，设 $\tau_{ij}(0)=g$，g 为常数。在路径搜索过程中，蚂蚁个体根据每条路径上信息素的含量以及路径的启发因子来计算路径转移概率，式（6.1）是概率计算公式：

$$p_{ij}^k(t)=\begin{cases}\dfrac{\tau_{ij}^\alpha(t)\eta_{ij}^\beta(t)}{\sum\limits_{s\in\text{allowed}_k}\tau_{is}^\alpha(t)\eta_{is}^\beta(t)}, & j\in\text{allowed}_k\\0, & \text{其他}\end{cases}\tag{6.1}$$

式中，allowed_k 表示蚂蚁 k 下一次将要选择的城市点；α 为信息浓度因子；β 为启发因子；$\eta_{ij}(t)$ 为启发函数，其表达式为 $\eta_{ij}(t)=1/d_{ij}$，表示相邻两个城市之间的距离。

　　为了避免过多的信息素淹没启发信息，当每一只蚂蚁完成路径选择过程，要对信息素进行更新处理。$t+n$ 时刻在路径 (i,j) 上信息素的存量按式（6.2）、式（6.3）进行调整：

$$\tau_{ij}(t+1)=\rho\cdot\tau_{ij}(t)+\Delta\tau_{ij}(t)\tag{6.2}$$

$$\Delta\tau_{ij}(t)=\sum_{k=1}^m\Delta\tau_{ij}^k(t)\tag{6.3}$$

研究者提出了三种不同的基本蚁群优化算法模型——蚁周模型、蚁量模型和蚁密模型，区别在于求法不同。

6.4.2 粒子群优化算法

粒子群优化算法是由 Kennedy 等于 1995 年提出的一类模拟群体智能行为的优化算法[109]，粒子群优化算法（particle swarm optimization algorithm，PSOA）的仿生基点是模仿鸟这类群体动物通过群聚而有效地觅食和逃避追捕行为。在集群动物中，种群个体都是除了具有自我行动的能力之外，还具有群体行为的明显特征。整个种群之间的信息都是被它们共享的，种群个体之间也可以自由交换信息。PSOA 是以模拟集群智能为解决连续组合优化的问题而出现的，这个算法具有实现简单、可调参数较少、收敛速度快等优点，因此成为比较热门的研究方向。目前已经广泛应用于目标函数优化、动态环境优化、神经网络训练、模糊控制系统等许多领域，并且在工程应用方面有了较大进展。

PSOA 在求解连续组合优化问题时，每个种群内的粒子都有自己不同的位置和速度，并且还有一个由优化函数求出来的适应值。种群内的每个粒子都会向具有最优位置的粒子靠近，在求解的过程中如果某个粒子找到了更优位置，种群将会以此位置来寻找下一个更优解。

6.4.3 粒子蚁群优化算法

粒子蚁群优化算法的思想就是融合两种算法具有优势的地方，相互弥补自身之处。在前期用 PSOA 的快速性和全局收敛性产生初始信息素的分布。初始信息素分布完成后，利用蚁群优化算法效率高、并行效果好、启发式反馈的特点来对 Web 服务组合问题进行求解，这种将粒子群优化算法与蚁群优化算法融合的算法称为粒子蚁群优化算法。而研究人员正是利用两者结合的优点，将其引入到 Web 服务组合中寻求最优路径的问题中来。

通过上述对 Web 组合问题的分析和建模，研究人员将 QoS 属性应用到由原组合优化问题转换过的最短路径问题中。在求最短路径问题中，路径的权值是求解最优解的关键，为了能够将 QoS 属性值与路径权值结合起来，可以通过函数公式将 QoS 属性值计算为路径的权值。计算出的路径权值作为由粒子群优化算法和蚁群优化算法融合后的粒子蚁群优化算法的关键参数，就使得粒子蚁群优化算法使用 QoS 属性值求出最优组合路径。

6.4.4　利用改进的粒子群优化算法求初始信息素

改进的粒子群优化算法将每一条路径抽象成为一个向量，具体公式为 $P_i = [P_{i1}, P_{i2}, P_{i3}, \cdots, P_{ij}]^{\mathrm{T}}$ $(P_{i1} \in \mathrm{WS}_1, P_{i2} \in \mathrm{WS}_2, \cdots, P_{ij} \in \mathrm{WS}_j)$，为了使用改进的粒子群优化算法，将向量 P_i 当成一个粒子，路径向量为粒子的坐标，每个坐标都代表一个 WS_j（Web 服务）的编号。粒子 i 的速度定义为每次迭代中坐标移动的距离，每次迭代中坐标移动的距离用 $V_i = [V_{i1}, V_{i2}, V_{i3}, V_{i4}, \cdots, V_{ij}]^{\mathrm{T}}$ 表示，设粒子的规模为 N。

算法初始化的时候为每一个粒子随机分配一个坐标（即随机给出一条路径），在每次迭代中都需要粒子根据两种最优位置点来更新自己的坐标：第一个就是粒子本身所找到的最好解，称为个体极值点（用 pbest 表示其位置），另一个极点是整个种群目前找到的最好解，称为全局极值点（用 gbest 表示其位置）。在初始化时 pbest 就是各个粒子的初始位置点，在以后每一次迭代后，每个粒子通过式（6.4）、式（6.5）来更新此次的适应度，如果大于 pbest，则替换掉旧的 pbest，gbest 就是所有 pbest 中适应度最好的点。适应度函数如下：

$$\mathrm{QoS}(p_{ij}) = \frac{w_r R(p_{ij})}{w_p P(p_{ij}) + w_t T(p_{ij})} \tag{6.4}$$

$$f(P_i) = \sum_{j=1}^{n} \mathrm{QoS}(p_{ij}) \tag{6.5}$$

式中，w_r、w_p、w_t 为各 QoS 的属性值，$w_r + w_p + w_t = 1$；$R(p)$、$P(p)$、$T(p)$ 分别表示原子 Web 服务中鲁棒性、价格、响应时间的 QoS 值。

在找到这两个极值点后，粒子根据式（6.6）～式（6.9）更新自己的速度和坐标：

$$v_{ij}^{k+1} = v_{ij}^k + \mathrm{Select1}_k\left(\mathrm{pbest}_{ij}^k - x_{ij}^k\right) + \mathrm{Select2}_k\left(\mathrm{gbest}_j^k - x_{ij}^k\right) \tag{6.6}$$

$$\mathrm{Select1}_k = \begin{cases} 1, \mathrm{cp} \times \mathrm{rand}_p > \mathrm{cg} \times \mathrm{rand}_g \\ 0 \end{cases} \quad 或 \quad \mathrm{rand}_p = \frac{\mathrm{pbest}_{ij}^k}{\mathrm{pbest}_{ij}^k + \mathrm{gbest}_j^k} \tag{6.7}$$

$$\mathrm{Select2}_k = \begin{cases} 1, \mathrm{cp} \times \mathrm{rand}_p \leqslant \mathrm{cg} \times \mathrm{rand}_g \\ 0 \end{cases} \quad 或 \quad \mathrm{rand}_g = \frac{\mathrm{gbest}_j^k}{\mathrm{pbest}_{ij}^k + \mathrm{gbest}_j^k} \tag{6.8}$$

$$x_{ij}^{k+1} = x_{ij}^k + v_{ij}^{k+1} \tag{6.9}$$

式中，cp、cg 是位置选择系数，cp 是个体极值替代因子，代表粒子坐标偏向用个体极值替代；cg 是全局极值替代因子，代表粒子坐标偏向用全局极值点替代的程度，取 $cp + cg = 1$；$rand_p$ 代表粒子坐标选用个体极值点更新的概率；$rand_g$ 代表粒子坐标选用全局极值点更新的概率，取 $rand_p + rand_g = 1$；x_{ij}^k 是粒子 i 在第 k 次迭代中第 j 维的当前位置；$pbest_{ij}^k$ 是粒子 i 在第 j 维的个体极值点的位置（即坐标）；$gbest_j^k$ 是整个群在第 j 维的全局极值点的位置。

为了增加收敛速度，提高算法效率实行淘汰机制，设粒子算法的迭代次数为 N，适应度阈值为 Q，$N_{min} \leqslant N \leqslant N_{max}$，最大迭代次数 N_{max}、最小迭代次数 N_{min}、阈值 Q 都由人工设置。当迭代次数过半时，若其中某个粒子的个体极值 p 还没有达到阈值 Q 的要求时，此时认为该粒子已陷入局部最优，应当终止迭代。达到迭代次数后，将所有正常退出的粒子的个体极值点对应的路径放入次优解的解集中，进入蚁群优化算法。

6.4.5 利用改进的蚁群优化算法求解最优解

粒子群优化算法结束进入蚁群优化算法后，得到若干组由初始节点 S 到结束节点 F 的次优路径，取出适应度最高的前 20%的路径，设为 O。根据 O 中的每一组解，运用蚁群优化算法设置需要的初始信息素，具体公式如式（6.10）：

$$\tau_{ij} = C_1 \times QoS(O_{ij}) \tag{6.10}$$

式中，τ_{ij} 为边 (i, j) 的初始信息素；C_1 为一个常数；$QoS(O_{ij})$ 是边 (i, j) 的适应度函数且 $i \neq j$，由此边的入向节点计算，当有多条路径包含边 (i, j) 对 τ_{ij} 累加。为了避免在蚂蚁算法初期出现过早收敛的情况，研究人员使用最大最小蚁群算法（max-min ant system，MMAS），则初始信息素的表达式为 $\tau S = \tau_{min} + \tau_{ij}$，$\tau_{min}$ 为每条路径上的最小信息素。

本阶段蚁群优化算法路径状态的改变将使用称为随机比例规则的状态转移规则，它给出了位于节点 i 的蚂蚁 k 选择移动到另一节点 j 的概率。设在第 t 次迭代，蚂蚁 k 在节点 i 选择节点 j 的转移概率为 $p_{ij}^k(t)$，概率公式如式（6.11）：

$$p_{ij}^k(t) = \begin{cases} \dfrac{\tau_{ij}^\alpha(t)\eta_{ij}^\beta(t)}{\displaystyle\sum_{s \in allowed_k} \tau_{is}^\alpha(t)\eta_{is}^\beta(t)}, & j \in allowed_k \\ 0, & \text{其他} \end{cases} \tag{6.11}$$

式中，j 表示蚂蚁 k 下一步允许选择的节点；α 为信息浓度因子，表示已存在路径对路径选择的相对重要性，反映了信息素在蚂蚁运动时所起的作用；β 为启发因子，反映了在运动过程中蚂蚁自发选择最优路径情况在蚂蚁选择路径中的受重视程度。启发函数与要选择的 Web 服务的 QoS 紧密相关，则 $\eta_{ij} = c q_{ij}$，其中 c 为一个常数，q_{ij} 为要选择的 Web 服务 j 的 QoS 启发函数，启发函数如式（6.12）：

$$q_{ij} = \sqrt{\frac{w_r R^2}{w_t T^2 + w_p P^2}} \tag{6.12}$$

为了避免残留信息素过多引起残留信息淹没启发信息，让蚂蚁更有效地选择路径，研究人员规定每当蚂蚁走完所有服务节点时，更新路径 (i, j) 的信息素，更新公式如式（6.13）、式（6.14）：

$$\tau_{ij}(t+1) = \rho \cdot \tau_{ij}(t) + \Delta \tau_{ij}(t) \tag{6.13}$$

$$\Delta \tau_{ij}(t) = \sum_{k=1}^{m} \Delta \tau_{ij}^{k}(t) \tag{6.14}$$

式中，ρ 表示残留因子，为了防止信息无限积累 $\rho \in [0,1)$，表示本次迭代 (i, j) 的信息素增量；$\Delta \tau_{ij}^{k}(t)$ 为第 k 只蚂蚁在本次经过边 (i, j) 上的信息素增量。为了防止这一轮增加的信息素过高或过低而影响到下一次蚂蚁路径选择，限制 $\tau_{\min} \leqslant \tau(t) \leqslant \tau_{\max}$。信息素增量与 Web 服务 j 的 QoS 参数成正比，采用蚁周模型（ant-cycle）计算信息素增量进行更新，更新公式如式（6.15）、式（6.16）：

$$\begin{cases} \Delta \tau_{ij}^{k}(t) = \dfrac{q_{ij}}{L_k}, & \text{蚂蚁} k \text{经过边} (i, j) \\ 0, & \text{其他} \end{cases} \tag{6.15}$$

$$L_k = C_3 \cdot \sqrt{\sum_{i=1}^{n-1} \left(\frac{1}{q_{i,i+1}} \right)^2} \tag{6.16}$$

式中，L_k 为此次蚂蚁 k 走过路径的长度；C_3 为一个常数参数。每只蚂蚁循环 N 次后，若一条路径上走的蚂蚁最多，应认定此路径为最优路径。

6.4.6　算法流程

（1）创建规模为 N_p 的粒子数量，为每个粒子随机分配路径，根据式（6.4）、式（6.5），算出 pbest 和 gbest，设置迭代次数为 N，阈值为 Q。

（2）每个粒子根据式（6.1）～式（6.4）开始迭代，在迭代到一半时，淘汰掉个体极值适应度小于 Q 的粒子。

（3）迭代完成，取出所有粒子的个体极值点，并取出前 20% 个体极值适应度最高的粒子，并转化为路径，进入蚁群优化算法。

（4）根据式（6.9）设置每条路径的初始信息素，设置蚂蚁数量 A，迭代次数 M，信息浓度因子 α，启发因子 β，残留因子 ρ。

（5）根据式（6.10）～式（6.16）开始迭代。

（6）迭代结束后选出蚂蚁数量最多的路径 fbest，fbest 就为最优解。

■ 6.5　本章小结

本章首先归纳了 Web 服务组合的定义，介绍了其一般流程以及特点，然后描述了已有的多种 Web 服务组合方法，分别是基于 BPEL 的 Web 服务组合方法、基于语义的 Web 服务组合方法、基于 Petri 网的 Web 服务组合方法以及基于 QoS 的 Web 服务组合方法；详细介绍了解决 Web 服务组合问题的各个步骤，从实际出发，将图论和最初的 Web 服务组合模型相结合，将 Web 服务组合问题模型进一步转换为求有向无环图的最短路径问题模型，并将 Web 服务的 QoS 属性值通过计算函数转化为路径的权值；利用融合了粒子群优化算法全局收敛和蚁群优化算法求解准确率高等优点的粒子蚁群优化算法来求解上述的最短路径问题，先利用粒子群优化算法产生前期信息素的分布，再利用蚁群优化算法快速分布准确的优点确定最终的最优组合路径。相比传统的粒子群优化算法和蚁群优化算法，本章介绍的方法具有快速、准确、求解效率高的优点，克服了易陷入局部最优的问题。

第 7 章

云计算和教育云

云计算从本质上来说是分布计算、格计算、Web 服务和面向服务的架构等计算模式的一个融合与进化，由于其具有按需动态分配计算资源（如网络、服务器、存储、应用等）的特点，能够最大限度地降低网络资源管理、交互和使用成本。在云计算平台中，无论物理资源还是虚拟资源都被转化为服务，被所有云计算的用户共享并且可以方便地通过网络访问，用户无须掌握云计算的技术，只需要按照个人的需要租赁云计算的资源，因此成为目前最受欢迎的一种服务计算模式。

■ 7.1 什么是云计算

有人说云计算是技术革命的产物，也有人说云计算只不过是已有技术的重新包装，是设备厂商或软件厂商"新瓶装旧酒"的一种商业策略。综合来说，云计算的发展是需求推动、技术进步及商业模式转换共同作用的结果。需求是云计算发展的动力。IT 设施成为社会基础设施，现在面临高成本的瓶颈，这些成本至少包括人力成本、资金成本、时间成本、使用成本、环境成本。云计算带来的益处是显而易见的：用户不需要专门的 IT 团队，也不需要购买、维护、安放有形的 IT 产品，可以低成本、高效率、随时按需使用 IT 服务；云计算提供商可以极大提高资源的利用率和业务响应速度，有效聚合产业链。技术是云计算发展的基础。首先是云计算自身核心技术发展，如硬件技术、虚拟化技术、海量存储技术、分布式并行计算、多租户架构、自动管理与部署；其次是云计算赖以存在的移动互联网技术的发展，如高速、大容量的网络，无处不在的接入，灵活多样的终端，集约化的数据中心以及 Web 技术。商业模式是云计算的内在要求，是用户需求的外在体现，并且云计算技术为这种特定商业模式提供了现实可能性。

"云"实质上就是一个网络，狭义上讲，云计算就是一种提供资源的网络，使用者可以随时获取"云"上的资源，按需求量使用，并且可以看成是无限扩展的，只要按使用量付费就可以，"云"就像自来水厂一样，我们可以随时接水，并且不限量，按照自己家的用水量，付费给自来水厂就可以。从广义上说，云计算是与信息技术、软件、互联网相关的一种服务，这种计算资源共享池叫作"云"，云计算把许多计算资源集合起来，通过软件实现自动化管理，只需要很少的人参与，就能让资源被快速提供。也就是说，计算能力作为一种商品，可以在互联网上流通，就像水、电、煤气一样，可以方便地取用，且价格较为低廉。总之，云计算不是一种全新的网络技术，而是一种全新的网络应用概念，云计算的核心概念就是以互联网为中心，在网站上提供快速且安全的云计算服务与数据存储，让每一个使用互联网的人都可以使用网络上的庞大计算资源与数据中心。

云计算是由分布式计算、并行处理、网络计算发展来的，是一种新兴的商业计算模型。目前，对于云计算的认识在不断发展变化，云计算仍没有普遍一致的定义。关于云计算的定义有以下几种。

（1）美国国家标准与技术研究院（National Institute of Standards and Technology，NIST）：云计算是一种按使用量付费的模式，这种模式提供可用的、便捷的、按需的网络访问，进入可配置的计算资源共享池（资源包括网络、服务器、存储、应用软件、服务），这些资源能够被快速提供，只需投入很少的管理工作，或与服务提供者进行很少的交互[110]。

（2）维基百科：云计算将 IT 相关的能力以服务的方式提供给用户，允许用户在不了解提供服务的技术、没有相关知识以及设备操作能力的情况下，通过 Internet 获取需要的服务[111]。

（3）中国云计算网：云计算是分布式计算（distributed computing）、并行计算（parallel computing）和网格计算（grid computing）的发展，或者说是这些科学概念的商业实现[112]。

（4）中国网格计算、云计算专家刘鹏定义云计算：云计算将计算任务发布在大量计算机构成的资源池上，使各种应用系统能够根据需要获取计算力、存储空间和各种软件服务[113]。

（5）美国国家实验室的资深科学家、Globus 项目的领导人 Tan Foster：云计算是由规模经济拖动，为互联网上的外部用户提供一组抽象的、虚拟化的、动态可扩展的、可管理的计算资源能力、存储能力、平台和服务的一种大规模分布式计算的聚合体。

（6）百度百科：云计算是基于互联网的相关服务的增加、使用和交付模式，通常涉及通过互联网来提供动态易扩展且经常是虚拟化的资源。狭义云计算指 IT 基础设施的交付和使用模式，指通过网络以按需、易扩展的方式获得所需资源；广义云计算指服务的交付和使用模式，指通过网络以按需、易扩展的方式获得所需服务。这种服务可以是 IT 和软件、互联网相关，也可是其他服务。它意味着计算能力也可作为一种商品通过互联网进行流通。

（7）思科：云计算是基于整合的架构下，利用虚拟化的资源，通过 IP 网络提供规模化业务的实现方式[114]。

（8）IBM：云计算是一个术语，既可以用来描述平台，也可以用来描述应用程序的类型。云计算平台能够按需动态地提供、配置、重配置、撤销服务器[114]。云中的服务器既包括物理机，也包括虚拟机。高级云通常包括其他计算资源，例如存储区域网络、网络设备、防火墙以及其他安全设施。云计算还扩展到能够通过互联网接入的应用程序服务。

（9）伯克利大学：云计算既包括互联网上提供的应用服务，也包括提供这些服务的数据中心里的硬件和软件系统。这些应用服务就是所谓软件及服务 SaaS。数据中心内的软硬件就是我们所谓的云。因此，云计算是 SaaS 和实用计算资源的总和，但是云计算并不包括私有云。

云是由一系列相互联系并且虚拟化的计算机组成的并行和分布式系统模式。这些虚拟化的计算机动态地提供一种或多种统一化的计算和存储资源。这些资源通过服务提供者和服务消费者之间的协商来流通。基于这样云的计算称为云计算。简单地说，云计算就是指基于互联网的超级计算模式，即把存储于个人电脑、服务器和其他设备上的大量存储器容量和处理器资源集中在一起，统一管理并且协同工作。云计算被认为是继个人电脑、互联网之后信息技术的又一次重大变革，将带来工作方式和商业模式的根本性改变。我国国民经济和社会发展"十四五"规划纲要提出"加快数字化发展，建设数字中国"，培育壮大以云计算为代表的新兴数字产业。加快发展云计算产业，将有力地推动传统产业的改造升级和新兴产业的加速培育。云计算是信息时代的一个大飞跃，未来的时代可能是云计算的时代，虽然目前有关云计算的定义有很多，但总体上来说，云计算虽然有许多含义，但概括来说，云计算的基本含义是一致的，即云计算具有很强的扩展性和需要性，可以为用户提供一种全新的体验，云计算的核心是可以将很多计算机资源协调在一起，因此，使用户通过网络就可以获取到无限的资源，同时获取的资源不受时间和空间的限制。

■ 7.2　云计算发展历程

云计算这个概念从提出到今天，云计算取得了飞速的发展与翻天覆地的变化。现如今，云计算被视为计算机网络领域的一次革命，因为它的出现，社会的工作方式和商业模式也在发生巨大的改变。

追溯云计算的根源，它的产生和发展与之前所提及的并行计算、分布式计算等计算机技术密切相关，都促进着云计算的成长。但追溯云计算的历史，可以追溯到1956年，Christopher Strachey发表了一篇有关虚拟化的论文[115]，正式提出了虚拟化的概念。虚拟化是今天云计算基础架构的核心，是云计算发展的基础。而后随着网络技术的发展，逐渐孕育了云计算的萌芽。

20世纪90年代，计算机网络出现了大爆炸，出现了以思科为代表的以一系列公司，随即网络出现泡沫时代。

2004年，Web 2.0会议举行，Web 2.0成为当时的热点，这也标志着互联网泡沫破灭，计算机网络发展进入了一个新的阶段。在这一阶段，让更多用户方便快捷地使用网络服务成为互联网发展亟待解决的问题，与此同时，一些大型公司也开始致力于开发大型计算能力的技术，为用户提供了更加强大的计算处理服务。

2006年8月9日，Google首席执行官埃里克·施密特在搜索引擎大会（SES San Jose 2006）首次提出"云计算"（cloud computing）的概念。这是云计算发展史上第一次正式地提出这一概念，有着巨大的历史意义。

2007年以来，"云计算"成为计算机领域最令人关注的话题之一，同样也是大型企业、互联网建设着力研究的重要方向。因为云计算的提出，互联网技术和IT服务出现了新的模式，引发了一场变革。

2008年，微软发布其公共云计算平台（Windows Azure Platform），由此拉开了微软的云计算大幕。同样，云计算在国内也掀起一场风波，许多大型网络公司纷纷加入云计算的阵列。

2009年1月，阿里软件在江苏南京建立首个"电子商务云计算中心"。同年11月，中国移动云计算平台"大云"计划启动。到现阶段，云计算已经发展到较为成熟的阶段[116]。

2019年8月17日，北京互联网法院发布《互联网技术司法应用白皮书》。发布会上，北京互联网法院互联网技术司法应用中心揭牌成立。

随着对计算能力、资源利用效率、资源集中化的迫切需求，云计算应运而生。其他层面来说云计算的发展主要经历了以下四个阶段。

（1）电厂模式阶段：电厂模式是一个公用事业的概念，就是将主要的计算资源都集中到公共的云计算中心，并且遵守公开的协议，企业和个人都能非常方便地使用。

（2）效用计算阶段：整合分散在各地的服务器、存储系统以及应用程序来共享给多个用户，让用户使用计算机资源，并且根据其所使用的量来付费。在1960年左右，由于计算机设备的价格非常昂贵，远非一般的企业、学校和机构所能承受，于是很多IT界的精英就有了共享计算机资源的想法。在1961年，人工智能之父麦卡锡在一次会议上提出来"效应计算"这个概念，其核心就是借鉴了电厂模式，具体的目标是整合分散在各地的服务器、存储系统以及应用程序来共享给多个用户，让人们使用计算机资源就像使用电力资源一样方便，并且根据用户使用量来付费。可惜的是当时的 IT 界还处于发展的初期，很多强大的技术还没有诞生，比如互联网等。虽然有想法，但是由于技术的原因还无法实现。

（3）网格计算阶段：把一个需要巨大计算能力才能解决的问题分成许多小的部分，然后把这些部分分配给许多低性能的计算机来处理，最后把这些计算结果综合起来攻克大问题。说穿了就是化大为小的一种计算，研究的是如何把一个需要巨大计算能力才能解决的问题分成许多小部分，然后把这些部分分配给许多低性能的计算机来处理，最后把这些结果综合起来解决大问题。可惜的是，由于网格计算在商业模式、技术和安全性方面的不足，使得其并没有在工程界和商业界取得预期的成功。

（4）云计算阶段：云计算的核心与效用计算和网格计算非常类似，也是希望 IT 技术能像使用电力那样方便，并且成本低廉。但与效用计算和网格计算不同的是，在需求方面已经有了一定的规模，同时在技术方面也已经基本成熟了。

中国云计算产业分为市场准备期、起飞期和成熟期三个阶段。

（1）准备阶段（2007～2010 年）：主要是技术储备和概念推广阶段，解决方案和商业模式尚在尝试中。用户对云计算认知度仍然较低，成功案例较少。初期以政府公共云建设为主。

（2）起飞阶段（2010～2015 年）：产业高速发展，生态环境建设和商业模式构建成为这一时期的关键词，进入云计算产业的"黄金机遇期"。此时期，成功案例逐渐丰富，用户了解和认可程度不断提高。越来越多的厂商开始介入，出现大量的应用解决方案，用户主动考虑将自身业务融入云。公有云、私有云、混合云建设齐头并进。

（3）成熟阶段（2015 年之后）：云计算产业链、行业生态环境基本稳定，各厂商解决方案更加成熟稳定，提供丰富的 XaaS 产品。用户云计算应用取得良好的绩效，并成为 IT 系统不可或缺的组成部分，云计算成为一项基础设施。

7.3　云计算的服务形式

云计算平台是一个强大的"云"网络，连接了大量并发的网络计算和服务，可利用虚拟化技术扩展每一个服务器的能力，将各自的资源通过云计算平台结合起来，提供超级计算和存储能力。云计算的本质是通过网络提供服务，所以其体系结构以服务为核心。根据资源的不同类型，研究者将云平台下的服务划分为三类：IaaS（基础设施即服务，infrastructure as a service）是一类通过网络向云用户提供计算机（物理机和虚拟机）、存储空间、网络连接、负载均衡和防火墙等基本计算资源的服务；PaaS（平台即服务，platform as a service）将软件研发的平台作为一种服务，允许云服务使用者在云上部署他们自己的应用；SaaS（软件即服务，software as a service）则是一类在线应用服务。这三种云计算服务有时称为云计算堆栈，因为它们构建堆栈，它们位于彼此之上，以下是这三种服务的概述。

7.3.1　IaaS

　　IaaS 在服务层次上是底层服务，接近物理硬件资源，通过虚拟化的相关技术为用户提供处理、存储、网络以及其他资源方面的服务，以便用户能够部署操作系统和运行软件。它向云计算提供商的个人或组织提供虚拟化计算资源，如虚拟机、存储、网络和操作系统。这一层典型的服务如亚马逊的弹性云（EC2）和 Apache 的开源项目（Hadoop）。EC2 与 Google 提供的云计算服务不同，Google 只为在互联网上的应用提供云计算平台，开发人员无法在这个平台上工作，因此只能转而通过开源的 Hadoop 软件支持来开发云计算应用。而 EC2 给用户提供一个虚拟的环境，使得可以基于虚拟的操作系统环境运行自身的应用程序。同时，用户可以在 EC2 上创建亚马逊机器云镜像（Amazon machine image，AMI），镜像包括库文件、数据和环境配置，通过弹性计算云的网络界面去操作在云计算平台上运行的各个实例。同时用户需要为相应的简单存储服务（simple storage service，S3）和网络流量付费。Hadoop 是一个开源的基于 Java 的分布式存储和计算的项目，其本身实现的是分布式文件系统（Hadoop distributed file system，HDFS）以及计算框架 MapReduce。此外，Hadoop 包含一系列扩展项目，包括了分布式文件数据库 HBase（对应 Google 的 Big Table）、分布式协同服务 Zoo Keeper（对应 Google 的 Chubby）等。Hadoop 有一个单独的主节点，主要负责 HDFS 的目录管理以及作业在各个从节点的调度运行。

　　IaaS 指服务消费者通过 Internet 可以从完善的计算机基础设施获得服务。基于 Internet 的服务（如存储和数据库）是 IaaS 的一部分。

　　通过 IaaS 这种模式，用户可以从供应商那里获得他所需要的虚拟机或者存储等资源来装载相关的应用，同时这些基础设施的烦琐的管理工作将由 IaaS 供应商来处理。IaaS 能通过它上面的虚拟机支持众多的应用。IaaS 主要的用户是系统管理员。

　　要实现 IaaS，供应商需要完善七个方面功能：资源抽象、资源监控、负载管理、数据管理、资源部署、安全管理、计费管理。

　　IaaS：基础设施即服务，这层的作用是提供虚拟机或者其他资源作为服务提供给用户。

　　总结：IaaS 属于基础设施，比如网络光纤、服务器、存储设备等。

7.3.2　PaaS

PaaS 是构建在基础设施即服务之上的服务，用户通过云服务提供的软件工具和开发语言部署自己需要的软件运行环境和配置。用户不必控制底层的网络、存储、操作系统等技术问题，底层服务对用户是透明的，这一层服务是软件的开发和运行环境。这一层服务是一个开发、托管网络应用程序的平台，具有代表性的有 Google App Engine 和 Microsoft Azure。使用 Google App Engine 用户将不再需要维护服务器，而是基于 Google 的基础设施上传、运行应用程序软件。目前，Google App Engine 用户使用一定的资源是免费的，如果使用更多的带宽、存储空间等需要另外收取费用。Google App Engine 提供一套 API 使用 Python 或 Java 来方便用户编写可扩展的应用程序，但仅限 Google App Engine 范围的有限程序，现存很多应用程序还不能很方便地运行在 Google App Engine 上。Microsoft Azure 构建在 Microsoft 数据中心内，允许用户应用程序，同时提供了一套内置的有限 API，方便开发和部署应用程序。此平台包含在线服务 Live Services、关系数据库服务 SQL Services、各式应用程序服务器服务.NET Services 等。

PaaS 是把服务器平台或者开发环境作为一种服务提供的商业模式。

PaaS 实际上是指将软件研发的平台（计世资讯定义为业务基础平台）作为一种服务，以 SaaS 的模式提交给用户。因此，PaaS 也是 SaaS 模式的一种应用。PaaS 主要的用户是开发人员。

通过 PaaS 这种模式，用户可以在一个包括 SDK 文档和测试环境等在内的开发平台上非常方便地编写应用，而且不论是在部署或者在运行的时候，用户都无须为服务器、操作系统、网络和存储等资源的管理操心，这些烦琐的工作都由 PaaS 供应商负责处理，而且 PaaS 在整合率上面非常惊人，比如一台运行 Google App Engine 的服务器能够支撑成千上万的应用，也就是说，PaaS 是非常经济的。

要实现 PaaS 服务，供应商需要完善四个方面功能：友好的开发环境、丰富的服务、自动的资源调度、精细的管理和监控。

PaaS：平台即服务，这层的作用是将开发平台作为服务提供给用户。

总结：PaaS 是在 IaaS 之上集成的操作系统、服务器程序、数据库等。

7.3.3　SaaS

SaaS 是前两层服务所开发的软件应用，不同用户以简单客户端的方式调用该层服务，例如以浏览器的方式调用服务。用户可以根据自己的实际需求，通过网络向提供商定制所需的应用软件服务，按服务多少和时间长短支付费用。最早提供该服务模式的是 Salesforce 公司运行的客户关系管理系统，它是在该公司 PaaS

的 force.com 平台下开发的 SaaS。而 Google 的在线办公自用软件，如文档、表格、幻灯片处理也是采用 SaaS 服务模式。

软件厂商将应用软件统一部署在服务器或服务器集群上，通过互联网提供软件给用户。用户也可以根据自己实际需要向软件厂商定制或租用适合自己的应用软件，通过租用方式使用基于 Web 的软件来管理企业经营活动。软件厂商负责管理和维护软件，从供应商角度来看，尤其对于许多小型企业来说，SaaS 是采用先进技术的最好途径，它消除了企业购买、构建和维护基础设施和应用程序的需要，只需要维持一个程序就够了，这样能够减少成本；而在用户看来，这样会省去在服务器和软件授权上的开支。近年来，SaaS 的兴起已经给传统软件企业带来强劲的压力。在这种模式下，客户不再像传统模式那样花费大量投资用于硬件、软件、人员，而只需要支出一定的租赁服务费用，通过互联网便可以享受到相应的硬件、软件和维护服务，享有软件使用权和不断升级，这是网络应用最具效益的营运模式。

SaaS 通常被用在企业管理软件领域、产品技术和市场，国内的厂商以八百客、沃利森为主，主要开发客户关系管理（customer relationship management，CRM）、企业资源计划（ERP）等在线应用。用友、金蝶等老牌管理软件厂商也推出在线财务 SaaS 产品。国际上其他大型软件企业中，微软提出了 Soft ware+SaaS 的模式，Google 推出了与微软 Office 竞争的 Google Apps，Oracle 在收购 Siebel 升级 Siebel on demand 后推出 Oracle On-demand，SAP 推出了传统和 SaaS 的混合（hybrid）模式，Salesforce.com 是迄今为止这类服务最为出名的公司。此外，SaaS 在人力资源管理程序和 ERP 中也比较常用。

SaaS 与 on demand software（按需软件）、the application service provider（ASP，应用服务提供者）、hosted software（托管软件）具有相似的含义。

通过 SaaS 这种模式，用户只要接上网络，并通过浏览器，就能直接使用在云端上运行的应用，而不需要顾虑类似安装等琐事，并且免去初期高昂的软硬件投入。SaaS 主要面对的是普通的用户。对于许多小型企业来说，SaaS 是采用先进技术的最好途径，它消除了企业购买、构建和维护基础设施和应用程序的需要。

在 SaaS 模式中，服务提供者将应用软件统一部署在自己的服务器上，客户可以根据自己实际需求，通过互联网向服务提供者订购所需的应用软件服务，按订购的服务多少和时间长短向厂商支付费用，并通过互联网获得服务提供者提供的服务。用户不用再购买软件，而改用向服务提供者租用基于 Web 的软件，来管理企业经营活动，且无须对软件进行维护，服务提供者会全权管理和维护软件，服务提供者在向客户提供互联网应用的同时，也提供软件的离线操作和本地数据存储，让用户随时随地都可以使用其订购的软件和服务。

要实现 SaaS 服务，供应商需要完善四个方面功能：随时随地访问、支持公开协议、安全保障、多住户（multi-tenant）机制。

SaaS：软件即服务，这层的作用是将应用作为服务提供给客户。

总结：SaaS 是将软件当成服务来提供的方式，不再作为产品来销售。如腾讯的 QQ 是一种免费软件，但通过该免费软件，腾讯为数以亿计的用户提供了网络服务，从而成为中国较大的互联网公司之一。

■ 7.4　云计算的特征

云计算的可贵之处在于高灵活性、可扩展性和高性价比等，云计算的特征主要包括以下几点。

1. 超大规模

"云"具有相当规模，Google 云计算已经拥有 100 多万台服务器，亚马逊、IBM、微软和 Yahoo 等公司的"云"均拥有几十万台服务器。在底层，需要面对各类众多的基础软硬件资源；在上层，需要能够同时支持各类众多异构的业务；而具体到某一业务，往往也需要面对大量的用户。由此，云计算必然需要面对海量信息交互，需要有高效、稳定的海量数据通信/存储系统作支撑。"云"能赋予用户前所未有的计算能力。

2. 虚拟化

云计算是通过提供虚拟化、容错和并行处理的软件将传统的计算、网络、存储资源转化成可以弹性伸缩的服务。云计算通过资源抽象特性（通常会采用相应的虚拟化技术）来实现云的灵活性和应用广泛支持性。使用者所请求的资源来自"云"，而不是固定的有形的实体。应用在"云"中某处运行，最终用户不知道云端应用运行的具体物理资源位置，同时云计算支持用户在任意位置使用各种终端获取应用服务。用户经常并不控制或了解这些资源池的准确划分，但可以知道这些资源池在哪个行政区域或数据中心。实际上用户无须了解应用运行的具体位置，只需要一台笔记本或一个掌上电脑，就可以通过网络服务来获取各种能力超强的服务。必须强调的是，虚拟化突破了时间、空间的界限，是云计算最为显著的特点，虚拟化技术包括应用虚拟和资源虚拟两种。众所周知，物理平台与应用部署的环境在空间上是没有任何联系的，正是通过虚拟平台对相应终端操作完成数据备份、迁移和扩展等。

3. 高可靠性

"云"主要是通过冗余方式进行数据处理服务。在大量计算机机组存在的情况下，会让系统中出现的错误越来越多，而通过采取冗余方式则能够降低错误出现的概率，同时保证了数据的可靠性。"云"使用了数据多副本容错、计算节点同构可互换等措施来保障服务的高可靠性，使用云计算比使用本地计算机更加可靠。倘若服务器故障也不影响计算与应用的正常运行，因为单点服务器出现故障可以通过虚拟化技术将分布在不同物理服务器上面的应用进行恢复或利用动态扩展功能部署新的服务器进行计算。

4. 通用性

云计算不针对特定的应用，在"云"的支撑下可以构造出千变万化的应用，同一片"云"可以同时支撑不同的应用运行。"云"也可以构建在不同的基础平台之上，即可以有效兼容各种不同种类的硬件和软件基础资源。硬件基础资源主要包括网络环境下的三大类设备，即计算（服务器）、存储（存储设备）和网络（交换机、路由器等设备）；软件基础资源则包括单机操作系统、中间件、数据库等。

5. 高可伸缩性

"云"的规模可以动态伸缩，满足应用和用户规模增长的需要。这意味着添加、删除、修改云计算环境的任一资源节点，抑或任一资源节点异常，都不会导致云环境中的各类业务的中断，也不会导致用户数据的丢失。这里的资源节点可以是计算节点、存储节点和网络节点。而资源动态流转则意味着在云计算平台下实现资源调度机制，资源可以流转到需要的地方。如在系统业务整体升高情况下，可以启动闲置资源，纳入系统中，提高整个云平台的承载能力。而在整个系统业务负载低的情况下，则可以将业务集中起来，而将其他闲置的资源转入节能模式，从而在提高部分资源利用率的情况下，达到其他资源绿色、低碳的应用效果。"云"的规模可以动态伸缩，满足应用和用户规模增长的需要。

6. 按需服务

"云"是一个庞大的资源池，用户按需购买，像自来水、电和煤气那样计费。按需分配，是云计算平台支持资源动态流转的外部特征表现。"云"平台通过虚拟分拆技术，可以实现计算资源的同构化和可度量化，可以提供小到一台计算机、大到千台计算机的计算能力。按量计费起源于效用计算，在"云"平台实现按需分配后，按量计费也成为云计算平台向外提供服务时的有效收费形式。从广义角度上来看，"云"本质上是一种数字化服务，同时这种服务较以往的计算机服务更具有便捷性，用户在不清楚云计算具体机制的情况下，就能够得到相应的服务。

7. 可扩展性

用户可以利用应用软件的快速部署条件更加简单快捷地将自身所需的已有业

务以及新业务进行扩展。例如，计算机云计算系统中出现设备的故障，对于用户来说，无论是在计算机层面上，抑或是在具体运用上均不会受到阻碍，可以利用计算机云计算具有的动态扩展功能来对其他服务器开展有效扩展。这样一来就能够确保任务得以有序完成。在对虚拟化资源进行动态扩展的情况下，同时能够高效扩展应用，提高计算机云计算的操作水平。云计算具有高效的运算能力，在原有服务器基础上增加云计算功能能够使计算速度迅速提高，最终实现动态扩展虚拟化的层次达到对应用进行扩展的目的。

8. 高可用性

在储存和计算能力上，"云"相比以往的计算机技术具有更高的服务质量，同时在节点检测上也能做到智能检测，在排除问题的同时不会对系统带来任何影响。云计算环境中，由 IaaS 以及 PaaS 这两个层次内部所实现的高可用性能力，对于上层服务来说是极有用的特征，尤其是在大规模云计算环境中，成千上万的节点而必然产生的失效状态是云计算管理系统所必须解决的问题。尽管云计算环境底层的高可用不见得能够解决上层服务的高可用问题，但是研究并增强底层的高可用性无疑是一个很有价值并且具有挑战性的工作。

9. 高性价比

由于"云"的特殊容错措施可以采用极其廉价的节点来构成云，"云"的自动化集中式管理使大量企业无须负担日益高昂的数据中心管理成本，"云"的通用性使资源的利用率较之传统系统大幅提升，因此用户可以充分享受"云"的低成本优势，经常只要花费几百美元、几天时间就能完成以前需要数万美元、数月时间才能完成的任务。

10. 环保

通过虚拟化、效用计算等技术，云计算大大地提高了硬件的利用率，并可以均衡不同物理服务器的计算负载，减少能源浪费。研究表明，到 2020 年为止，全美年收入 10 亿美元以上的公司将把 69% 的 IT 预算（主要集中在基础架构、平台和软件等方面）投在云计算服务上，由此削减 123 亿美元的成本以及相当于 2 亿桶原油（足以供 570 万辆汽车行驶一年）的碳排放量。把一个企业的人力资源应用程序移到公有云中可以在 5 年内为企业节省 1200 万美元，并且减少 3 万吨的二氧化碳排放。私有云可以在 5 年内节省 500 万美元的成本，减少 2 万 5 千吨二氧化碳排放。云计算带来的环境效益还较难精确量化。但至少从表面看来，大型云计算服务商运维数据中心在能耗和成本两方面具有巨大的优势。如果满足相应的条件，云计算的确是更加节能且环保的。

11. 快速部署

云计算模式具有极大的灵活性，足以适应各个开发和部署阶段的各种类型和规模的应用程序。提供者可以根据用户的需要及时部署资源，最终用户也可按需选择。对服务消费者来讲，云计算提供的这种能力是无限的，并且在任何时间以任何量化方式可购买的。自动化管理与快速交付，有效降低服务的运行维护成本，平均每百台服务器所需的运行维护人员数量应小于 1 人（现有 IT 服务管理模式下，每百台服务器运行维护人员数量大于 5 人）；对于服务使用者的服务申请快速响应，响应时间应在分钟级。计算机包含了许多应用、程序软件等，不同的应用对应的数据资源库不同，所以用户运行不同的应用需要较强的计算能力对资源进行部署，而云计算平台能够根据用户的需求快速配备计算能力及资源。

12. 潜在的危险性

云计算服务除了提供计算服务外，还提供了存储服务。但是云计算服务当前垄断在私人机构（企业）手中，而他们仅仅能够提供商业信用。政府机构、商业机构（特别像银行这样持有敏感数据的商业机构）对于选择云计算服务应保持足够的警惕。对于信息社会而言，"信息"是至关重要的。另外，云计算中的数据对于数据所有者以外的其他云计算用户是保密的，但是对于提供云计算的商业机构而言确实毫无秘密可言。所有这些潜在的危险，是商业机构和政府机构选择云计算服务，特别是国外机构提供的云计算服务时，不得不考虑的一个重要的前提。

13. 灵活性

目前市场上大多数 IT 资源、软件、硬件都支持虚拟化，比如存储网络、操作系统和开发软、硬件等。虚拟化要素统一放在云系统资源虚拟池当中进行管理，可见云计算的兼容性非常强，不仅可以兼容低配置机器、不同厂商的硬件产品，还能够使外设获得更高性能的计算资源。

■ 7.5 云计算的主要技术

云计算的主要技术有虚拟化技术、数据存储技术、数据管理技术、编程模型技术、平台管理技术、故障定位技术和分布式技术等。

1. 虚拟化技术

虚拟化技术是指计算元件在虚拟的基础上而不是真实的基础上运行，它可以扩大硬件的容量、简化软件的重新配置过程、减少软件虚拟机相关开销和支持更广泛的操作系统。虚拟化技术最早由 VMware 公司引入并在 X86 CPU 上实现。虚拟化平台将服务器虚拟为多个性能可配的虚拟机（virtual machine，VM），对整个集群系统中所有 VM 进行监控和管理，并根据实际资源使用情况对资源池灵活分配和调度。通过虚拟化技术可实现软件应用与底层硬件相隔离，它包括将单个资源划分成多个虚拟资源的裂分模式，也包括将多个资源整合成一个虚拟资源的聚合模式。虚拟化技术根据对象可分成存储虚拟化、计算虚拟化、网络虚拟化等，计算虚拟化又分为系统级虚拟化、应用级虚拟化和桌面虚拟化。在云计算实现中，计算系统虚拟化是一切建立在"云"上的服务与应用的基础。虚拟化技术目前主要应用在中央处理器（central processing unit，CPU）、操作系统、服务器等多个方面，是提高服务效率的最佳解决方案。

虚拟化技术主要分为两个层面：物理资源池化和资源池管理。其中物理资源池化是把物理设备由大化小，将一个物理设备虚拟为多个性能可配的最小资源单位；资源池管理是对集群中虚拟化后的最小资源单位进行管理，根据资源的使用情况和用户对资源的申请情况，按照一定的策略对资源进行灵活分配和调度，实现按需分配资源。物理硬件设备的虚拟化对象包括服务器、存储、网络、安全等多个方面，不同的虚拟化技术从不同角度解决系统的各种问题。服务器虚拟化对服务器进行资源虚拟和池化，将一台服务器虚拟为多个同构的虚拟服务器，同时对集群中的虚拟服务器资源池进行管理。存储虚拟化主要是对传统的存储区域网络（storage area network，SAN）、网络附加存储（network attached storage，NAS）设备进行异构，将存储资源按类型统一集中为一个大容量的存储资源，并将统一的存储资源通过分卷、分目录的权限和资源管理方法进行池化，然后将虚拟存储资源分配给各个应用使用，或者是直接分配给最终用户使用。网络虚拟化将一个物理网络节点虚拟成多个虚拟的网络设备（交换机、负载均衡器等），并进行资源管理，配合虚拟机和虚拟存储空间为应用提供云服务。

云计算的虚拟化技术不同于传统的单一虚拟化，它是涵盖整个 IT 架构的，包括资源、网络、应用和桌面在内的全系统虚拟化，它的优势在于能够把所有硬件设备、软件应用和数据隔离开来，打破硬件配置、软件部署和数据分布的界限，实现 IT 架构的动态化，实现资源集中管理，使应用能够动态地使用虚拟资源和物理资源，提高系统适应需求和环境的能力。

对于信息系统仿真，云计算虚拟化技术的应用意义并不仅仅在于提高资源利用率并降低成本，更大的意义是提供强大的计算能力。众所周知，信息系统仿真系统是一种具有超大计算量的复杂系统，计算能力对于系统运行效率、精度和可靠性影响很大，而虚拟化技术可以将大量分散的、没有得到充分利用的计算能力，整合到计算高负荷的计算机或服务器上，实现全网资源统一调度使用，从而在存储、传输、运算等多个计算方面达到高效。

2. 数据存储技术

云计算系统由大量服务器组成，同时为大量用户服务，为保证高可用、高可靠和经济性，云计算系统采用分布式存储的方式存储数据，用冗余存储的方式（集群计算、数据冗余和分布式存储）保证数据的可靠性。冗余的方式通过任务分解和集群，用低配机器替代超级计算机的性能来保证低成本，这种方式保证分布式数据的高可用、高可靠和经济性，即为同一份数据存储多个副本。云技术存储技术具有比较明显的两个特点：第一是高传输效率，第二是高吞吐率。当前云计算系统中广泛使用的数据存储系统是 Google 开发的谷歌文件系统（Google file system，GFS）和 Hadoop 团队开发的 GFS 的开源实现 HDFS。

GFS 是一个管理大型分布式数据密集型计算的可扩展的分布式文件系统，它使用廉价的商用硬件搭建系统并向大量用户提供容错的高性能的服务。GFS 由一个 Master 和大量块服务器构成，Master 存放文件系统的所有的元数据，包括名字空间、存取控制、文件分块信息、文件块的位置信息等。GFS 中的文件切分为 64MB 的块进行存储。在 GFS 中，采用冗余存储的方式来保证数据的可靠性。每份数据在系统中保存 3 个以上的备份。为了保证数据的一致性，对于数据的所有修改需要在所有的备份上进行，并用版本号的方式来确保所有备份处于一致的状态。客户端不通过 Master 读取数据，避免了大量读操作使 Master 成为系统瓶颈。客户端从 Master 获取目标数据块的位置信息后，直接和块服务器交互进行读操作。GFS 的写操作将写操作控制信号和数据流分开，即客户端在获取 Master 的写授权后，将数据传输给所有的数据副本，在所有的数据副本都收到修改的数据后，客户端才发出写请求控制信号。在所有的数据副本更新完数据后，由主副本向客户端发出写操作完成控制信号。

3. 数据管理技术

云计算系统对大数据集进行处理、分析，向用户提供高效的服务。因此，数据管理技术必须能够高效地管理大数据集。其次，如何在规模巨大的数据中找到特定的数据，也是云计算数据管理技术所必须解决的问题。云计算的特点是对海量的数据存储、读取后进行大量分析，数据的读操作频率远大于数据的更新频率，云中的数据管理是一种读优化的数据管理。因此，云系统的数据管理往往采用数据库领域的数据管理模式。云计算系统中的数据管理技术主要是 Google 的 Big Table 数据管理技术和 Hadoop 团队开发的开源数据管理模块 HBase。由于云数据存储管理形式不同于传统的关系数据库管理系统（relational database management system，RDBMS）数据管理方式，如何在规模巨大的分布式数据中找到特定的数据，也是云计算数据管理技术所必须解决的问题。同时，由于管理形式的不同造成传统的结构化查询语言（structured query language，SQL）数据库接口无法直接移植到云管理系统中来，目前一些研究在关注为云数据管理提供 RDBMS 和 SQL 的接口，如基于 Hadoop 的子项目 HBase 和 Hive 等。另外，在云数据管理方面，如何保证数据安全性和数据访问高效性也是研究关注的重点问题之一。

以 Big Table 为例，Big Table 数据管理方式设计者——Google 给出了如下定义：Big Table 是一种为了管理结构化数据而设计的分布式存储系统，这些数据可以扩展到非常大的规模，例如在数千台商用服务器上的达到拍字节规模的数据。Big Table 对数据读操作进行优化，采用列存储的方式，提高数据读取效率。Big Table 中的数据项按照行关键字的字典序排列，每行动态地划分到记录板中。每个节点管理大约 100 个记录板。时间戳是一个 64 位的整数，表示数据的不同版本。Big Table 在执行时需要三个主要的组件：链接到每个客户端的库，一个主服务器，多个记录板服务器。主服务器用于分配记录板到记录板服务器以及负载平衡、垃圾回收等。记录板服务器用于直接管理一组记录板、处理读写请求等。为保证数据结构的高可扩展性，Big Table 采用三级的层次化的方式来存储位置信息。其中第一级的 Chubby file 中包含 Root Tablet 的位置，Root Tablet 包含所有 METADATA Tablets 的位置信息，每个 METADATA Tablets 包含许多 User Table 的位置信息。

4. 编程模型技术

为了使用户能更轻松地享受云计算带来的服务，让用户能利用该编程模型编写简单的程序来实现特定的目的，云计算上的编程模型必须十分简单，必须保证后台复杂的并行执行和任务调度向用户和编程人员透明。云计算提供了分布式的计算模式，客观上要求必须有分布式的编程模式。云计算采用了一种思想简洁的分布式并行编程模型 MapReduce，MapReduce 是一种编程模型和任务调度模型，主要用于数据集的并行运算和并行任务的调度处理。在并行编程模式下，并发处理、容错、数据分布、负载均衡等细节都被抽象到一个函数库中，通过统一接口，用户大尺度的计算任务被自动并发和分布执行，即将一个任务自动分成多个子任务，并行地处理海量数据。

对于信息系统仿真这种复杂系统的编程来说，并行编程模式是一种颠覆性的革命，它是在网络计算等一系列优秀成果上发展而来的，所以更加淋漓尽致地体现了 SOA 技术。可以预见，如果将这一并行编程模式引入信息系统仿真领域，定会带来信息系统仿真软件建设的跨越式进步。

执行一个 MapReduce 程序需要五个步骤：输入文件、将文件分配给多个 worker 并行地执行、写中间文件（本地写）、多个 Reduce workers 同时运行、输出最终结果。本地写中间文件在减少了对网络带宽的压力同时减少了写中间文件的时间耗费。执行 Reduce 时，根据从 Master 获得的中间文件位置信息，将 Reduce 命令发送给中间文件所在节点执行，进一步减少了传送中间文件对带宽的需求。MapReduce 模型具有很强的容错性，当 worker 节点出现错误时，只需要将该 worker

节点屏蔽在系统外等待修复，并将该 worker 上执行的程序迁移到其他 worker 上重新执行。同时，将该迁移信息通过 Master 发送给需要该节点处理结果的节点。MapReduce 使用检查点的方式来处理 Master 出错失败的问题，当 Master 出现错误时，可以根据最近的一个检查点重新选择一个节点作为 Master 并由此检查点位置继续运行。

在该模式下，用户只需要自行编写 Map 函数和 Reduce 函数即可进行并行计算。其中，Map 函数中定义各节点上分块数据的处理方法，而 Reduce 函数中定义中间结果的保存方法以及最终结果的归纳方法。该编程模式仅适用于编写任务内部松耦合、能够高度并行化的程序。如何改进该编程模式，使程序员能够轻松地编写紧耦合的程序，运行时能高效地调度和执行任务，是 MapReduce 编程模型未来的发展方向。

从本质上讲，云计算是一个多用户、多任务、支持并发处理的系统。高效、简捷、快速是其核心理念，它旨在通过网络把强大的服务器计算资源方便地分发到终端用户手中，同时保证低成本和良好的用户体验。在这个过程中，编程模式的选择至关重要。云计算项目中广泛采用分布式并行编程模式。

分布式并行编程模式创立的初衷是更高效地利用软件、硬件资源，让用户更快速、更简单地使用应用或服务。在分布式并行编程模式中，后台复杂的任务处理和资源调度对于用户来说是透明的，这样用户体验能够大大提升。

5. 平台管理技术

云计算资源规模庞大，服务器数量众多并分布在不同的地点，同时运行着数百种应用，如何有效地管理这些服务器，保证整个系统提供不间断的服务是巨大的挑战。云计算系统的平台管理技术需要具有高效调配大量服务器资源，使其更好协同工作的能力。其中，方便地部署和开通新业务，快速发现并且恢复系统故障，通过自动化、智能化手段实现大规模系统可靠的运营是云计算平台管理技术的关键。

对于提供者而言，云计算可以有三种部署模式，即公共云、私有云和混合云。三种模式对平台管理的要求大不相同。对于用户而言，由于企业对信息与通信技术（information and communications technology，ICT）资源共享的控制、对系统效率的要求以及 ICT 成本投入预算不尽相同，企业所需要的云计算系统规模及可管理性能也大不相同。因此，云计算平台管理方案要更多地考虑定制化需求，能够满足不同场景的应用需求。

包括 Google、IBM、微软、Oracle/Sun 等在内的许多厂商都推出了云计算平台管理方案。这些方案能够帮助企业实现基础架构整合、实现企业硬件资源和软件资源的统一管理、统一分配、统一部署、统一监控和统一备份，打破应用对资源的独占，让企业云计算平台价值得以充分发挥。

云管理平台共分为四个管理层面，分别为设备的管理、虚拟资源的管理、服务的管理和租户管理。设备的管理为云计算平台的硬件设备提供管理和告警功能，主要包括系统管理员在日常的维护工作中查询各物理设备性能情况，并对如应用服务器的 CPU 使用率、内存使用率、硬盘使用率、网络接口使用率、存储设备的空间使用率、输入输出情况等关键指标进行监控。用户可以根据应用物理设备的实际配置，设置相应的监控阈值，系统会自动启动对相应指标的监控并报警。虚拟资源的管理为各种应用提供虚拟资源的统一管理、资源分配和灵活调度，同时还包括系统管理员在日常的维护工作中查询各个最小虚拟资源的性能情况，并对应用虚拟机的 CPU 使用率、内存使用率、硬盘使用率、网络接口使用率，虚拟存储（如亚马逊的弹性块存储）的空间使用率、输入输出情况等关键指标进行监控。用户可以根据虚拟资源的实际配置，设置相应的监控阈值，系统会自动启动对相应指标的监控并报警。服务管理包括服务模板、服务实例、服务目录等管理。服务管理在虚拟资源的基础上，快速向租户提供用户指定的操作系统、应用软件等软件资源。租户管理对每一个租户对应的资源群进行管理，内容包括资源的种类、数量、分布情况等，同时对租户生命周期进行管理，包括租户的申请、审核、暂停、注销等。

6.　故障定位技术

目前所有的云平台对物理机和虚拟机的监控、告警，都是按照机器的 IP 地址作为机器的编号进行管理。对于承载着虚拟机的物理机而言，其 Host OS 模块的 IP 地址对应和代表着物理机器在集群中的唯一标志。IP 地址的分配一般采用两种方式：采用动态主机配置协议（dynamic host configuration protocol，DHCP）方式自动获取；通过手工指定方式确定。由于集群中机器很多，手工指定工作量巨大，因此通常采用 DHCP 的方式对 IP 地址进行分配。但是维护人员在云管理平台上发现物理设备出了故障，维护人员无法通过 IP 地址对应到故障机器的具体物理位置，通用的 PC 机又没有故障灯等辅助定位手段。定位故障机器的物理位置并更换或维护它成为一个复杂和烦琐的过程。

在虚拟化集群中，可以采用简单而有效的方法解决此问题。对于每一台物理机器，配置一个通用串行总线（universal serial bus，USB）接口的硬件设备 key，key 中保存了物理机器的位置信息，同时 USB key 与物理位置直接绑定（如绑在机架上）。机器在启动时，会到 USB key 中读取物理位置信息，根据读取的物理位置信息，依据固定的算法和物理信息算出机器的 IP 地址，并在管理平台中体现。

这样，每个物理机器的 IP 地址就与物理位置绑定，在物理机器故障时，维护人员在云管理平台可以准确获取故障机器的 IP 地址和物理位置。

7. 分布式技术

分布式技术最早由 Google 规模应用于向全球用户提供搜索服务，因此必须要解决海量数据存储和快速处理的问题。其分布式的架构可以让多达百万台的低配置计算机协同工作。分布式文件系统完成海量数据的分布式存储，分布式计算编程模型 MapReduce 完成大型任务的分解和基于多台计算机的并行计算，分布式数据库完成海量结构化数据的存储。互联网运营商使用基于 Key/Value 的分布式存储引擎，用于数量巨大的小存储对象的快速存储和访问。

分布式文件系统的架构，不管是 Google 的 GFS 还是 Hadoop 的 HDFS，都是针对特定的海量大文件存储应用设计的。系统中有一对主机，应用通过文件系统提供的专用应用编程接口对系统访问。分布式文件系统的应用范围不广的原因主要为：主机对应用的响应速度不快，访问接口不开放。主机是分布式文件系统的主节点。所有的元数据信息都保存在主机的内存中，主机内存的大小限制了整个系统所能支持的文件个数。一百万个文件的元数据需要近 1GB 的内存，而在云存储的应用中，文件数量经常以亿为单位；另外，文件的读写都需要访问主机，因此主机的响应速度直接影响整个存储系统每秒的读入/输出次数（input/output operations per second，IOPS）指标。解决此问题需要从以下三个方面入手。

（1）在客户端缓存访问过的元数据信息。应用对文件系统访问时，首先在客户端查找元数据，如果失败，再向主机发起访问，从而减少对主机的访问频次。

（2）元数据信息存放在主机的硬盘中，同时在主机的内存中进行缓存，以解决上亿大文件的元数据规模过大的问题。为提升硬盘可靠性和响应速度，还可使用固态硬盘（solid state drives，SSD），性能可提升 10 倍以上。

（3）变分布式文件系统主机互为热备用的工作方式为一主多备方式（通常使用一主四备的方式），通过锁服务器选举出主用主机，供读存储系统进行改写的元数据访问服务，如果只是读访问，应用对元数据的访问将被分布式哈希表（distributed hash table，DHT）算法分配到备用主机上，从而解决主机的系统"瓶颈"问题。

对于分布式文件系统，外部应用通过文件系统提供的专用 API 对其进行访问，这影响了分布式文件系统的应用范围。对于标准的可移植操作系统接口（portable operating system interface of UNIX，POSIX），可以通过用户空间文件系统（filesystem in userspace，FUSE）的开发流程实现，但将损失 10%~20%的性能。对于网络文件系统（network file system，NFS），在实现 POSIX 接口的基础上，可以直接调用 Linux 操作系统的 NFS 协议栈实现。

Key/Value 存储引擎最大的问题在于路由变更后,数据如何快速地实现重新分布。可以引入虚拟节点的概念,将整个 Key 值映射的 Ring 空间划分成 Q 个大小相同的 Bucket(虚拟节点),每个物理节点根据硬件配置情况负责多个 Bucket 区间的数据。同一个 Bucket 上的数据落在不同的 N 个节点上,通常情况下 $N=3$。将数据缓存(date cache,DCache)的 Q 设定成 10 万,即把整个 Ring 空间分成了 10 万份,如果整个 DCache 集群最大容量为 50TB,每个区间对应的数据大小仅为 500MB。对 500MB 的数据进行节点间的迁移时间可以少于 10s。Key/Value 存储引擎是一个扁平化的存储结构,存储内容通过 Hash 算法在各节点中平均分布。但是在一些应用中,业务需要对 Key/Value 存储引擎进行类似目录方式的批量操作[如在内容分发网络(content delivery network,CDN)项目中,网站向 CDN 节点推送内容时,需要按照网页的目录结构进行增加和删除],Key/Value 存储引擎无法支持这样的需求。可以在 Key/Value 存储引擎中增加一对目录服务器,存储 Key 值与目录之间的对应关系,用于对目录结构的操作。当应用访问 Key/Value 存储引擎时,仍然按照 Hash 方式将访问对应到相应的节点中,当需要目录操作时,应用需要通过目录服务器对 Key/Value 存储引擎进行操作,目录服务器完成目录操作和 Key/Value 方式的转换。由于绝大多数项目中,大部分为读操作,因此目录服务器参与对 Key/Value 引擎访问的次数很少,不存在性能"瓶颈"。

■ 7.6　教育云

7.6.1　概念

教育云是指云计算在教育领域中的迁移,是未来教育信息化的基础架构。教育云包括了教育信息化所必需的一切硬件计算资源,这些资源经虚拟化之后,向教育机构、教育从业人员和学员提供一个良好的平台,该平台的作用就是为教育领域提供云服务。

教育云包括云计算辅助教学(cloud computing assisted instructions,CCAI)和云计算辅助教育(cloud computing based education,CCBE)多种形式。

云计算辅助教学是指学校和教师利用"云计算"支持的教育"云服务",构建个性化教学的信息化环境,支持教师的有效教学和学生的主动学习,促进学生高级思维能力和群体智慧发展,提高教育质量。也就是充分利用云计算所带来的云服务为我们的教学提供资源共享、存储空间无限的便利条件。

云计算辅助教育,或者称为"基于云计算的教育",是指在教育的各个领域中,利用云计算提供的服务来辅助教育教学活动。云计算辅助教育是一个新兴的学科概念,属于计算机科学和教育科学的交叉领域,它关注未来云计算时代的教育活动中各种要素的总和，主要探索云计算提供的服务在教育教学中的应用规律、与主流学习理论的支持和融合、相应的教育教学资源和过程的设计与管理等。

7.6.2 体系结构

教育云的体系结构共分为六层，分别为物理资源层、虚拟化平台层、中间件服务层、SOA 构建层、教育应用层、用户端层[117]。

1. 物理资源层

该层将云基础设施，包括服务器、软件资源、应用模块等，通过云终端技术接入到网络中，为云服务的应用实施提供硬件支持。它是教育云的底层，它提供面向教育活动的共享教育资源，教育资源分为两类：硬件教育资源和软件教育资源。其中硬件教育资源包括教育信息化应用的一些硬件设备，比如监控、机房、服务器等；软件教育资源是支持教学与科研活动的信息化平台和业务数据，比如网络课程、计算机辅助教育（computing assisted instruction，CAI）、图书馆资源管理、计算机服务环境等。

2. 虚拟化平台层

在物理基础设施的基础上，利用 ESXi、VMware vCenter、vSphere Client 等工具构建虚拟化平台，按需为用户提供虚拟计算机、服务器、网络、存储空间、桌面应用环境、底层物理硬件设备管理等服务[118]。通过采用虚拟化技术，将分散的各类资源虚拟接入到教育云平台。

3. 中间件服务层

中间件服务层是一个应用服务平台，在这个平台上，从 IaaS 到 SaaS，在多个层面提供教育云服务的使用。数据库服务提供可扩展的数据库处理的能力。中间件服务为用户提供可扩展的消息中间件或事务处理中间件等服务。平台层对应 PaaS 平台即服务，如 IBM IT Factory、Google APP Engine、force.com。

4. SOA 构建层

SOA 构建层采用了面向服务的架构思想，它将云计算能力封装成标准 Web 服务，同时纳入 SOA 进行管理与使用，向用户提供接口、注册、查找、访问以及服务工作流等。

5. 教育应用层

它由若干个特定应用服务元素（special application service elements，SASE）

和一个或多个公用应用服务元素（common application service elements，CASE）组成。每个 SASE 提供特定的教育应用服务，例如文件运输访问和管理（file transfer access and management，FTAM）、信报处理系统（message handling system，MHS）、虚拟终端协议（virtual terminal protocol，VAP）等。CASE 提供一组公用的应用服务，例如关联控制服务单元（association control service element，ACSE）、可靠运输服务元素（reliable transfer service element，RTSE）和远程操作服务元素（remote operation service element，ROSE）等。

6. 用户端层

用户端层也称为用户界面层，是将数据呈现给用户或处理用户输入的应用程序或系统的一部分。客户端也称为前端，它并不执行数据函数，而是通过输入向服务器请求数据，然后以一定的格式显示结果。用来实现企业级应用系统的操作界面和显示层。另外，某些客户端程序也可实现业务逻辑。用户端层可分为基于 Web 的客户端和基于非 Web 的客户端两种情况。基于 Web 的情况下，主要作为企业 Web 服务器的浏览器。基于非 Web 的客户端层则是独立的应用程序，可以完成瘦客户机无法完成的任务。用户界面层负责处理用户的输入和向用户的输出，但并不负责解释其含义（出于效率的考虑，它可能在向上传输用户输入前进行合法性验证），这一层通常用前端工具（VB、VC、ASP 等）开发；商业逻辑层是上下两层的纽带，它建立实际的数据库连接，根据用户的请求生成 SQL 语句检索或更新数据库，并把结果返回给客户端，这一层通常以动态链接库的形式存在并注册到服务器的注册簿（registry）中，它与客户端通信的接口符合某一特定的组件标准（如组件对象模型、公共对象请求代理体系结构），可以用任何支持这种标准的工具开发；数据库层负责实际的数据存储和检索。

7.6.3　发展进程及启示

1. 美国教育云发展

美国政府在发展教育云的过程中，先后制定了一系列相关规划和政策。2011 年，美国发布的《创建高等教育云》白皮书，启动了教育部数据中心整合计划和北卡罗来纳州教育云，计划从技术研究、平台推广和设施建设等环节全面推动云计算在教育中的应用。同年，由美国教育部教育技术办公室发布的研究报告显示，绝大多数地区都已制定了教育信息化发展规划，移动学习技术逐渐成为各地区优先发展的领域。在教育云产品应用方面，美国也取得了众多成果。在美国密歇根州东南部赛兰地区的一所学校，全校 5500 名学生都已开始使用全套 Google Apps 软件，该软件取代了原来的电子邮件设备，不仅可以共享电子表格、视频等，还能利用 Google Docs 对内容进行注解和编辑，极大地帮助了学生理解和应用知识；由 Esri 公司研发的 ArcGIS Online 是一个面向全球用户的公有云地理信息系统（geographic information system，GIS）平台，该软件包含一套可用于课堂教学的网络地图工具，历史教师利用该软件能够快速制作某些战役和重大事件发生地的地图，增加课程真实性和课堂趣味性；美国西北大学创建了一个高仿真的虚拟云终端实验室 iLab Central，供学习社会经济学的高中生使用，通过该虚拟实验室，学生可以输入相应变量，在传统教室无法满足的专业实验室设备上进行实验，以达到仿真效果，保障教学活动的及时开展[119]。

2. 欧洲教育云发展

早在 2006 年，德国就率先成立了"创新与增长咨询委员会"，制定了"高科技战略"以推动高科技研究及应用，促进就业增长，实现经济和社会的可持续发展。2009 年，德国制定了《信息与通信技术 2020 创新研究计划》，将电子、微系统、软件系统、通信技术与网络确立为未来 10 年德国信息技术发展的重点领域，强调要推动云计算技术发展，构建全国互联互通的智能网络。2010 年，德国联邦政府发布了由德国联邦经济技术部编制的《信息与通信技术战略：2015 数字化德国》，该技术战略面向 2015 年为实现"数字化德国"的目标规划了发展重点、主要任务和相关研究项目[120]。法国政府也十分重视云计算的发展，但是法国没有制定专门的云计算战略，而是通过项目资助和加大科技企业扶持的方式，带动云计算的发展。2009 年 12 月，法国政府宣布启动"未来投资计划"，预计总投资 3500 亿欧元，用以推动法国尖端技术领域的创新，在该计划的框架下，法国政府为保障其云计算数据的安全，整合了法国数字经济的主要参与者，打造了自主产权的云计算项目。2011 年，法国又启动了高等教育云信息项目，用以支持教育云在高等教育中的发展。英国于 2011 年投资超过 1250 万英镑为英国大学的教育和科研机构提供云计算服务，并在 11 月启动"政府云战略"（G-Cloud），希望通过整合中央政府、地方政府、公共组织及商业机构的信息资源，建立一套基于云计算的资源池。2012 年 9 月，欧盟委员会发布了《在欧洲释放云计算潜能》报告，提出欧洲要启动云计算战略[121]。这一战略通过协调各成员国的云计算发展规划，鼓励成员国政府部门率先使用云计算，在公共服务部门推广云服务，带动云计算产业的发展[122]。

3. 亚洲教育云发展

2010 年，日本总务省推行了"未来学校推进项目"，委托内田洋行在西日本进行了实证实验，开设了"内田教育云服务"，积极推进了教育 ICT 发展。随后，日本电气与长冈科技大学等全国 51 所国立高等学校的 55 个校区合作搭建了图书馆云平台系统，该系统利用云服务使师生可以共享各校的藏书和电子资料，实现了小规模图书馆业务的多样化和效率化[123]。韩国的教育信息化从 1996 年开始起步，经历了 5 个发展阶段：国家教育骨干网络的建立、校园网和硬件设施建设、E-Learning 支撑环境建设、U-Learning 支撑环境建设和 SMART［学科教育（subject）、美德教育（morality）、艺术教育（art）、陪伴教育（relationship）、户外体验教育（travel）］支撑环境建设，推动了教育云在信息化教育中的普及与应用。韩国于 2011 年又提出了《智能教育推进战略》，为实现这一计划投资超过 20 亿美元，进一步明确了教育云在智能教育中的应用支持作用。新加坡也于 2011 年部署建设了下一代教育云计算数据中心，该数据中心利用强大的数据分析能力，通过聚合优质教育资源，帮助教育云探索不同地区的教育发展诉求，进而提升新加坡的高等教育水平。我国基础教育云平台已于 2012 年 12 月 28 日开通上线运行，向全国各级各类教育免费提供公益服务。

4. 国外教育云研究特点

本节通过 Web of science 等学术搜索引擎选取了 2012～2020 年期间国外教育云相关文献，通过对这些文献进行研究分析，抽取了部分研究主题。可以发现，国外学者对教育云的研究主要集中在教育云的应用产品和架构技术等方面，并且随着时间的推移，对教育云架构技术的研究越来越深入、具体，所开发的教育云产品也越来越丰富、智能。主要原因可能是欧盟成员国、美国、韩国以及日本先后制定了针对性的政策文件用以支持云计算研究，将教育云建设作为推进教育信息化的重点内容，并不断构建新型架构、设计应用产品以提升教育云的服务质量。综合考虑近年来国外教育云相关文献研究主题、各国政府机构制定的政策计划以及主要教育云平台系统的建设和应用情况，将从以下三个方面揭示国外教育云的发展趋势。

（1）应用支持为导向，全面满足师生实际需求。纵观近年来国外教育云研究，教育云应用一直是研究热点，各种教育云应用产品层出不穷，主要原因就在于所开发的教育云应用产品以满足师生实际需求为目标，充分考虑师生个性化特点和差异，为师生提供特定的云服务。国外的教育云应用产品主要包括教育云系统和教育云平台。在教育云系统方面，出现了基于 Web 的教师反馈系统、云网络移动学习系统、近场通信安全考试系统和信息管理系统等一系列教学应用系统，总结这些系统的共性，我们发现这些教学系统主要以教师、学生为对象，将师生的各类信息进行整合、处理，最大限度地保证了信息资源的安全性、灵活性和可利用性。在教育云平台方面，涌现了社交网络学习云平台、移动云学习平台和云创新平台等，这些平台打造了全新的教学方式，为师生创造了借助网络上传、下载教学资源和学习成果的可能，满足了师生的移动学习交流。这些教育云应用产品不仅被高等教育部门广泛使用，还扩展到了建筑教育、工业教育等领域，为学术管理系统和社交网络之间的连接创造了机会，拓宽了教育云的应用范围。

（2）科学研究为保障，促进教育云健康发展。国外教育云发展初期，学者主要围绕教育云的定义、特点、优势等方面进行探索，使教育云逐渐走向公共视野，为大众所熟悉。随着教育云概念的普及，学者又将目光投向教育云的构架和关键技术等领域，紧紧围绕云计算的三种服务模式，提出多种教育云框架和算法，不断探索、创新云计算技术。在教育云基础理论和架构技术的结合下，教育云应用产品便应运而生。除了教育云系统、教育云平台，学者还设计开发出一系列教育云相关产品，例如虚拟远程实验室、虚拟计算实验室、教育门户网站等，这些教育云产品能够为学校用户提供教育信息化所需的网络空间、基础资源以及共享平台服务，无论是对教师的教学质量、学生的学习能力还是整体的教学效率都有显著的提升。正是因为国外学者对教育云由浅入深、由表及里地进行科学探索，为教育云奠定了坚实的基础，提供了强有力的保障，才使教育云能够健康、稳定发展。

（3）智慧学习为目标，营造智慧学习环境。回顾各国教育云发展，无论是美国在学校推行的 Google Apps 软件、日本搭建的图书馆云平台系统还是韩国在中小学普及的电子教科书，都说明它们发展教育云的目标是推行智慧学习，营造智慧学习环境。智慧学习环境是一种能够感知学习情景、识别学习者特征、提供合适的学习资源与便利的互动工具、自动记录学习过程和评测学习成果，以促进学习者有效学习的学习场所或活动空间。智慧学习是普通数字化学习的高端形态，而教育云无疑是创建智慧学习的有力推手。以韩国推行的电子教科书为例，该电子教科书集成了教学内容、参考书、习题集和词典等功能，并能在个人电脑、智能手机、智能电视等所有智能终端上使用。学校利用云计算技术打造自己的教学资源云系统，建立一套完备、安全的书籍数据库，学生借助该云系统可获取各类课程的电子学习资料。同时，教师通过教室内安装的交互式网络电视（internet protocol television，IPTV）或电子黑板可随时调出数字教科书，轻松开展教学。电子教科书的出现使学生再也不用背着沉重的书包，而是提着平板电脑上学，真正营造了一个全新的智慧学习环境。

5. 对我国教育云建设的启示

自 2003 年我国引入云计算以来，对云计算基础概念和技术开发的研究日益增多。2008 年 2 月，我国第一个云计算中心在无锡太湖建立。2008 年 12 月，在中国教育技术协会年会上，黎加厚教授[124]首次提出"云计算辅助教学（CCAI）"及"云计算辅助教育（CCBE）"的概念。2009 年，中国教育技术协会开始在全国教育领域内开展"云计算辅助教学"案例评选活动，并于同年 5 月在上海举办了全国首届"云计算辅助教学高级培训"活动。此次培训后，我国各地中小学开始逐渐实行云计算辅助教学，取得了越来越多的教学成果[125]。我国国家教育云服务平台建设已作为教育信息化基础能力建设的重要内容之一列入教育部《教育信息化十年发展规划（2011—2020 年）》，并明确将教育资源服务和教育管理信息化作为教育云的两大主要发展方向。在科技部 2012 年发布的《中国云科技发展"十二五"专项规划》中，教育被列为国家云建设的重要示范领域之一。教育部和财政部 2012 年联合启动了"高等学校创新能力提升计划"，旨在通过构建协同创新的新模式，大力提升高等学校协同创新能力，教育云可以有效提高其聚集创新要素和资源的效能，促进协同创新计划的实施。在各级政府政策带动下，一批基础运营商和新兴互联网企业在云基础设施、支撑平台和业务应用上提出了各自的教育云解决方案，并在江苏无锡、广东深圳、四川绵竹等地进行了应用试点。

通过对我国教育云发展历程和相关文献进行分析，我们发现国内的教育云研究主要集中在对概念理论的探讨，有关教育云的架构技术、应用产品以及服务模式等方面的研究并不多见。虽然我国也积极倡导并建设了"两平台"项目，但优质师资、共享资源、支持环境和配给硬件等外部条件的限制使我国的教育云发展与国外相比仍存在一定的差距。为促进我国教育云的高水平应用和研究、实现教育云可持续发展，结合对国外教育云发展趋势的研究，我国教育云建设应从以下几方面重点突破。

（1）依托政策保障，推动教育云建设。

回顾国外近年来教育云发展走向，各国政府制定实施的政策计划起到了巨大的推动作用。各国一系列的政策计划和政府支持对教育云的建设、运营、评价都起到了引领作用，推动了教育云的建设发展。因此，我国也应该吸取相关经验，发动政府部门和各教育机构，在对当前教育现状深入了解的基础上制定相应的发展战略和政策计划，以此促进云计算在教育领域的深层次应用，继而推动教育云的稳步发展。

（2）研制标准规范，做好顶层设计。

教育云标准研究对教育云服务平台建设提供了重要的支撑，满足了教育云服务多样性、个性化、可持续发展的要求，成为缓解信息孤岛问题，促进教育云互通互联、资源共建共享目标的基本保证。我国应尽快开展教育云标准体系前瞻性研究工作，制定有关标准、规范。以统一的标准为依托，指导和实施国家教育云顶层设计，在保持区域云系统相对独立的同时，强化国家教育云的资源聚集功能，促进系统整合，实现互联互通，逐步建成共享数据、共享程序和共享基础设施资源的"统一云"。

（3）发挥市场作用，实现教育资源共享。

随着云计算与教育的深度融合，教育云资源所具有的海量存储、个性化定制、快捷获取、有效共享等优势也日益显现。当前，教育云资源主要包括基础性资源和拓展性资源。基础性资源主要由教育云服务商、学校、教育机构等提供，而拓展性资源依靠广大用户的积极共享。市场作为教育资源配置的主体，其所具有的自发调节机制和利益制约机制可以充分调动用户的积极性和主动性。以学分银行为例，其借助教育市场优势在校外学习人群中广为传播，通过打破传统的教学资源限制，使学习者可以灵活学习、按需学习，极大地提升了教育资源的利用率。面对现今教育发展中存在的资源冗余、资源陈旧、资源昂贵等问题，我国更应着力发挥市场的引领作用，完善教育资源共享体系，争取早日实现优质教育资源共享。

（4）借助云端优势，支持终身学习。

云计算凭借着弹性服务、资源池化、按需服务、测量服务和泛在接入这五大优势，为教育信息化的发展注入了新的活力[126]。教育云的出现解决了教育领域的诸多问题。一方面，教师可以利用教育云平台将教学设施虚拟化，以呈现各种难以实现的学习场景，使学生能够身临其境地体验学习对象，增强学生的学习兴趣和动机。另一方面，教育云打破了传统的"面对面"教学方式，跨越时空限制，学生可不受环境因素影响随时随地进行学习，为实施远程教育提供了可能。而对于成人及校外学习者而言，教育云泛在、灵活的特点适合于构建面向终身学习的"学分银行"，有利于将正式学习和非正式学习有机融合，适应学习者学校学习、家庭学习和社会学习的需要，满足人类日益增长的学习需求。在未来的教育发展中，我国应借助已有的云端优势，补齐教育云发展的短板，让更多人在教育云的引领下轻松学习、持续学习，达到终身学习的目的。

（5）重视安全控制，建立安全保障机制。

教育云平台可以为教师、学生和管理人员等各类用户提供安全、可靠的云端存储服务和应用软件服务，用户可以通过各类终端随时随地灵活访问个人空间，有利于促进教育教学创新。同时也应该看到，教育云是大规模用户行为数据和教学资源数据的载体，其风险防控能力要求很高，在后续发展中应重视结合采用技术手段和政策手段确保安全，一方面可通过推广采用自研标准和技术成果，提高系统构建的自主性，有效保障教育云平台安全、可控；另一方面通过严格的政策法规约束和规范的管理控制，提供覆盖从云端、传输链路至客户端各环节的安全保障机制，捍卫"云端疆域"的安全。国外教育云从开始起步到现今趋向成熟，已经形成了以应用支持为导向、科学研究为保障、智慧学习为目标的发展趋势，满足了用户的个性化需求，营造了智慧学习环境，促进了教育事业的健康发展。我国教育信息化发展虽然已经进入了快车道，但与国外发达国家相比，无论是在发展内容的深度还是广度上都存在着一定的差距。为此，我国应充分借鉴国外教育云发展的成功经验，结合自身实际情况扬长避短，在政策支持、市场引领、云端优势等方面进行突破，为教育云的可持续发展注入源源不断的活力。

7.6.4 应用案例

目前教育云在教育领域的实际应用主要是根据国家"十二五"规划《素质教育云平台》要求，由亚洲教育网进行研发使用的"三网合一智慧教育云"平台。早在 2010 年，亚洲教育网素质教育云平台获得教育部教育信息化应用领域唯一的创新奖，视频教育教学平台在同类远程教育平台中处于先进地位，教学资源平台和教育社交平台的整合应用为国内最丰富的平台；2012 年 2 月，亚洲教育网素质教育云平台正式成为国家规划办"十二五"规划课题。其他教育云的应用案例介绍如下。

（1）成绩系统。及时统计每个年级、班级、个体学生多科、单科考试成绩分析，任课班级设置；快速解决校长对年级、教师对班级学生成绩管理的负担，家长可对孩子成绩进行综合分析，查漏补缺，快速提高孩子各科成绩。

（2）综合素质评价系统。为了更好地发展学生素质教育，提高孩子积极性，需要教师、家长的不断鼓励与支持；学生评价系统实现教师与学生、家长与学生、学生与学生之间的互评功能，告别传统式的用笔墨对孩子学习态度、作业评分评等级等评价方式。

（3）家校互动系统。学生的成长需要教师、学生、家长密切配合，三网合一互动家校通方便快速地解决学校教师与家长之间的信息沟通，告别传统烦琐的家长会，良好的沟通能促进学生健康成长。

（4）选修课系统。选修课系统实现在计算机网络平台上的选修课查询、提交、管理等工作；拓展学生的知识与技能，发展学生的兴趣和特长，培养学生的个性，促进教师的专业成长；方便学校对选修课程信息的管理。

（5）平安考勤系统。平安考勤系统详细记录学生上学、放学时间，便于班级管理，教师上下班进入校门刷卡，按月统计刷卡情况，可作为学校教师考勤的有效工具。为学校管理简化了学生、教师的考勤情况记录保存问题。

（6）亚教英语课程。亚教英语课程为学生解决英语单词记忆难题，与教材单元同步，把单词的认读、拼写、测试融为一体；通过网络数字教育的方式来进行辅导学习，提升学生学习英语的积极性。

（7）数字图书馆。数字图书馆是基于网络环境下没有围墙的图书馆，可共建共享扩展的网络知识中心，精选上万册数字图书供学生阅读，为学生阅览群书成为可能，拓宽学生视野，打开学生思维。

（8）北大附中附小精品课堂。北大附中附小精品课堂是一种全新的互联网远程教育模式，集合了各校名师资源，并开启远程网络教学视频课堂，学生可以根据自己的学习需要选择性地观看名师讲课视频。

（9）班级社区。学生在班主任教师的引导下，可自主协作创建班级资源、班级动态、班级公告、班级相册、班级作文、班级竞赛，拉近班级学生与教师、学生与学生之间的师生、同学关系距离，给家长参与班级活动建设提供渠道。为学校、教师、家长、学生提供管理、教学、沟通一体化的服务平台。

（10）教育博客。教育博客让学生互相学习、互相讨论、相互沟通、共同进步；还让学生充分展示个性，在博客或微博里发表自己的见解，让家长可以随时关注孩子的成长，且培养学生具有思想，善于并勇于表现的能力，促进学生健康成长。

（11）央馆教学资源库。央馆教学资源库拥有优质资源 32 万条、454GB，涵盖 12 个年级 18 个学科，其中视频、音频资源达到 80%，实现多媒体资源"积件式"。

（12）智能试题库。智能试题库实现智能组卷、阅卷等功能，阅卷系统中试题量达 130 万道，涵盖 12 个年级 9 个主学科，30 秒钟自动生成一套试卷。

■ 7.7　本章小结

本章主要介绍了云计算和教育云两部分内容，介绍了云计算的概念、发展历程、服务形式以及特征和主要技术，云计算的可贵之处在于高灵活性、可扩展性和高性价比等。较为简单的云计算技术已经普遍服务于现如今的互联网服务中，最为常见的就是网络搜索引擎和网络邮箱。在云计算的基础上发展出了教育云，本章介绍了教育云及其体系结构，并介绍了其应用模式和典型的应用案例。教育云可以将所需要的任何教育硬件资源虚拟化，然后将其传入互联网中，以向教育机构和学生、教师提供一个方便快捷的平台。

参 考 文 献

[1] 来有为. 当前我国需大力发展现代服务业[J]. 调查研究报告, 2004(35): 39-43.

[2] Krafzig D, Banke K, Slama D. Enterprise SOA: Service-Oriented Architecture Best Practices[M]. Upper Saddle River: Prentice Hall Professional, 2005.

[3] Bass L, Clements P C, Kazman R. Software Architecture in Practice[M]. 2nd ed. 北京: 清华大学出版社, 2003.

[4] Papazoglou M P, van den Heuvel W J. Web services management: a survey[J]. IEEE Internet Computing, 2005, 9(6): 58-64.

[5] Singh M P, Huhns M N. Service-Oriented Computing: Semantics, Processes, Agents[M]. New Jersey: Wiley, 2005.

[6] Orlowska M E, Weerawarana S, Papazoglou M P, et al. Service-Oriented Computing ICSOC2003[M]. Berlin: Springer, 2003.

[7] Peltz C. Web services orchestration and choreography[J]. Computer, 2003, 36(10): 46-52.

[8] Deng S G, Wu Z, Kuang L, et al. Management of serviceflow in a flexible way[C]. 5th International Conference on Web Information Systems Engineering, New York, USA, 2004: 428-438.

[9] Papazoglou M P, Georgakopoulos D. Introduction to the special issue on service-oriented computing[J]. Information Processing Management An International Journal, 2003, 47(6): 805-807.

[10] 中华人民共和国国务院. 国家中长期科学和技术发展规划纲要(2006—2020年)[J]. 经济管理文摘, 2006(4): 4-19.

[11] 宋炜, 张铭. 语义网简明教程[M]. 北京: 高等教育出版社, 2004.

[12] 邓水光. Web 服务自动组合与形式化验证的研究[D]. 杭州: 浙江大学, 2007.

[13] 安波. CMIS 信贷管理信息系统的设计与实现[D]. 成都: 电子科技大学, 2010.

[14] 刘超敏. Web 服务技术及其发展趋势[J]. 电脑知识与技术, 2009, 5(17): 4411-4412.

[15] Coyle F P. XML, Web Services, and the Data Revolution[M]. New Jersey: Addison-Wesley Longman Publishing, 2002.

[16] Carminati B, Ferrari E, Bishop R, et al. Security conscious web service composition with semantic web support[C]. Proceedings of the 4th IEEE International Conference on Web Services, Chicago, Illinois, USA, 2006: 489-496.

[17] Lee A J, Boyer J P, Olson L E, et al. Defeasible security policy composition for web services[C]. Proceedings of the 2006 ACM Workshop on Formal Methods in Security Engineering, Alexandria, VA, USA, 2006: 45-54.

[18] Satoh F, Tokuda T. Security policy composition for composite services[C]. Proceedings of the 2008 Eighth International Conference on Web Engineering, Yorktown Heights, New York, USA, 2008: 86-97.

[19] Berners-Lee T, Hendler J, Lassila O. The semantic web[J]. Scientific American, 2001, 284(5): 34-43.

[20] 陈振邦, 王戟, 董威, 等. 面向服务软件体系结构的接口模型[J]. 软件学报, 2006, 17(6): 1459-1469.

[21] 曾洋, 张艳梅. 面向服务的体系结构[J]. 软件导刊, 2008, 4: 77-78.

[22] Mota E, Costa D, Silva P C D. Sustainability reports based on XBRL through a service-oriented architecture approach[C]. International Conference on Circuits and Systems, Paris, France, 2015: 143-146.

[23] 叶钰, 应时, 李伟斋, 等. 面向服务体系结构及其系统构建研究[J]. 计算机应用研究, 2005, 2: 32-34.

[24] 陈利国, 王艳萍. 面向服务体系架构的研究[J]. 电脑知识与技术, 2009, 5(3): 47-49.

[25] 徐远. 基于面向服务体系结构的企业服务总线研究与实现[D]. 南京: 南京航空航天大学, 2008.

[26] 刘剑, 陈晓苏, 肖道举. 面向服务体系结构的可靠服务研究[J]. 计算机工程与科学, 2006, 5: 30-32.

[27] 钱玉霞, 赵丹. SCA——面向服务的设计模型[J]. 科技信息(学术研究), 2008, 32: 346-349.

[28] Boerner P, Edwards C, Lemen J, et al. Initial calibration of the atmospheric imaging assembly (AIA) on the solar dynamics observatory (SDO)[J]. Solar Physics, 2012, 275(1): 41-66.

[29] 黄根平, 郭绍忠, 陈海勇. 服务数据对象研究综述[C]. 国际信息技术与应用论坛, 郑州, 2009: 587-589.

[30] 沈祥, 方振宇. 面向服务架构的研究[J]. 计算机技术与发展, 2009, 2: 74-76.

[31] 林桂花. 使用 WebSphere 平台设计面向服务体系结构框架的研究[J]. 计算机与现代化, 2006, 4: 75-78.

[32] 王创伟. 一种 Web 服务的 QoS 量化方法的性能研究[J]. 计算机与信息技术, 2008(10): 10-12.

[33] Li M, Huai J, Guo H. An adaptive web services selection method based on the QoS prediction mechanism[C]. 2009 IEEE/WIC/ACM International Conference on Web Intelligence, Milan, Italy, 2009: 15-18.

[34] Shao L, Zhang J, Wei Y, et al. Personalized QoS prediction for web services via collaborative filtering[C]. IEEE International Conference on Web Services, Salt Lake City, UT, USA, 2007: 439-446.

[35] Xu Y, Yin J, Deng S, et al. Context-aware QoS prediction for web service recommendation and selection[J]. Expert Systems with Applications, 2016, 53: 75-86.

[36] 张鹏程, 王丽艳, 吉顺慧, 等. 多元时间序列的 Web Service QoS 预测方法[J]. 软件学报, 2019, 30(6): 1742-1758.

[37] Yang S, Jong-Yih K, Yong-Yi F. Time series forecasting for dynamic quality of web services: an empirical study[J]. Journal of Systems and Software, 2017, 134: 279-303.

[38] Lo W, Yin J, Deng S, et al. Collaborative web service QoS prediction with location-based regularization[C]. Proceedings of the 2012 IEEE 19th International Conference on Web Services, Honolulu, HI, USA, 2012: 464-471.

[39] Yang Y T, Zheng Z B, Niu X D, et al. A location-based factorization machine model for web service QoS prediction[J]. IEEE Transactions on Services Computing, 2021: 14(5): 1264-1277.

[40] Rendle S. Factorization machines[C]. Proceedings of the 10th IEEE International Conference on Data Mining Sydney, NSW, Australia, 2010: 995-1000.

[41] Shi Y, Zhang K, Liu B, et al. A new QoS prediction approach based on user clustering and regression algorithms[C]. IEEE International Conference on Web Services, Washington, D.C., USA, 2011: 726-727.

[42] Zhang P, Sun Y, Li W, et al. A combinational QoS-prediction approach based on RBF neural network[C]. IEEE International Conference on Services Computing, San Francisco, CA, USA, 2016: 577-584.

[43] 项涛. 基于神经网络的 Web 服务 QoS 预测方法研究[D]. 合肥: 安徽大学, 2018.

[44] 鲁城华, 寇纪淞. 基于用户和服务区域信息的个性化 Web 服务质量预测[J]. 管理科学, 2020, 33(2): 63-75.

[45] 徐金荣, 郭彩萍, 童恩栋. 面向服务遥感图像处理平台中时间感知的服务质量预测[J]. 计算机应用, 2020, 40(6): 1714-1721.

[46] 张鹏程, 金惠颖. 一种移动边缘环境下面向隐私保护 QoS 预测方法[J]. 计算机学报, 2020, 43(8): 1555-1571.

[47] Ma W M, Zhang Q, Mu C X, et al. QoS prediction for neighbor selection via deep transfer collaborative filtering in video streaming P2P networks[J]. International Journal of Digital Multimedia Broadcasting, 2019(2019): 1-10.

[48] 程平, 王立宇. 基于随机森林的税务热线服务质量预测研究[J]. 财会通讯: 综合版, 2020(2): 137-140.

[49] Girvan M, Newman M E J. Community structure in social and biological networks[J]. PNAS, 2002, 99(12): 7821-7826.

[50] 陆贝妮, 杜育根. 基于社区发现的 Web 服务 QoS 预测[J]. 计算机工程, 2019, 45(3): 117-124.

[51] 张以文, 汪开斌, 严远亭, 等. 基于覆盖随机游走算法的服务质量预测[J]. 计算机学报, 2018, 41(12): 2756-2768.

[52] 张铃, 张钹, 殷海风. 多层前向网络的交叉覆盖设计算法[J]. 软件学报, 1999, 10(7): 737-742.

[53] 马建威, 陈洪辉, Reiff-Marganiec S. 基于混合推荐和隐马尔科夫模型的服务推荐方法[J]. 中南大学学报(自然科学版), 2016, 47(1): 82-90.

[54] 黄立威, 江碧涛, 吕守业, 等. 基于深度学习的推荐系统研究综述[J]. 计算机学报, 2018, 41(7): 1619-1647.

[55] Hinton G E, Salakhutdinov R R. Reducing the dimensionality of data with neural networks[J]. Science, 2006, 313(5786): 504-507.

[56] Hinton G E, Sejnowski T J. Learning and relearning in Boltzmann machines[J]. Parallel Distributed Processing: Explorations in the Microstructure of Cognition, 1986, 1: 282-317.

[57] Smolensky P. Neural and conceptual interpretations of parallel distributed processing models[R]. University of Colorado, 1986.

[58] Rumelhart D E, Hinton G E, Williams R J. Learning representations by back-propagating errors[J]. Nature, 1986, 323(6088): 533-536.

[59] Broomhead D S, Lowe D. Radial basis functions, multi-variable functional interpolation and adaptive networks[R]. Complex Systems, 1988.

[60] 张有健, 陈晨, 王再见. 深度学习算法的激活函数研究[J]. 无线电通信技术, 2021(1): 115-120.

[61] 何洁月, 马贝. 利用社交关系的实值条件受限玻尔兹曼机协同过滤推荐算法[J]. 计算机学报, 2016, 39(1): 183-195.

[62] 石文博, 孙婧鑫. Web 服务组合研究综述[J]. 智能计算机与应用, 2020, 10(5): 24-25, 29.

[63] 黄琳. 基于 QoS 度量的 Web 服务选择与推荐方法研究[D]. 北京: 北京邮电大学, 2018.

[64] 吴明礼, 魏瑞珍. 主客观权重遗传算法在服务选择中的研究[J]. 计算机工程与设计, 2020, 41(3): 729-734.

[65] 朱锐, 王怀民, 冯大为. 基于偏好推荐的可信服务选择[J]. 软件学报, 2011, 22(5): 852-864.

[66] Ardagna D, Pernici B. Adaptive service composition in flexible processes[J]. IEEE Transactions on Software Engineering, 2007, 33(6): 369-384.

[67] Conner W, Iyengar A, Mikalsen T, et al. A trust management framework for service-oriented environments[C]. Proceedings of the 18th International Conference on World Wide Web, Madrid, Spain, 2009: 891-900.

[68] Kamvar S D, Schlosser M T, Garcia-Molina H. Incentives for combatting freeriding on P2P networks[C]. 9th International Euro-Par Conference on Parallel Processing, Klagenfurt, Australia, 2003: 1273-1279.

[69] 叶世阳, 魏峻, 李磊, 等. 支持服务关联的组合服务选择方法研究[J]. 计算机学报, 2008, 31(8): 1383-1397.

[70] 何干志, 刘茜萍. 基于 QoS 综合评价的服务选择方法[J]. 计算机技术与发展, 2017, 27(8): 164-170.

[71] 张以文, 吴金涛, 赵姝, 等. 基于改进烟花算法的 Web 服务组合优化[J]. 计算机集成制造系统, 2016, 22(2): 422-432.

[72] 陈劲松, 孟祥武, 纪威宇, 等. 基于多维上下文感知图嵌入模型的兴趣点推荐[J]. 软件学报, 2020, 31(12): 34-49.

[73] 余方正. 结合网络位置的 Web 服务推荐方法研究[D]. 杭州: 杭州电子科技大学, 2018.

[74] 武鹏, 郭晓芸, 陈鹏, 等. 基于 LSTM 网络的语音服务质检推荐技术[J]. 计算机与现代化, 2020(7): 76-79.

[75] 陈姜倩. 基于信任的服务选择算法研究[D]. 杭州: 浙江工业大学, 2012.

[76] 李俊, 郑小林, 陈德人. 基于信任的组合服务选择方法[J]. 浙江大学学报(工学版), 2012, 46(5): 885-892.

[77] 贾志淳, 李想, 于湛麟, 等. 基于二阶隐马尔科夫模型的云服务 QoS 满意度预测[J]. 计算机科学, 2019, 46(9): 321-324.

[78] 尹春晖. 基于深度学习的服务推荐方法研究[D]. 合肥: 安徽大学, 2020.

[79] 于亚新, 刘梦, 张宏宇. Twitter 社交网络用户行为理解及个性化服务推荐算法研究[J]. 计算机研究与发展, 2020, 57(7): 1369-1380.

[80] 叶恒舟. 时间约束的 Web 服务组合研究[D]. 南宁: 广西大学, 2019.

[81] 郑言. 基于深度学习的服务推荐方法与应用系统[D]. 哈尔滨: 哈尔滨工业大学, 2020.

[82] 曹继承. 基于 QoS 的 Web 服务推荐算法研究[D]. 南京: 南京邮电大学, 2018.

[83] 李洋, 贾梦迪, 杨文彦, 等. 基于树分解的空间众包最优任务分配算法[J]. 软件学报, 2018, 29(3): 824-838.

[84] 童永昕, 袁野, 成雨蓉, 等. 时空众包数据管理技术研究综述[J]. 软件学报, 2017, 28(1): 35-58.

[85] Wang J, Yu L, Zhang W, et al. IRGAN: a minimax game for unifying generative and discriminative information retrieval models[C]. 40th International ACM SIGIR Conference on Research and Development in Information Retrieval, Shinjuku, Tokyo, Japan, 2017: 515-524.

[86] 江晓苏, 魏延, 邱炳发. QoS 感知的 Web 服务个性化推荐[J]. 计算机技术与发展, 2015, 25(12): 85-90.

[87] 肖亦康. 上下文感知的群组服务推荐研究[D]. 南京: 南京邮电大学, 2017.

[88] Suchithra R, Emily P. Recommendations for emerging air taxi network operations based on online review analysis of helicopter services[J]. Heliyon, 2020, 6(12): 1-8.

[89] Qu L, Wang Y, Orgun M, et al. CCCloud: context-aware and credible cloud service selection based on subjective assessment and objective assessment[J]. IEEE Transactions on Services Computing, 2015, 8(3): 369-383.

[90] 任丽芳, 王文剑, 许行. 不确定感知的自适应云计算服务组合[J]. 计算机研究与发展, 2016, 53(12): 2867-2881.

[91] Klein M, Bernstein A. Toward high-precision service retrieval[J]. IEEE Internet Computing, 2004, 8(1): 30-36.

[92] Cheung S C, Giannakopoulou D, Kramer J. Verification of liveness properties using compositional reachability analysis[C]. European Software Engineering Conference, Zürich, Switzerland, 1997: 227-243.

[93] Nakajima S. Model-checking behavioral specification of BPEL applications[J]. Electronic Notes in Theoretical Computer Science, 2006, 151(2): 89-105.

[94] Karamanolis C, Giannakopoulou D, Magee J, et al. Model checking of workflow schemas[C]. Proceedings Fourth International Enterprise Distributed Objects Computing Conference, Makuhari, Japan, 2002: 170-179.

[95] Koshkina M, van Breugel F. Modelling and verifying web service orchestration by means of the concurrency workbench[J]. ACM Sigsoft Software Engineering Notes, 2004, 29(5): 1-10.

[96] Milner R. 通信与移动系统: π演算[M]. 林惠民, 柳欣欣, 刘佳, 等, 译. 北京: 清华大学出版社, 2009.

[97] Paolucci M, Kawamura T, Payne T R, et al. Semantic matching of web services capabilities[C]. Proceedings of the First International Semantic Web Conference (ISWC 2002), Sardinia, Italy, 2002: 333-347.

[98] Nierstrasz O, Meijler T D. Research directions in software composition[J]. ACM Computing Surveys, 1995, 27(2): 262-264.

[99] Shaw M. Architectural issues in software reuse: it's not just the functionality, it's the packaging[C]. Proceedings of the 1995 Symposium on Software reusability (SSR'95), New York, USA, 1995: 3-6.

[100] 廖渊, 唐磊, 李明树. 一种基于 QoS 的服务构件组合方法[J]. 计算机学报, 2005, 28(4): 627-634.

[101] 廖渊, 淮晓永, 李明树. QuCOM: 一种面向构件系统的QoS管理模型[J]. 计算机研究与发展, 2005, 42(10): 1802-1808.

[102] Rao J, Kuengas P, Matskin M. Composition of semantic web services using linear logic theorem proving[J]. Information Systems, 2006, 31(4-5): 340-360.

[103] 林满山, 郭荷清, 王皓. 基于 QoS 的启发式语义 Web 服务自动集成规划[J]. 计算机工程, 2006, 32(4): 1-3.

[104] Sirin E, Hendler J A, Parsia B. Semi-automatic composition of web services using semantic descriptions[C]. Proceedings of the 1st Workshop on Web Services: Modeling, Architecture and Infrastructure (WSMAI-2003), Angers, France, 2003: 17-24.

[105] Cardoso J, Sheth A. Semantic e-workflow composition[J]. Journal of Intelligent Information Systems, 2003, 21(3): 191-225.

[106] Chen L, Shadbolt N R, Goble C, et al. Towards a knowledge-based approach to semantic service composition[C]. International Semantic Web Conference, Sanibel, FL, USA, 2003: 319-334.

[107] Sycara K, Paolucci M, Ankolekar A, et al. Automated discovery, interaction and composition of semantic web services[J]. Journal of Web Semantics, 2003, 1(1): 27-46.

[108] Dorigo M. Optimization, learning and natural algorithms[D]. Milan, Italy: Milan Industrial University, 1992.

[109] Kennedy J, Eberhart R C, Shi Y H. The Particle Swarm[M]. San Francisco: Morgan Kaufmann, 2001: 287-325.

[110] 武彤. 云计算领域的计量发展建议[J]. 中国计量, 2015(3): 71-72.

[111] 袁正午, 李琦. 云计算应用现状与趋势[J]. 数字通信, 2010, 37(3): 37-42, 47.

[112] 王丽安. Internet 云计算技术[J]. 科协论坛(下半月), 2011(10): 68-69.

[113] 刘鹏. 云计算: 让个人重回英雄时代[J]. 中国战略新兴产业, 2015(3): 80-81.

[114] 张霞. 浅析云计算在企业中的应用[J]. 黑龙江科技信息, 2014(21): 188-189.

[115] Strachey C. Time sharing in large fast computers[C]. Proceedings of the 1st International Conference on Information Processing, Paris, France, 1959: 336-341.

[116] 王晓燕. 移动云计算[J]. 电脑开发与应用, 2013, 26(1): 48-50, 53.

[117] 唐国纯, 符传谊, 罗自强. 教育云的体系结构及其关键技术研究[J]. 信息技术, 2014(3): 51-54.

[118] 李勇, 杨华芬. 教育资源云虚拟化平台模型构建研究[J]. 实验室研究与探索, 2017, 36(10): 135-139, 152.

[119] 黄海峰. 中国云服务仅占全球市场 4%已从炒作期迈入发展期[J]. 通信世界, 2013(33): 33.

[120] 冉泳屹. 云环境下基于随机优化的动态资源调度研究[D]. 合肥: 中国科学技术大学, 2015.

[121] 赵大鹏. 中国智慧城市建设问题研究[D]. 长春: 吉林大学, 2013.

[122] 赵玉勇, 蒋凤亮. 苏宁"踏云"的启示[J]. 信息与电脑, 2013(5): 69-71.

[123] West M, Chen H E, 沈浠琳, 等. 移动时代的阅读 发展中国家移动阅读研究[J]. 图书馆论坛, 2015, 35(9): 4-52.

[124] 黎加厚. 走向信息化教育"云"服务[J]. 中国教育信息化, 2008(20): 21-22.

[125] 柴雪芳. 国外移动互联网的发展及对国内运营商的启示[J]. 移动通信, 2010, 34(6): 9-13.

[126] 沈毅. 中兴通讯移动网络管理产品发展策略探析[D]. 上海: 上海交通大学, 2009.